高职高专建筑工程类专业"十三五"规划教材

GAOZHI GAOZHUAN JIANZHUGONGCHENGLEI ZHUANYE SHISANWU GUIHUA JIAOCAI

地基与基础

DIJIYUJICHU

◎主　编　蒋建清　张小军
◎副主编　徐运明　赵邵华
　　　　　罗绪元　邱平华

中南大学出版社
www.csupress.com.cn

内容提要

本书为高职高专建筑工程类专业"十三五"规划教材。全书共分 8 个模块，包括建筑工程地质与勘察、地基土的应力与沉降、土的抗剪强度和地基承载力、挡土墙与边坡工程、浅基础工程、桩基础工程、基坑开挖与支护工程、地基处理等内容。各模块均附有模块小结、复习思考题、习题和技能训练题。本书配有多媒体教学电子课件。

本书可作为高职高专建筑工程技术专业及相关土建类专业的教材，亦可供各普通高等学校设立的成教学院、网络学院，以及电视大学等同类专业专科教学使用，并可作为相关专业工程技术人员的参考书。

高职高专建筑工程类专业"十三五"规划教材编审委员会

主　任

| 王运政 | 玉小冰 | 刘霁 | 刘孟良 | 刘锡军 | 李玲萍 |
| 陈安生 | 陈翼翔 | 郑伟 | 胡六星 | 胡云珍 | 谢建波 |

副主任

（以姓氏笔画为序）

| 王超洋 | 刘庆潭 | 刘锡军 | 杨晓珍 | 李恳亮 | 李精润 |
| 陈晖 | 欧长贵 | 周一峰 | 项林 | 夏高彦 | 蒋春平 |

委　员

（以姓氏笔画为序）

万小华	卢滔	叶姝	吕东风	朱再英	伍扬波
刘小聪	刘天林	刘心萍	刘可定	刘汉章	刘旭灵
刘剑勇	刘晓辉	许博	阮晓玲	孙光远	孙明
孙湘晖	汤敏捷	杨平	李为华	李龙	李冬
李亚贵	李进军	李丽君	李奇	李侃	李海霞
李清奇	李鸿雁	李鲤	肖飞剑	肖恒升	肖洋
何立志	何珊	宋士法	宋国芳	张小军	陈贤清
陈淳慧	陈翔	陈婷梅	易红霞	罗少卿	金红丽
周伟	赵亚敏	胡蓉蓉	徐龙辉	徐运明	徐猛勇
高建平	唐茂华	黄光明	黄郎宁	曹世晖	常爱萍
梁鸿颉	彭飞	彭子茂	彭东黎	蒋买勇	蒋荣
喻艳梅	曾维湘	曾福林	熊宇璟	魏丽梅	魏秀瑛

出版说明 INSTRUCTIONS

在新时期我国建筑业转型升级的大背景下，按照"对接产业、工学结合、提升质量，促进职业教育链深度融入产业链，有效服务区域经济发展"的职业教育发展思路，为全面推进高等职业院校建筑工程类专业教育教学改革，促进高端技术技能型人才的培养，我们通过充分地调研和论证，在总结吸纳国内优秀高职高专教材建设经验的基础上，组织编写和出版了本套基于专业技能培养的高职高专建筑工程类专业"十三五"规划教材。

近几年，我们率先在国内进行了省级高等职业院校学生专业技能抽查工作，试图采用技能抽查的方式规范专业教学，通过技能抽查标准构建学校教育与企业实际需求相衔接的平台，引导高职教育各相关专业的教学改革。随着此项工作的不断推进，作为课程内容载体的教材也必然要顺应教学改革的需要。本套教材以综合素质为基础，以能力为本位，强调基本技术与核心技能的培养，尽量做到理论与实践的零距离；充分体现了《关于职业院校学生专业技能抽查考试标准开发项目申报工作的通知》（湘教通〔2010〕238号）精神，工学结合，讲究科学性、创新性、应用性，力争将技能抽查"标准"和"题库"的相关内容有机地融入到教材中来。本套教材以建筑业企业的职业岗位要求为依据，参照建筑施工企业用人标准，明确职业岗位对核心能力和一般专业能力的要求，重点培养学生的技术运用能力和岗位工作能力。

本套教材的突出特点表现在：一、把建筑工程类专业技能抽查的相关内容融入教材之中；二、把建筑业企业基层专业技术管理人员岗位资格考试相关内容融入教材之中；三、将国家职业技能鉴定标准的目标要求融入教材之中。总之，我们期望通过这些行之有效的办法，达到教、学、做合一，使同学们在取得毕业证书的同时也能比较顺利地考取相应的职业资格证书和技能鉴定证书。

高职高专建筑工程类专业"十三五"规划教材

编 审 委 员 会

前 言 PREFACE

　　本书是高职高专建筑工程类专业"十三五"规划（基于专业技能培养）系列教材之一。本书从建筑工程技术专业培养目标出发，以土建类高职高专建筑工程技术专业教学的基本要求和《建筑与市政工程施工现场专业人员职业标准》（JGJ/T 250—2011）为引领，主要参照《建筑地基基础设计规范》（GB 50007—2011）、《建筑桩基技术规范》（JGJ 94—2008）、《建筑地基处理技术规范》（JGJ 79—2012）、《建筑基坑支护技术规程》（JGJ 120—2012）及《混凝土结构施工图平面整体表示方法制图规则和构造详图》（11G101）等新规范和新标准编写。

　　本书以培养专业技术应用能力为主线，编写过程中紧紧围绕建筑施工现场一线的职业活动，教学内容取材以从事职业岗位工作"必需、够用"为原则，将"地基与基础相关规范、建筑施工现场专业技术岗位标准和技能训练"的相关内容有机地融入教材，做到"实用、够用、能学、会用"，突出实用性和可操作性，力求体现高职高专教育的特色。为便于学生学习，本书在各模块正文之前明确教学目标，在正文之后配套有模块小结、思考题、习题和技能训练题。

　　本书由蒋建清，张小军担任主编。各模块编写分工如下：绪论、模块二和模块四由蒋建清编写；模块一和模块五由张小军编写；模块三和模块八由邱平华，罗绪元，周晖编写；模块六由赵邵华编写；模块七由徐运明编写。全书由蒋建清博士统一修改定稿，此次印刷内容的修改由赵邵华负责完成。

　　本书在编写过程中，得到了湖南城市学院、中南大学出版社、湖南城建职业技术学院、娄底职业技术学院、湖南潇湘职业技术学院、郴州职业技术学院、广东城建职业学院等单位的关心和大力支持，并参考和引用了一些书刊文献。谨此一并表示衷心的感谢！

　　由于编者水平有限和编写时间仓促，书中不足之处在所难免，恳请广大读者和同行专家批评指正，以便不断修订完善。

编 者

目 录 CONTENTS

绪 论 …………………………………………………………………………… (1)

0.1 土力学、地基及基础的概念 …………………………………………… (1)

0.1.1 土力学 ………………………………………………………… (1)

0.1.2 地基 …………………………………………………………… (1)

0.1.3 基础 …………………………………………………………… (2)

0.1.4 地基与基础设计的基本条件 ……………………………… (2)

0.2 地基与基础的重要性 …………………………………………………… (2)

0.3 本课程的特点和学习要求 ……………………………………………… (6)

0.3.1 本课程的特点 ……………………………………………… (6)

0.3.2 学习要求 …………………………………………………… (6)

模块一 建筑工程地质与勘察 …………………………………………… (7)

1.1 工程地质基本知识认知 ………………………………………………… (7)

1.1.1 地质构造 …………………………………………………… (7)

1.1.2 水文地质 …………………………………………………… (10)

1.2 地基土的工程特性与分类 ……………………………………………… (11)

1.2.1 土的组成与结构 …………………………………………… (11)

1.2.2 土的物理性质指标 ………………………………………… (14)

1.2.3 土的物理状态指标 ………………………………………… (17)

1.2.4 土的工程分类与野外鉴别方法 …………………………… (20)

1.2.5 实训项目：土工实验(土的基本物理性质) ……………… (24)

1.3 工程地质勘察 …………………………………………………………… (29)

1.3.1 地基(岩土工程)勘察等级划分 …………………………… (29)

1.3.2 地基勘察的目的和内容 …………………………………… (30)

1.3.3 地基勘察的方法 …………………………………………… (31)

1.3.4 地基勘察报告的编制与阅读 ……………………………… (32)

1.3.5 验槽与基槽的局部处理 …………………………………… (33)

1.3.6 实训项目：地基勘察报告阅读 …………………………… (34)

模块小结 ………………………………………………………………… (41)

思考题 …………………………………………………………………… (41)

习 题 …………………………………………………………………… (42)

模块二 地基土的应力与沉降 …………………………………………… (43)

2.1 地基土的应力计算 ……………………………………………………… (43)

　　　2.1.1　土体自重应力计算 ·· (43)

　　　2.1.2　基底压力计算 ·· (46)

　　　2.1.3　地基附加应力计算 ·· (48)

　2.2　地基沉降计算与建筑物沉降观测 ···································· (58)

　　　2.2.1　地基土的压缩与固结 ·· (58)

　　　2.2.2　地基最终沉降量计算 ·· (61)

　　　2.2.3　建筑物的沉降观测 ·· (68)

　2.3　实训项目:土的压缩(固结)试验 ···································· (75)

　模块小结 ·· (77)

　思考题 ·· (77)

　习　题 ·· (78)

　技能训练题 ·· (79)

模块三　土的抗剪强度和地基承载力 ·· (80)

　3.1　土的抗剪强度 ·· (80)

　　　3.1.1　土的抗剪强度与极限平衡条件 ·································· (81)

　　　3.1.2　抗剪强度指标的测定方法 ······································ (87)

　　　3.1.3　实训项目:直接剪切试验 ······································ (91)

　3.2　地基承载力 ·· (93)

　　　3.2.1　地基的常见破坏形式 ·· (93)

　　　3.2.2　地基承载力的确定 ·· (95)

　模块小结 ·· (102)

　思考题 ·· (103)

　习　题 ·· (103)

模块四　挡土墙与边坡工程 ·· (104)

　4.1　挡土墙的认知与设计 ·· (104)

　　　4.1.1　挡土墙的形式及在工程中的应用 ································ (104)

　　　4.1.2　土压力计算 ·· (107)

　　　4.1.3　挡土墙的计算与构造 ·· (123)

　　　4.1.4　实训项目:某工程挡土墙设计 ·································· (127)

　4.2　边坡稳定性计算 ·· (128)

　　　4.2.1　边坡稳定的意义与影响因素 ···································· (129)

　　　4.2.2　简单土坡稳定分析 ·· (130)

　模块小结 ·· (132)

　思考题 ·· (132)

　习　题 ·· (133)

　技能训练题 ·· (133)

模块五　浅基础工程 ·· (134)

　5.1　浅基础工程的认知 ·· (134)

5.1.1　浅基础的分类 ……………………………………………………（134）

5.1.2　浅基础构造要求 …………………………………………………（139）

5.2　浅基础设计 …………………………………………………………………（146）

5.2.1　基础埋置深度的确定 ……………………………………………（146）

5.2.2　基础底面尺寸的确定 ……………………………………………（147）

5.2.3　无筋扩展基础的设计 ……………………………………………（154）

5.2.4　墙下钢筋混凝土条形基础设计 ……………………………………（156）

5.2.5　柱下钢筋混凝土独立基础的设计 …………………………………（158）

5.2.6　减少不均匀沉降损害的措施 ………………………………………（161）

5.2.7　实训项目：某工程浅基础设计 ……………………………………（163）

5.3　浅基础结构施工图识读 ……………………………………………………（168）

5.3.1　独立基础平法施工图识读 …………………………………………（168）

5.3.2　条形基础平法施工图识读 …………………………………………（174）

5.3.3　梁板式筏形基础平法施工图识读 …………………………………（178）

5.3.4　平板式筏形基础平法施工图识图 …………………………………（180）

5.3.5　实训项目：某工程基础平法施工图识读 …………………………（181）

模块小结 ……………………………………………………………………………（182）

思考题 ………………………………………………………………………………（182）

习　题 ………………………………………………………………………………（182）

技能训练题 …………………………………………………………………………（183）

模块六　桩基础工程 ……………………………………………………………………（184）

6.1　桩基础工程的认知 …………………………………………………………（184）

6.1.1　桩基础的类型 ……………………………………………………（185）

6.1.2　桩基础构造要求 …………………………………………………（186）

6.2　桩基础设计 …………………………………………………………………（191）

6.2.1　桩顶作用效应计算 ………………………………………………（191）

6.2.2　桩基承载力验算 …………………………………………………（192）

6.2.3　单桩竖向极限承载力 Q_{uk} 的确定 ………………………………（198）

6.2.4　桩基的沉降计算基本规定 …………………………………………（208）

6.2.5　承台设计 …………………………………………………………（210）

6.3　桩基础设计实训 ……………………………………………………………（216）

6.3.1　桩基础设计的步骤 ………………………………………………（216）

6.3.2　实训实例 …………………………………………………………（216）

模块小结 ……………………………………………………………………………（220）

思考题 ………………………………………………………………………………（221）

习　题 ………………………………………………………………………………（221）

模块七 基坑开挖与支护工程 ·· (222)

  7.1 基坑支护工程的认知 ·· (223)

    7.1.1 基坑工程的特点与主要内容 ································ (223)

    7.1.2 支护结构的类型 ·· (224)

  7.2 基坑支护结构的设计 ·· (231)

    7.2.1 一般规定 ·· (231)

    7.2.2 支护结构上的水平荷载 ··································· (235)

    7.2.3 悬臂式围护结构设计计算 ································ (237)

    7.2.4 支护结构稳定验算 ·· (241)

  7.3 基坑开挖与支护工程监测 ·· (242)

    7.3.1 基本规定 ·· (242)

    7.3.2 监测项目 ·· (244)

    7.3.3 监测方法 ·· (245)

    7.3.4 实训项目：某工程基坑支护与监测方案设计 ········ (246)

  模块小结 ··· (248)

  思考题 ·· (249)

  习 题 ·· (249)

  技能训练题 ·· (249)

模块八 地基处理 ··· (251)

  8.1 常见地基处理方法认知 ·· (251)

    8.1.1 换土垫层法 ··· (253)

    8.1.2 预压排水固结法 ··· (255)

    8.1.3 复合地基增强法 ··· (258)

    8.1.4 机械压实法 ··· (261)

    8.1.5 强夯法 ··· (264)

    8.1.6 化学加固法 ··· (265)

    8.1.7 挤密地基 ·· (269)

  8.2 特殊土地基处理 ·· (272)

    8.2.1 软土地基处理 ·· (272)

    8.2.2 膨胀土地基处理 ··· (274)

    8.2.3 红黏土地基处理 ··· (278)

    8.2.4 湿陷性黄土地基处理 ·· (280)

  8.3 实训项目：某工程地基处理方案 ································ (283)

  模块小结 ··· (284)

  思考题 ·· (284)

  习 题 ·· (284)

参考文献 ·· (285)

绪　论

0.1　土力学、地基及基础的概念

0.1.1　土力学

土是地壳岩石经过物理、化学、生物等风化作用的产物，是各种矿物颗粒组成的松散集合体，一般是由固体颗粒、水和空气组成的三相体系。土力学是研究土的应力、变形、强度和稳定以及土与结构物相互作用等规律的一门力学分支。土力学是应用工程力学方法来研究土的力学性质的一门学科，是本课程的重要理论基础。

土力学的研究对象是与人类活动密切相关的土和土体，包括人工土体和自然土体以及与土的力学性能密切相关的地下水。土力学被广泛应用在地基、挡土墙、土工建筑物、堤坝等设计中。奥地利工程师卡尔·太沙基首先采用科学的方法研究土力学，被誉为现代土力学之父。

太沙基（Karl Terzaghi，1883—1963），又译泰尔扎吉，美籍奥地利土力学家，现代土力学的创始人。1883 年 10 月 2 日生于布拉格（当时属奥地利）。1904 年和 1912 年先后获得格拉茨（Graz）工业大学的学士和博士学位。

太沙基早期从事广泛的工程地质和岩土工程的实践工作，接触到大量的土力学问题。后期转入教学岗位，从事土力学的教学和研究工作，并着手建立现代土力学。他先后在麻省理工学院、维也纳高等工业学院和英国伦敦帝国学院任教。最后长期在美国哈佛大学任教。

太沙基在 1936 年的第 1 届到 1957 年的第 4 届国际土力学及基础工程会议上连续被选为主席。1923 年太沙基发表了渗透固结理论，第一次科学地研究土体的固结过

K·太沙基

程，同时提出了土力学的一个基本原理，即有效应力原理。1925 年，他出版的世界上第一本土力学专著《建立在土的物理学基础的土力学》被公认为是进入现代土力学时代的标志。随后发表的《理论土力学》和《实用土力学》（中译名）全面总结和发展了土力学的原理和应用经验，至今仍为工程界的重要参考文献。

0.1.2　地基

支撑建筑物荷载、且受建筑物影响的那一部分地层称为地基。作为建筑地基的岩土层通常有岩石、碎石土、砂土、粉土、黏性土等土体或岩体。

从现场施工的角度来看，地基可分为天然地基和人工地基。天然地基是不需要人工加固

就可以直接放置基础的天然岩土层，自然状态下即可满足承担基础全部荷载要求。需要人工加固或处理后才能修建建筑物的地基称为人工地基，譬如石垫层、砂垫层、混合灰土回填再夯实垫层等均属于人工地基范畴。

当土层的地质状况较好，承载力较强时可以采用天然地基；而在地质状况不佳的条件下，如坡地、沙地或淤泥地质，或虽然土层质地较好，但上部荷载过大时，为使地基具有足够的承载能力，则要采用人工加固地基。

0.1.3 基础

建筑物向地基传递荷载的下部扩大的承重结构就是基础，是建筑底部与地基接触的承重构件。它的作用是把建筑上部的荷载传给地基，调整地基变形，起到承上传下的作用。

基础包括浅基础和深基础。浅基础通常用普通（常规）方法施工，基础埋深 $d \leqslant 5$ m。深基础通常需要一定的机械设备，如桩基、墩基和地下连续墙等，基础埋深 $d \geqslant 5$ m。

地基与基础的相对位置如图 0-1 所示。根据地基与基础的接触关系，地基中的地层分为覆盖层、持力层和下卧层。其中直接与基础底面接触的土层称为持力层，地基基础设计时，通常应选择强度较高、变形较小、稳

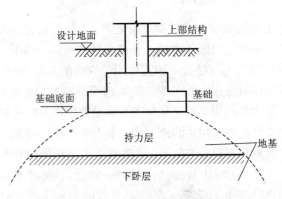

图 0-1　地基与基础的示意图

定性较强的地层作为地基的持力层。地基内持力层下面的土层称为下卧层，地基承载力低于持力层的下卧层称为软弱下卧层。覆盖层是位于持力层以上的所有地层。

0.1.4 地基与基础设计的基本条件

建筑物的建造使地基中原有的应力状态发生改变，这就必须运用数学力学的方法来研究在荷载作用下地基的强度和变形问题。为保证建筑物的功能需要和安全使用，地基与基础的设计计算必须满足以下三个基本条件：

（1）地基应具有足够的强度

地基在建筑物荷载作用下有足够的承载力，并在防止整体破坏方面有足够的安全储备。

（2）地基应满足变形要求

控制基础沉降使之不超过地基的变形允许值，保证建筑物不因地基变形而损坏或者影响其正常使用。

（3）基础应具有足够的强度、刚度和耐久性

基础结构本身应满足强度、变形和耐久性的要求。

0.2　地基与基础的重要性

地基与基础是建筑物的根基，属于隐蔽工程，因此，它的勘察、设计和施工质量直接关

2

系到建筑物的安危。实践证明,建筑物的事故很多是与地基基础有关的,而且地基基础事故一旦发生,进行补救就相当困难。此外,地基基础工程处理是否适当,对建筑物的造价影响也是相当显著的,地基基础工程一般约占建筑总投资的 10% ~ 30%,甚至更多。下面通过几个经典的地基基础事故工程实例,反映地基与基础工程的重要性。

➤ **案例 1:加拿大特朗斯康谷仓**

工程概况:如图 0 - 2 所示,该谷仓平面呈矩形,南北向长 59.44 m,东西向宽 23.47 m,高 31.00 m,容积 36368 m³,容仓为圆筒仓,每排 13 个圆仓,5 排共计 65 个圆筒仓。谷仓基础为钢筋混凝土筏板基础,厚度 61 cm,埋深 3.66 m。

事故简介:谷仓于 1911 年动工,1913 年完工,空仓自重 20000 t,相当

图 0 - 2　加拿大特朗斯康谷仓

于装满谷物后满载总重量的 42.5%。1913 年 9 月装谷物,10 月 17 日当谷仓已装了 31822 t 谷物时,发现 1 h 内竖向沉降达 30.5 cm,结构物向西倾斜,并在 24 h 内谷仓倾斜,倾斜度离垂线达 26°53′,谷仓西端下沉 7.32 m,东端上抬 1.52 m,上部钢筋混凝土筒仓坚如磐石。

事故原因:谷仓地基土事先未进行调查研究,据邻近结构物基槽开挖试验结果,计算地基承载力为 352 kPa,应用到此谷仓。1952 年经勘察试验与计算,谷仓地基实际承载能力为 193.8 ~ 276.6 kPa,远小于谷仓破坏时发生的压力 329.4 kPa,因此,谷仓地基因超载发生强度破坏而滑动。

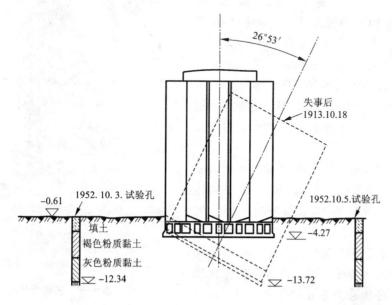

事故处理:事后在下面做了 70 多个支撑于基岩上的混凝土墩,使用 388 个 50 t 千斤顶以及支撑系统,才把仓体逐渐纠正过来,但其位置比原来降低了 4 m。

➤ **案例2：意大利比萨斜塔**

工程概况： 如图 0-3 所示，比萨斜塔共 8 层，高度为 55 m。塔身呈圆筒形，一至六层由优质大理石砌成，顶部七至八层采用砖和轻石料。塔身每层都有精美的圆柱与花纹图案，是一座宏伟而精致的艺术品。1590 年伽利略在此塔做落体实验，创建了物理学上著名的落体定律。斜塔成为世界上最珍贵的历史文物，吸引无数世界各地游客。

事故简介： 该塔自 1173 年 9 月 8 日动工，至 1178 年在建至第 4 层中部，高度约 29 m 时，因塔明显倾斜而停工。94 年后，于 1272 年复工，经 6 年时间，建完第七层，高 48 m，再次停工中断 82 年。于 1360 年再复工，至 1370 年竣工。全塔总重约 145 MN，基础底面平均压力约 50 kPa。目前塔向南倾斜，南北两端沉降差 1.80 m，塔顶离中心线已达 5.27 m，倾斜 5.5°，成为危险建筑。1990 年 1 月 4 日被封闭。

图 0-3　意大利比萨斜塔

事故原因： 地基持力层为粉砂，下面为粉土和黏土层，强度较低，变形较大。

事故处理： 1838—1839 年，挖环形基坑卸载；1933—1935 年，基坑防水处理、基础灌浆加固；1990 年 1 月，封闭；1992 年 7 月：加固塔身，用压重法和取土法进行地基处理；目前已向游人开放。

➤ **案例3：苏州虎丘塔**

工程概况： 苏州虎丘塔位于苏州市虎丘公园山顶，落成于宋太祖建隆二年，（公元 961 年），距今已有 1036 年悠久历史。如图 0-4 所示，全塔 7 层，高 47.5 m。塔的平面呈八角形，由外壁、回廊与塔心三部分组成。塔身全部青砖砌筑，外形仿楼阁式木塔，每层都有 8 个壶门，拐角处的砖特制成圆弧形，建筑精美。1961 年 3 月 4 日，国务院将此塔列为全国重点保护文物。

事故简介： 1956—1957 年间对上部结构进行修缮，但使塔重增加了 2000 kN，加速了塔体的不均匀沉降。1957 年，塔顶位移为 1.7 m，到 1978 年发展到 2.3 m，重心偏离基础轴线 0.924 m。底层塔身发生不少裂缝，东北方向为竖直裂缝，西南方向为水平裂缝，砌体多处出现纵向裂缝，部分砖墩应力已接近极限状态，成为危险建筑而封闭。

图 0-4　苏州虎丘塔

事故原因： 地基土层由上至下依次为杂填土、块石填土、亚黏土夹块石、风化岩石、基岩等，由于地基土压缩层厚度不均及砖砌体偏心受压等原因，造成该塔向东北方向倾斜。

事故处理： 在国家文物管理局和苏州市人民政府领导下，召开多次专家会议，采取在塔四周建造一圈桩排式地下连续墙，并对塔周围与塔基进行钻孔注浆和树根桩加固塔身，由上海市特种基础工程研究所承担施工，基本遏制了塔的继续沉降和倾斜。

关于地基与基础工程失败的实例还有很多。图 0-5 所示两个筒仓是某农场用来储存饲料的，建于加拿大红河谷的 Lake Agassiz 黏土层上，由于两筒之间的距离过近，在地基中产生的应力发生叠加，使得两筒之间地基土层的应力水平较高，从而导致内侧沉降大于外侧沉降，仓筒向内倾斜。

图 0-6 为墨西哥城的一幢建筑，该地的土层为深厚湖相沉积层，土的天然含水量高，具有极高的压缩性。由于地基处理不当，可从建筑物外立面清晰地观看到其发生的沉降及不均匀沉降。

图 0-5 加拿大红河谷的两个饲料筒仓向内倾斜　　　**图 0-6 墨西哥城一幢建筑的不均匀沉降**

关于地基与基础工程成功的经典案例，如中国的赵州桥，如图 0-7 所示。赵州桥位于河北赵州，隋代公元 595—605 年修建，净跨 37.02 m。基础建于黏性土地基，基底压力 500～600 kPa，但地基并未产生过大变形，按照现行相关规范验算，地基承载力和基础后侧被动土压力均能满足要求，且经无数次洪水和地震的考验而安然无恙。

图 0-7 朴实的赵州桥

0.3 本课程的特点和学习要求

0.3.1 本课程的特点

建筑工程地基基础施工的内容(如土方开挖及回填、基坑降水、基坑支护或放坡、地基处理、基础施工等)与地基土和地下水相关联,具有特殊性。施工人员需要理解基础的设计意图(包含其受力、结构、构造等),需要根据土层分布和土性的不同采取相应的技术措施(处理方法、施工工艺、施工机具等)。对上述设计意图和技术措施选择的正确理解是进行事前控制、保障施工质量的必备条件。因此,本课程是建筑工程技术专业的一门重要专业基础课。

本课程任务是对接施工员职业岗位工作需求,使学生具有工程地质的基本知识,学会阅读和使用工程地质资料,掌握土的应力、变形和强度等土力学基本原理,熟悉建筑工程一般浅基础和桩基础设计知识,具有识读和绘制一般基础施工图的能力,并能根据工程实际正确选择地基处理方法,能分析和解决地基基础的工程问题。

本课程为学生阅读使用地基勘察报告提供理论支持和方法、技能;为基槽检验提供理论支持和方法、技能;为基坑支护、挡土墙与边坡工程提供理论支持;为地基处理提供理论支持和方法选择;使学生理解基础的受力以及构造的原理,为基础施工提供力学和结构、构造方面的支持;结合地基土的特点,为地基基础的合理施工提供相应措施。

0.3.2 学习要求

通过本课程的学习,学生应该掌握土力学的基本原理和基本概念,具备运用这些原理和概念,分析和解决实际地基基础问题和进行相应施工管理的能力,同时也应掌握建筑地基基础领域的基本知识、基本技能和基本分析方法。

本课程理论性和实践性较强,学习中应注重理论联系实际,注意各基本理论的使用条件和应用范围,具体问题具体分析。本课程内容涉及到工程地质、土力学、建筑力学、建筑结构、建筑材料和施工技术等领域,具有较强的综合性,学习中既应注重与相关领域的联系,也应抓住地基应力、强度和变形的核心问题,学会地基基础的设计、计算与工程应用。

模块一　建筑工程地质与勘察

建筑施工现场专业技术岗位资格考试和技能实践要求

- 熟悉建筑工程地质与勘察的基本知识，能识读和应用工程地质勘察报告。

教学目标

【知识目标】

- 熟悉工程地质与勘察的基本知识。
- 掌握土的物理指标计算的相关知识，能运用指标判别土的物理性质及状态。
- 熟悉土工实验指标的测定方法及应用，掌握岩土工程勘察报告的阅读和应用。

【能力目标】

- 能够选择合理的实验方法对土的物理性质进行判别和工程分类。
- 能读懂岩土工程勘察报告，会对其相关参数进行分析及应用。

【素质目标】

- 通过本模块的学习，培养学生重视土性质的判别及合理的应用，培养学生求真务实、一丝不苟的学习和工作作风。
- 通过实验操作，锻炼学生动手能力和解决实际问题能力，培养学生的团队协作精神。

1.1　工程地质基本知识认知

人类的工程建设活动是在地壳表层的一定地质环境中进行的，地质环境对建筑物的修建及建成后的安全、稳定和正常使用有重大的影响。因此，必须根据实际需要，深入研究并评价工程建筑地区的地质构造、岩土工程地质性质、地形和地貌条件、水文地质条件等地质条件。这些对工程建筑物的位置、结构类型、施工方法及其稳定性有影响的地质环境称为工程地质条件。建筑物修建后，工程地质条件会有所改变，因而会产生一些地质问题，这又将影响着建筑物的安全和稳定。工程建筑与地质环境是相互作用、相互影响的。

1.1.1　地质构造

1.地质年代

地球表层的坚硬外壳即地壳。建筑物均建造在地壳上，地壳表层由岩石和土组成。岩土的性质与其生成的地质年代有关。一般来说，生成的年代越久，岩土的工程性质越好。地质年代一般采用地质学中的相对地质年代，一般划分为五代(太古代、元古代、古生代、中生代和新生代)，每个代又分为若干纪，每个纪又细分为若干世及期，新生代中最新的一个纪为第四纪，第四纪地质年代的细分见表1-1。

表1-1　第四纪地质年代

纪	世		距今年代/万年
第四纪(Q)	全新世	Q_4	2.5
	更新世	Q_3晚更新世	15
		Q_2中更新世	50
		Q_1早更新世	100

2. 地质作用

地壳的物质、形态和内部构造是在不断改造和演变的。导致地壳成分变化和构造变化的作用，称为地质作用。根据地质作用能量来源的不同，可分为内力地质作用和外力地质作用。

(1) 内力地质作用：由于地球自转产生的旋转动能和放射性元素蜕变产生的热内能等引起的地壳物质成分、内部构造以及地表形态发生变化的地质作用，如岩浆活动、构造运动等。

(2) 外力地质作用：由于太阳辐射能和地球重力位能所引起的地质作用。包括气温变迁、雨、雪、山洪、河流、湖泊、海洋、冰川、风和生物等作用，对地壳不断进行剥蚀，使地表形态不断发生变化。

3. 岩石和土的类型

(1) 岩石的类型

岩石按成因分为岩浆岩、沉积岩和变质岩。其中岩浆岩是由高温熔融的岩浆在地表或地下冷凝所形成的岩石，也称火成岩或喷出岩；沉积岩是在地表条件下由风化作用、生物作用和火山作用的产物经水、空气和冰川等外力的搬运、沉积和成岩固结而形成的岩石；变质岩是由先形成的岩浆岩、沉积岩，由于其所处地质环境的改变经变质作用而形成的岩石。

(2) 土

自然界中的土是由地表岩石经风化、搬运、沉积作用而形成的松散堆积物。与岩石相比，其形成的年代较短，大多数土是在第四纪地质年代沉积形成的。根据成因不同，土沉积的主要类型分为残积土、坡积土、洪积土、冲积土等。不同成因类型的沉积物，具有各自的分布规律和工程地质特征。下面简单介绍这四类：

1) 残积土

残积土是风化后残留在原地的土，如图1-1。残积土的主要工程地质特征：无层理，厚度很不均匀，颗粒一般较差且带棱角，孔隙度较大。因此在残积土上进行工程建设时，应注意其不均匀性，防止建筑物的不均匀沉降。

2) 坡积土

坡积土是由雨雪水流的地质作用将高处岩石风化产物缓慢地洗刷剥蚀、沿着斜坡向下逐渐移动、沉积在平缓的山坡上而形成的沉积物，如图1-2。坡积土的主要工程地质特征：土颗粒粗细混杂，土质不均匀，厚度变化大，会发生沿下卧基岩倾斜面滑动，作为地基易形成不均匀沉降。

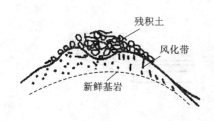

图1-1 残积土示意

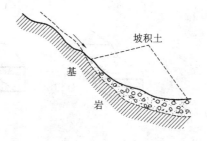

图1-2 坡积土示意

3)洪积土

洪积土是由暂时性山洪急流挟带着大量碎屑物质堆积于山谷冲沟出口或山前倾斜平原而形成的沉积物,如图1-3。洪积土的主要工程地质特征:洪水沉积的洪积土,有一定的分选作用,距山区较近地段,其颗粒较粗,远离山区颗粒较细。通常,粗颗粒的土层压缩性较低,承载力较高;而细颗粒的土层则压缩性高,承载力低。

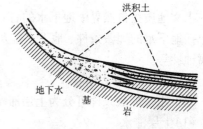

图1-3 洪积土示意

4)冲积土

冲积土是由江河流水的地质作用剥蚀两岸的基岩和沉积物,经搬运与沉积在平缓地带而形成的沉积物。冲积土的主要工程地质特征:平原河谷冲积物大多为中密砂砾,承载力较高,应需注意河流的冲刷作用及凹岸边坡的稳定。

4.地质构造

地质构造是指在内力、外力地质作用下,不断运动演变,所留下来的各种构造形态。它是评价建筑场地工程地质条件所应考虑的基本因素,并且与场地的稳定性及地震评价等有关。

(1)褶皱:是地壳中层状岩层在水平运动的作用下,使原始的水平产状的岩层弯曲起来形成的。褶皱的基本单元为岩层的一个弯曲,称为褶曲。褶曲有两种基本形式:背斜和向斜。背斜的横剖面呈凸起弯曲的形态,向斜的横剖面呈向下凹曲的形态,如图1-4。

(2)断裂:是岩体受地壳运动的作用,在其内部产生了许多断裂面,使岩石丧失了原有的连续完整性。其构造类型可分为节理和断层。

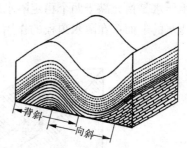

图1-4 背斜和向斜

1)节理:是岩体内部的裂隙(或裂缝),沿裂隙(或裂缝)两侧的岩层未发生位移或仅有微小错动的断裂构造。

2)断层:若断裂面两侧的岩体发生了显著位移,这种构造现象称为断层,如图1-5。断层进一步可分为正断层、逆断层和平移断层。

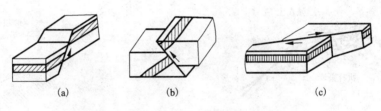

图 1－5　断层

(a)正断层；(b)逆断层；(c)平移断层

1.1.2　水文地质

水文地质指自然界中地下水的各种变化和运动的现象。通常建筑场地的水文地质条件主要包括地下水的埋藏条件、地下水位及其随季节的变化、地下水化学成分及其对钢筋混凝土的腐蚀性等。

1. 地下水的埋藏条件

地下水按埋藏条件可分为上层滞水、潜水和承压水三种类型,示意如图1－6。

(1)上层滞水

上层滞水是指埋藏在地表较浅处,局部隔水透镜体的上部,且具有自由水面的地下水。其分布范围有限,来源主要是大气降水补给。所以上层滞水地带只有在融雪后或大量降水时才能聚集较多的水,只能作为季节性的或临时性的水源。

(2)潜水

潜水是埋藏在地表以下第一个稳定隔水层以上的具有自由水面的地下水。潜水一般埋藏在第四纪沉积层及基岩的风化层中。其来源主要受雨水渗透或河流渗入,同时也由于蒸发或流出而排泄,潜水水位的变化直接受气候条件变化的影响。

(3)承压水

承压水是指充满于两个稳定隔水层之间的含水层中的地下水。它承受一定的静水压力。因承压水的上面存在隔水顶板的作用,承压水的动态变化,受局部气候因素影响不明显。

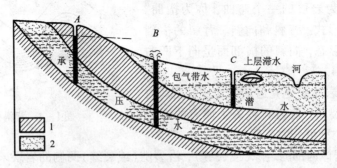

图 1－6　地下水埋藏示意图

1—隔水层；2—透水层

2.地下水对工程的影响

（1）基础埋深的选择

为了施工方便及节省造价，基础埋深应尽可能小于地下水位深度。在寒冷地区，当基础埋深较浅且距地下水位较近时，应注意防止毛细水上升，使地基冻胀，从而导致基础及上部结构的破坏。

（2）施工排水

当地下水位埋藏浅，基础埋深大于地下水位深度时，基坑开挖与基础施工必须进行排水，应选择合理的降排水措施，保证地基不被破坏，施工顺利进行。

（3）地下室防水（潮）

当地下水位较高时，地下工程及多高层房屋的地下室应按相应的规范进行防水（潮）设计。

（4）地下结构的抗浮设计

地面以下的空心结构物（如水池）和处于施工阶段的多高层房屋的地下室，当地下水位埋藏浅时，地下水的浮力可能将地下结构上浮，应进行地下结构的抗浮设计。

1.2　地基土的工程特性与分类

1.2.1　土的组成与结构

1.土的组成

自然界中的土一般是由固体颗粒、水和气体组成的三相体系。其中固体颗粒形成了土的骨架，骨架中的孔隙被水和气体充填。在自然界的每一个土单元中，三部分所占比例不同，土的物理状态和土的工程性质也不相同。当土中孔隙没有水时，称为干土，由固体颗粒和空气组成，为二相体系；当土中孔隙全部被水充满时，称为饱和土，由固体颗粒和水组成，也是二相体系。

（1）土的固体颗粒（土的固相）：是土中最主要的组成部分，土的固体颗粒大小和形状、矿物成分及组成对土的物理力学性质有很大影响。

1）土的矿物成分和土中的有机质

土的矿物成分取决于成土母岩的成分以及所经受的风化作用，可分为原生矿物和次生矿物。岩石经物理风化作用后破碎形成的矿物颗粒，称为原生矿物，在风化过程中，其化学成分并没发生改变，与母岩的矿物成分相同，其化学性质比较稳定，具有较强的水稳性。岩石经化学风化作用所形成的矿物颗粒，称为次生矿物，与母岩成分不同，其颗粒较小，活性强。其中高岭石、伊利石、蒙脱石这三种是最重要的次生矿物，蒙脱石具有很强的亲水性，伊利石次之，高岭石亲水性最小，其性质是遇水膨胀，失水收缩。

土中的有机质是在土的形成过程中动、植物的残骸及其分解物质与土混掺沉积在一起经生物化学作用形成的物质，其成分复杂。当有机质含量超过5%时，称为有机土。有机土亲水性很强，压缩性大、强度低。

2）土的粒组划分

将物理性质接近的土粒归为一组，称为粒组。依粒径的大小将土粒划分为六大粒组：

$d \geqslant 200$ mm　块石（漂石）　　　20 mm$\leqslant d < 200$ mm　碎石（卵石）

2 mm$\leqslant d < 20$ mm　角砾（圆石）　　　0.075 mm$\leqslant d < 2$ mm　砂砾

0.005 mm$\leqslant d < 0.075$ mm　粉粒　　　$d < 0.005$ mm　黏粒

3）土的颗粒级配

①颗粒级配和颗粒分析：自然界中的土都是由大小不同的颗粒组成，土颗粒的大小与土的性质密切相关。如土颗粒由粗变细，则土的渗透性会由大变小，由无黏性变为黏性等。土粒的大小及其组成情况，通常以土中各个粒组的相对含量（各粒组质量占土总质量的百分比）来表示，称为土的颗粒级配。

常用的颗分试验有筛分法和密度计法。密度计法适用于粒径小于 0.075 的粉粒和黏粒。筛分法适用于粒径大于 0.075 mm 的粗粒，就是用一套标准筛子［筛孔直径（mm）：20、10、5.0、2.0、1.0、0.5、0.25、0.1、0.075］，将烘干且分散了的有代表性试样倒入标准筛内摇振，然后分别称出留在各筛子上的土重，并计算出各粒组的相对含量，即得土的颗粒级配。

②颗粒级配的评价：土颗粒大小分析试验成果，通常在半对数坐标系中间绘成一条曲线，称为土的颗粒级配曲线，如图 1-7 所示，图中曲线的纵坐标为小于某粒径的质量百分数，横坐标为用对数尺度表示的土粒粒径。

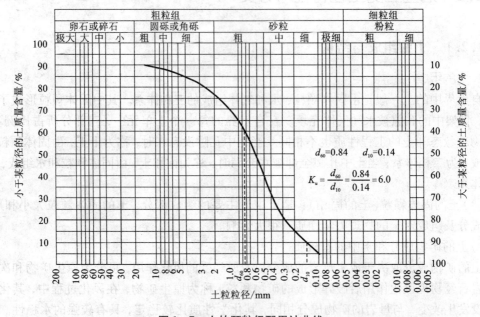

图 1-7　土的颗粒级配累计曲线

③良好级配的判断：级配良好的土，粗细颗粒搭配较好，粗颗粒间的孔隙有细颗粒填筑，易被压实到较高的密度。因而渗透性和压缩性较小，强度较大，所以颗粒级配常作为选择筑填土料的依据。工程上用不均匀系数 K_u 表示颗粒的不均匀程度，用曲率系数 C_c 表示土的离散程度，两者共同评价土的颗粒级配是否良好。

$$K_u = d_{60}/d_{10} \tag{1-1}$$

$$C_c = d_{30}^2/(d_{60} \times d_{10}) \tag{1-2}$$

式中：d_{60}，d_{30}，d_{10}——颗粒级配曲线上纵坐标为 60%、30%、10% 时所对应的粒径，d_{10} 为有效粒径，d_{60} 为控制粒径。

工程上用不均匀系数 K_u 和曲率系数 C_c 用于判定土的级配优劣，规则如下：当 $K_u \geqslant 5$ 且 $C_c = 1 \sim 3$ 时，为级配良好的土；当 $K_u < 5$ 或 $C_c > 3$ 或 $C_c < 1$ 时，为级配不良的土。

（2）土中水（土的液相）

其含量及性质明显地影响土的性质，尤其对于黏性土。水在土中的存在状态有液态水、气态水和固态水。

固态水是指土中的水在温度低于 0℃ 时冻结成的冰。气态水是指土中出现的水蒸汽，一般对土的性质影响不大。液态水是土中水存在的主要状态，包括结合水和自由水两大类。

1）结合水：是指由电分子引力吸附于土粒表面成薄膜状的水。根据受电场作用力的大小及离颗粒表面远近，结合水又分为强结合水和弱结合水。

强结合水指紧靠于颗粒表面的，受到吸力很大的结合水。其性质接近固体，黏土中仅含强结合水时呈固体状态。弱结合水指强结合水以外、电场作用范围以内的水，受电场的吸引力随着与颗粒距离增大而减弱。弱结合水的存在是黏性土在某一含水量范围内表现出可塑性的根本原因，砂土可认为不含弱结合水。

2）自由水：是存在于土粒电场影响以外的水。有重力水和毛细水两类。

重力水存在于地下水位以下的土孔隙中，只受重力作用而移动，能传递水压力和产生浮力作用。毛细水存在地下水位以上的土孔隙中，在土粒之间形成环状弯液面。弯液面与土粒接触处的表面张力反作用于土粒，形成毛细压力，使土粒挤紧。土粒间的孔隙互相贯通，形成无数不规则的毛细管。在表面张力作用下，地下水沿着毛细管上升。毛细管上升使地基润湿，降低强度，增大变形量。

（3）土中气体（土的气相）

土中气体是存在于土孔隙中未被水占据的部分，可分为与大气连通的非封闭气体和与大气不连通的封闭气体两种。

非封闭气体成分与空气相似，受外荷载作用时易被挤出土体外，对土的性质影响不大。封闭气体不能逸出，在细粒土中存在，形成了与大气隔绝的封闭气泡，因气泡的栓塞作用，降低了土的透水性，增加了土的弹性和压缩性，对土的性质有较大影响。

2. 土的结构

土的结构是指土颗粒的大小、形状、表面特征、相互排列及其联结关系的综合特征。一般分为单粒结构、蜂窝结构和絮状结构，如图 1-8 所示。

（1）单粒结构

单粒结构指较粗矿物颗粒在水或空气中在自重作用下沉落形成的单粒结构，单粒结构为砂土和碎石土的主要结构形式，有疏松状态和密实状态。

疏松的单粒结构稳定性能差，当受到震动及其他外力作用时，土粒易发生移动，土中孔隙减小，引起土的较大变形。密实的单粒结构则较稳定，力学性能好，是良好的天然地基。

（2）蜂窝结构

蜂窝结构指较细的颗粒在水中因自重作用而下沉时，当遇到已沉积的颗粒时，由于它们之间的相互引力大于自重应力，因此，土粒停留在最初的接触点上不能再下沉，形成的结构像蜂窝，具有很大的孔隙。蜂窝结构是以粉粒为主的土所具有的结构形式。

（3）絮状结构

絮状结构指细微的黏粒在水中处于悬浮状态，不能靠自重下沉，当这些悬浮在水中的黏粒被带到电解质浓度大的环境中，会凝聚成絮状的黏粒集合体下沉，并相继与已下沉的絮状集合体接触，形成空隙很大的絮状结构。

蜂窝结构和絮状结构的土中存在大量的孔隙，压缩性高，抗剪强度低，透水性弱，其土粒之间的黏聚力往往由于长期的压密作用和胶结作用而得到加强。

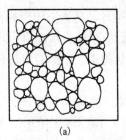 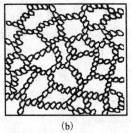 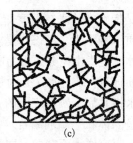

图 1-8　土的结构示意图

(a)单粒结构；(b)蜂窝结构；(c)絮状结构

1.2.2　土的物理性质指标

1.土的三相图

土的三相图表示气体、水、颗粒间的数量关系，并可计算各项物理指标，如图 1-9 所示。

2.土的基本物理指标

（1）土的天然重度 γ 与天然密度 ρ

1）天然重度 γ

在天然状态时单位体积的重量称重度 γ，按下式计算。

$$\gamma = \frac{W}{V} = \frac{W_s + W_w}{V} = \frac{W_s + V_w \gamma_w}{V} \quad (\text{kN/m}^3)$$

（1-3）

图 1-9　土的三相简图

m_s—土粒质量；m_w—土中水的质量；

m_a—土中空气质量；V_s—土粒体积；

V_w—土中水体积；V_a—土中空气体积；

m—土的总质量，$m = m_s + m_w$；

V_v—土中孔隙体积，$V_v = V_w + V_a$；

V—土的总体积，$V = V_s + V_w + V_a$

式中：W——土的总重量，$W = mg$；

　　　W_s——土粒重量，$W_s = m_s g$；

　　　W_w——土中水重量，$W_w = V_w \gamma_w$；

　　　γ_w——水的重度，一般 $\gamma_w = 10$ kN/m³。

2）天然密度 ρ

天然密度 ρ 土在天然状态时单位体积的质量，称为密度 ρ，按下式计算。

$$\rho = \frac{m}{V} \quad (\text{g/cm}^3)$$

（1-4）

测定方法：黏粒用环刀法，粗颗粒用灌砂法，易碎难切割土体用蜡封法。

3）重度 γ 与天然密度 ρ 关系

$$\gamma = \frac{W}{V} = \frac{mg}{V} = \rho g \qquad\qquad (1-5)$$

即土的重度 γ 为天然密度 ρ 与重力加速度 g 的乘积。

（2）土的天然含水量 w

在天然状态下，土中水的质量和土粒的质量之比称为含水量，用百分数表示。

$$w = \frac{m_w}{m_s} \times 100\% = \frac{W_w/g}{W_s/g} \times 100\% = \frac{W_w}{W_s} \times 100\% \qquad (1-6)$$

测定方法：烘干法或试剂法。含水量是反映土的湿度的一个重要物理指标。一般来说，当其含水量增大时，强度就降低。

（3）土粒相对密度 d_s

土粒质量 m_s 与同体积的 $4℃$ 时水的质量之比称为土粒相对密度 d_s（或称土粒比重）。

$$d_s = \frac{m_s}{V_s \rho_w} = \frac{W_s/g}{\dfrac{V_s \gamma_w}{g}} = \frac{W_s}{V_s \gamma_w} = \frac{\rho_s}{\rho_w} \qquad (1-7)$$

测定方法：比重瓶法。

3. 土的其他物理指标

（1）土的干密度 ρ_d 和土的干重度 γ_d

1）土的干密度 ρ_d

土的干密度指土的单位体积内颗粒质量。

$$\rho_d = \frac{m_s}{V} \qquad (g/cm^3) \qquad\qquad (1-8)$$

2）土的干重度 γ_d

土的干重度指土单位体积中土粒的重量。

$$\gamma_d = \frac{W_s}{V} \qquad (kN/m^3) \qquad\qquad (1-9)$$

土的干密度和干重度两者之间的关系为 $\gamma_d = \rho_d g$。在工程上常把干密度作为检测人工填土密实程度的指标，以控制施工质量。

（2）土的饱和密度和土的饱和重度

1）土的饱和密度 ρ_{sat}

土的饱和密度指土中孔隙 V_v 全被水充满时单位体积的质量。

$$\rho_{sat} = \frac{m_s + V_v \rho_w}{V} \qquad (g/cm^3) \qquad (1-10)$$

式中：ρ_w 为水的密度。

2）土的饱和重度 γ_{sat}

土的饱和重度指土中孔隙 V_v 全被水充满时单位体积的重量。

$$\gamma_{sat} = \frac{W_s + V_v \gamma_w}{V} \qquad (kN/m^3) \qquad (1-11)$$

（3）土的有效密度 ρ' 和有效重度 γ'

1）土的有效密度 ρ'

土的有效密度指地下水位以下单位土体积中土粒的有效质量。

$$\rho' = \frac{m_s - V_s\rho_\omega}{V} \quad (\text{kg/m}^3) \quad (1-12)$$

2）土的有效重度 γ'

地下水位以下土单位体积的重量称为土的有效重度，或称浮重度 γ'，即：

$$\gamma' = \frac{W_s - V_s\gamma_w}{V} = \gamma_{sat} - \gamma_w \quad (1-13)$$

综上所述： $\gamma_{sat} > \gamma > \gamma_d > \gamma'$。

（4）土的孔隙率 n

土的孔隙率指土中孔隙体积与土的总体积之比的百分率。

$$n = \frac{V_v}{V} \times 100\% \quad (1-14)$$

（5）土的孔隙比 e

土的孔隙比指土中孔隙体积与土粒体积之比。

$$e = \frac{V_v}{V_s} \quad (1-15)$$

$e < 0.6$ 的土是密实的低压缩性土，$e > 1$ 的土是疏松的高压缩性土。n、e 均反映土的密实程度。

（6）土的饱和度 S_r

土中水的体积与孔隙体积之比称为土的饱和度。

$$S_r = \frac{V_w}{V_v} \times 100\% \quad (1-16)$$

饱和度用于描述土体中孔隙被水充满的程度。根据饱和度，土可划分为稍湿、很湿和饱和三种湿润状态：$S_r \leqslant 50\%$ 稍湿；$50\% < S_r \leqslant 80\%$ 很湿；$80\% < S_r$ 饱和。当 $S_r = 100\%$ 时，土孔隙全部充水，土为完全饱和状态。当 $S_r = 0$ 时，土为完全干燥状态。

4. 土的物理性质指标换算

只要通过试验直接测定土粒相对密度 d_s、含水量 w 和密度 ρ，根据各个指标定义，利用土的三相图可推导其他物理性质指标。如表 1-2。

表 1-2　土的三相组成比例指标换算公式

指标	符号	表达式	常用换算公式	单位
土粒比重	d_s	$d_s = \dfrac{m_s}{V_s\rho_w}$	$d_s = \dfrac{S_r e}{w}$	
密度	ρ	$\rho = m/V$	$\rho = \rho_d(1+w)$	t/m³ 或 g/cm³
重度	γ	$\gamma = \rho \cdot g$　$\gamma = \dfrac{W}{V}$	$\gamma = \gamma_d(1+w)$　$\gamma = \dfrac{\gamma_w(d_s + S_r e)}{1+e}$	kN/m³
含水量	w	$w = \dfrac{m_w}{m_s} \times 100\%$	$w = \dfrac{S_r e}{d_s} \times 100\%$　$w = \left(\dfrac{\gamma}{\gamma_d} - 1\right) \times 100\%$	

续表 1-2

指标	符号	表达式	常用换算公式		单位
干密度	ρ_s	$\rho_d = \dfrac{m_s}{V}$	$\rho_d = \dfrac{\rho}{1+w}$	$\rho_d = \dfrac{d_s}{1+e}\rho_w$	t/m³ 或 g/cm³
干重度	γ_d	$\gamma_d = \rho_d g$ $\gamma_d = \dfrac{W_s}{V}$	$\gamma_d = \dfrac{\gamma}{1+w}$	$\gamma_d = \dfrac{\gamma_w \cdot d_s}{1+e}$	kN/m³
饱和重度	γ_{sat}	$\gamma_{sat} = \dfrac{W_s + V_v\gamma_w}{V}$	$\gamma_{sat} = \dfrac{\gamma_w(d_s+e)}{1+e}$		kN/m³
有效重度	γ'	$\gamma' = \dfrac{W_s - V_s\gamma_w}{V}$	$\gamma' = \gamma_{sat} - \gamma_w = \dfrac{\gamma_w(d_s-1)}{1+e}$		kN/m³
孔隙比	e	$e = \dfrac{V_v}{V_s}$	$e = \dfrac{\gamma_w d_s(1+w)}{\gamma} - 1 = \dfrac{\gamma_w d_s}{\gamma_d} - 1$		
孔隙率	n	$n = \dfrac{V_v}{V} \times 100\%$	$n = \dfrac{e}{1+e} \times 100\%$	$n = 1 - \dfrac{\gamma_d}{\gamma_w d_s}$	
饱和度	S_r	$S_r = \dfrac{V_w}{V_v} \times 100\%$	$S_r = \dfrac{w \cdot d_s}{e}$	$S_r = \dfrac{w \cdot \gamma_d}{n \cdot \gamma_w}$	

注：①在各换算公式中，含水量 w 可用小数代入计算；②γ_w 可取 10 kN/m³；③重力加速度 $g = 9.806$ m/s² ≈ 10 m/s²。

【技能训练例题 1-1】 在工地用环刀切取一土样，测得该土体积为 100 cm³，质量为 185 g，土样烘干后测得其质量为 148 g，已知土粒比重 $d_s = 2.7$，试求该土样的 γ、w、e、n、S_r、γ_d、γ_{sat}、γ'。

【解】

$$\rho = \frac{m}{V} = \frac{185}{100} = 1.85\,(\text{g/cm}^3)$$

$$\gamma = \rho \cdot g \approx 10\rho = 18.5\,(\text{kN/m}^3)$$

$$w = \frac{m_w}{m_s} \times 100\% = \frac{185-148}{148} \times 100\% = 25\%$$

$$e = \frac{\gamma_w d_s(1+w)}{\gamma} - 1 = \frac{10 \times 2.7 \times (1+0.25)}{18.5} - 1 = 0.82$$

$$n = \frac{e}{1+e} = \frac{0.82}{1+0.82} = 45\%$$

$$S_r = \frac{wd_s}{e} = \frac{0.25 \times 2.7}{0.82} = 0.82$$

$$\gamma_{sat} = \frac{d_s+e}{1+e} \cdot \gamma_w = \frac{2.7+0.82}{1+0.82} \times 10 = 19.34\,(\text{kN/m}^3)$$

$$\gamma' = \gamma_{sat} - \gamma_w = 19.34 - 10 = 9.34\,(\text{kN/m}^3)$$

1.2.3 土的物理状态指标

1. 无黏性土的密实度

无黏性土主要指具有单粒结构的碎石土与砂土，天然状态下具有不同程度的密实度。

(1)碎石土密实度鉴别

可根据重型圆锥动力触探锤击数 $N_{63.5}$，划分为密实、中密、稍密、松散四种状态，如表1-3。

表1-3　碎石土密实度的划分

重型圆锥动力触探 锤击数 $N_{63.5}$	密实度	重型圆锥动力触探 锤击数 $N_{63.5}$	密实度
$N_{63.5} \leqslant 5$	松散	$10 < N_{63.5} \leqslant 20$	中密
$5 < N_{63.5} \leqslant 10$	稍密	$N_{63.5} > 20$	密实

注：①本表适用于平均粒径小于等于50 mm且最大粒径不超过100 mm的卵石（碎石）、圆砾（角砾）。②表内 $N_{63.5}$ 为经综合修正后的平均值。

(2)砂土密实度鉴别

1)《岩土工程勘察规范》利用标准贯入试验锤击数 N 确定砂土的密实度。结论如下： $N \leqslant 10$，松散； $10 < N \leqslant 15$，稍密； $15 < N \leqslant 30$，中密； $N > 30$，密实。

2)天然孔隙比判别

砂土的密实度可用天然孔隙比评定。一般当 $e < 0.6$ 时，属密实的砂土；当 $e > 0.95$ 时，属松散状态，不宜作为天然地基。

3)相对密实度判别

$$D_r = \frac{e_{max} - e}{e_{max} - e_{min}} \tag{1-17}$$

式中： e_{max} 与 e_{min} 分别表示砂土最大与最小孔隙比。

判别标准如下：

$D_r = 1$，最密状态； $D_r = 0$，最松状态。

$0 < D_r \leqslant 0.33$，疏松状态； $0.33 < D_r \leqslant 0.67$，中密状态； $0.67 < D_r \leqslant 1$，密实状态。

利用相对密实度判别无黏性土的优点：把土的级配因素考虑在内，理论上较为完善；其缺点是： e、 e_{min}、 e_{max} 难以准确测定。

2. 黏性土的物理特征

黏性土的主要成分是黏粒，土粒间存在黏聚力而使土具有黏性。黏性土的主要物理状态特征是其软硬程度，主要指标有界限含水量、塑性指数和液性指数。

(1)界限含水量

黏性土由某一状态转入另一种状态时的分界含水量称为界限含水量，主要有缩限、塑限和液限三个界限含水量，表示如下：

缩限 w_s　　塑限 w_P　　液限 w_L

固态 | 半固态 | 可塑状态 | 流动状态　　含水量 $w/\%$

其中，缩限 w_s：土由半固态转为固态的界限含水量。

塑限 w_P：土由可塑状态转为半固态的界限含水量。

液限 w_L：流动状态转为可塑状态的界限含水量，即塑性上限含水量。

可塑状态：土粒在外力作用下可塑成各种形状而不发生裂缝，在外力除去后仍可保持原状。土粒在外力作用下可相互滑动而不破坏土粒间的联系，土呈可塑状态。

（2）黏性土的塑性指数和液性指数

1）塑性指数

塑性指数 I_P 是液限与塑限之差，表示土的可塑性范围。塑性指数应以百分数表示，但习惯上计算时不带%符号。工程上常用其对黏性土进行分类，当 $I_P > 17$ 时，为黏土；当 $10 < I_P \leq 17$ 时，为粉质黏土。

$$I_P = w_L - w_P \qquad\qquad (1-18)$$

2）液性指数

液性指数 I_L 是指天然含水量与塑限之差除以塑性指数，即：

$$I_L = \frac{w - w_P}{w_L - w_P} = \frac{w - w_P}{I_P} \qquad\qquad (1-19)$$

液性指数是判别黏性土的软硬程度的指标，按液性指数将土的状态分为坚硬、硬塑、可塑、软塑和流塑，见表 1-4。

表 1-4　黏性土的状态

液性指数 I_L	状态	液性指数 I_L	状态
$I_L \leq 0$	坚硬	$0.75 < I_L \leq 1$	软塑
$0 < I_L \leq 0.25$	硬塑	$I_L > 1$	流塑
$0.25 < I_L \leq 0.75$	可塑		

【技能训练例题 1-2】　A、B 两种土样，试验结果见表，试确定该土的名称及软硬状态。

土样	天然含水量 $w/\%$	塑限 $w_P/\%$	液限 $w_L/\%$	土样	天然含水量 $w/\%$	塑限 $w_P/\%$	液限 $w_L/\%$
A	40.4	25.4	47.9	B	23.2	21.0	31.2

【解】　1）A 土样：

$$塑性指数：I_P = w_L - w_P = 47.9 - 25.4 = 22.5$$

$$液性指数：I_L = \frac{w - w_P}{I_P} = \frac{40.4 - 25.4}{22.5} = 0.67$$

因 $I_P > 17$，$0.25 < I_L \leq 0.75$，所以该土为黏土，可塑状态；

2）B 土样：

$$塑性指数：I_P = w_L - w_P = 31.2 - 21 = 10.2$$

$$液性指数：I_L = \frac{w - w_P}{I_P} = \frac{23.2 - 21}{10.2} = 0.22$$

因 $10 < I_P \leq 17$，$0 < I_L \leq 0.25$，所以该土为粉质黏土，硬塑状态。

1.2.4 土的工程分类与野外鉴别方法

1. 地基土（岩）的工程分类

按《建筑地基基础设计规范》（GB 5007—2011），用作建筑地基的土，可分为岩石、碎石土、砂土、粉土、黏性土和人工填土。

（1）岩石

岩石应为颗粒间牢固联结，呈整体或具有节理裂隙的岩体。按岩石的坚硬程度分坚硬岩、较硬岩、较软岩、软岩、极软岩。按岩体完整程度分为完整、较完整、较破碎、破碎、极破碎。按岩石的风化程度可分为未风化、微风化、中风化、强风化和全风化。

（2）碎石土

碎石土是指粒径大于 2 mm 的颗粒含量超过全重 50% 的土。依颗粒形状和粒组含量分漂石（块石）、卵石（碎石）、圆砾（角砾），具体见表 1–5。

表 1–5　碎石土的分类（GB5007—2011）

土的名称	颗粒形状	粒组含量
漂石 块石	圆形及亚圆形为主 棱角形为主	粒径大于 200 mm 的颗粒超过全质量 50%
卵石 碎石	圆形及亚圆形为主 棱角形为主	粒径大于 20 mm 的颗粒超过全质量 50%
圆砾 角砾	圆形及亚圆形为主 棱角形为主	粒径大于 2 mm 的颗粒超过全质量 50%

注：分类时应根据粒组含量栏从上到下以最先符合者确定。

（3）砂土

砂土是指粒径大于 2 mm 的颗粒含量不超过全重 50%、粒径大于 0.075mm 的颗粒超过全重 50% 的土。砂土按粒组含量分为砾砂、粗砂、中砂、细纱和粉砂，具体见表 1–6。

表 1–6　砂土的分类

土的名称	粒组含量
砾砂	粒径大于 2 mm 的颗粒占全质量 25%～50%
粗砂	粒径大于 0.5 mm 的颗粒超过全质量 50%
中砂	粒径大于 0.25 mm 的颗粒超过全质量 50%
细砂	粒径大于 0.075 mm 的颗粒超过全质量 85%
粉砂	粒径大于 0.075 mm 的颗粒超过全质量 50%

注：分类时应根据粒组含量栏从上到下以最先符合者确定。

砂土的密实度按标准贯入锤击数 N 分为松散、稍密、中密、密实，具体见表 1–7。

表 1 - 7 砂土的密实度

标准贯入锤击数 N	密实度	标准贯入锤击数 N	密实度
$N \leqslant 10$	松散	$15 < N \leqslant 30$	中密
$10 < N \leqslant 15$	稍密	$N > 30$	密实

注：当用静力触探探头阻力判定土的密实度时，可根据当地经验确定。

（4）黏性土

塑性指数 $I_P > 10$ 的土为黏性土。按黏性土塑性指数 I_P，可分为黏土（$I_P > 17$）、粉质黏土（$10 < I_P \leqslant 17$）。

（5）粉土

粉土介于砂土和黏性土之间，主要指塑性指数 $I_P \leqslant 10$ 及粒径大于 0.075 mm 的颗粒含量不超过全质量 50% 的土。

（6）人工填土

人工填土是指由于人类活动而堆填的土。按组成和成因可分素填土、压实填土、杂填土、冲填土。

1）素填土：为碎石土、砂土、粉土、黏性土等组成的填土；

2）压实填土：经过压实或夯实的素填土；

3）杂填土：是含有建筑垃圾、工业废料、生活垃圾等杂物的填土；

4）冲填土：由水力冲填泥砂形成的填土。

2. 地基土的现场经验鉴别方法

（1）碎石土、砂土现场经验鉴别

可参考表 1 - 8 所示的方法。

表 1 - 8 碎石土、砂土现场经验鉴别

碎石土、砂土的现场经验鉴别方法					
类别	土的名称	观察颗粒粗细	干燥时的状态	湿润时拍击状态	黏着程度
碎石土	卵（碎）石	一半以上的粒径超过 20 mm	颗粒完全分散	表面无变化	无黏着感
	圆（角）砾	一半以上的粒径超过 2 mm（小高粱粒大小）	颗粒完全分散	表面无变化	无黏着感

碎石土、砂土的现场经验鉴别方法

类别	土的名称	观察颗粒粗细	干燥时的状态	湿润时拍击状态	黏着程度
砂土	砾砂	约有 1/4 以上的粒径超过 2 mm(小高粱粒大小)	颗粒完全分散	表面无变化	无黏着感
	粗砂	约有一半以上的粒径超过 5 mm(细小米大小)	颗粒完全分散,但有个别胶结一起	表面无变化	无黏着感
	中砂	约有一半以上的粒径超过 0.25 mm(白菜籽大小)	颗粒完全分散,局部胶结但一碰即散	表面偶有水印	无黏着感
	细砂	大部分颗粒与粗豆米粉近似(>0.1 mm)	颗粒大部分分散,少量胶结,部分稍加碰撞即散	表面偶有水印(翻浆)	偶有轻微黏着感
	粉砂	大部分颗粒与小米粉近似	颗粒少部分分散,大部分胶结,稍加压力可以分散	表面有显著翻浆现象	有轻微黏着感

注:在观察颗粒进行分类时,应将鉴别的土样从表中颗粒最粗类别逐级查对,当首先符合某一类土的条件时,即按该土定名。

(2)黏性土、粉土现场经验鉴别

可参考表 1-9 所示的方法。

表 1-9 黏性土、粉土现场经验鉴别

黏性土、粉土的现场经验鉴别方法

土的名称	干土的状态	湿土的状态	湿润时用刀切	用手捻摸的感觉	黏着程度	湿土搓条情况
黏土	坚硬,用锤子才能打碎	黏塑的,腻滑的,黏连的	切面非常光滑规则,刀刃有涩滞,有阻力	滑腻感觉,当水分较大时极为黏手,感觉不到有颗粒存在	湿时极易黏着物体,干后不易剥去,用手反复洗才能去掉	能搓成直径小于 0.5 mm 的土条(长度不短于手掌)。持一端不致断裂
粉质黏土	用锤击或手压土块容易碎开	塑性的,弱黏性	稍有光滑面,切面规则	仔细捻摸感到有少量细颗粒,稍有滑腻感和黏滞感	湿时能黏着物体,干燥后较易剥落	能搓成直径为 0.5~2 mm 的土条
粉土	用锤击或手压土块容易碎开	塑性的,弱黏性	无光滑面,切面比较粗糙	感觉有细颗粒存在或粗糙,有轻微黏滞感觉或无黏滞感	湿时一般不黏着物体,干燥后,一碰即碎	能搓成直径为 2~3 mm 的土条

（3）碎石土密实度现场经验鉴别

密实度是碎石土和砂土的重要物理状态指标，砂土的密实度由专门的试验人员用标准贯入试验来测定，碎石土的密实度可以由专门的试验人员用重型圆锥动力触探试验来测定。也可以由现场经验办法来鉴别，见表1-10。

表1-10　碎石土密实度现场经验鉴别

碎石土密实度现场经验鉴别方法			
密实度	骨架和填充物	天然坡和可挖性	可钻性
密实	骨架颗粒含量大于总重的70%，呈交错紧贴，连续接触，孔隙填满，充填物实密	天然陡坡较稳定，坎下堆积物较小，镐挖掘困难，用撬棍方能松动，坑壁稳定，从坑壁取出大颗粒处能保持凹面状态	钻进困难，冲击钻探时，钻杆、吊锤跳动剧烈，孔壁较稳定
中密	骨架颗粒含量等于总重的60%~70%，呈交错排列，大部分接触。孔隙填满。充实物中密	天然坡不宜陡立或陡坎下堆积物较多，但坡度大于粗颗粒安息角。镐可挖掘，坑壁有掉块现象，从坑壁取出大颗粒处能保持凹面状态	钻进较困难，冲击钻探时，钻杆、吊锤跳动不剧烈，孔壁有坍塌现象
稍密	骨架颗粒含量小总重的60%，排列混乱，大部分不接触，空隙中的充填物稍密	不能形成陡坡，天然坡接近粗颗粒的安息角，锹可挖掘，井壁易坍塌，从坑壁取出大颗粒处砂土立即塌落	钻进较容易，冲击钻探时，钻杆稍有跳动，孔壁易坍塌
松散	骨架颗粒含量小总重的55%，排列很混乱，绝大部分不接触，空隙中的充填物松散	不能形成陡坡，天然坡小于粗颗粒的安息角，锹容易挖掘，井壁极容易坍塌，从坑壁取出大颗粒处砂土立即塌落	钻进极容易，冲击钻探时，钻杆不跳动，孔壁极易坍塌

【技能训练例题1-3】　下图为某三种土样A、B、C的颗粒级配曲线，试按《建筑地基基础设计规范》分类法确定三种土的名称。

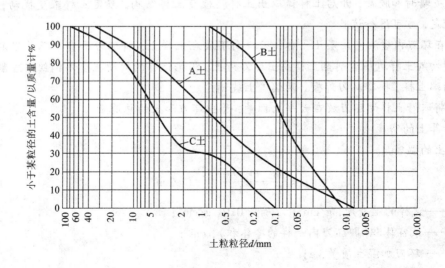

【解】

1）A土样：从A土级配曲线查得，粒径小于2mm的占总土质量的67%、粒径小于0.075mm占总土质量的19%，满足粒径大于2mm的不超过50%，粒径大于0.075mm的超过

50%的要求,该土属于砂土;

又由于粒径大于 2 mm 的占总土质量的33%,满足粒径大于 2 mm 占总土质量25% ~ 50%的要求,故此土应命名为砾砂。

2)B 土样:粒径大于 2 mm 的没有,粒径大于 0.075 mm 占总土质量的52%,属于砂土。按砂土分类表分类,此土应命名为粉砂。

3)C 土样:粒径大于 2 mm 的占总土质量的67%,粒径大于 20 mm 的占总土质量的13%,按碎石土分类表可得,该土应命名为圆砾或角砾。

1.2.5 实训项目:土工实验(土的基本物理性质)

一、密度试验

土的密度指土单位体积的质量。土的密度测定方法有:环刀法、蜡封法、灌水法和灌砂法等。环刀法适用于一般黏性土;蜡封法适用与易破碎的土或形状不规则的坚硬土;灌水法、灌砂法适用于现场测定原状砂和砾质土的密度。下面主要介绍环刀法的相关内容。

1.试验目的:测定土的密度,以了解土的疏密和干湿状态,为计算土的其他换算指标以及工程设计提供必需的数据。土的密度也是土的基本物理性质指标之一。

2.试验方法:环刀法,适用于黏性土(细粒土)。

3.仪器设备:

(1)环刀:内径 D 为 61.8 mm 和 79.8 mm,高度为 $h = 20$ mm,体积为 60 cm^3、100 cm^3。

(2)天平:称量500 g,最小分度值0.1;称量200 g,最小分度值0.01。

(3)其他:钢丝锯、削土刀、凡士林、玻璃片等。

4.操作步骤:

(1)当采用原状土进行试验时,应首先检查土样是否合格。将土样筒按标明的上下方向放置,剥去蜡封和胶带,开启土样筒取出土样。检查土样结构,确定土样未受扰动,取土质量符合规定,方可进行试验。

(2)在环刀内壁涂一薄层凡士林,刃口向下放在土样上,将环刀垂直下压并用削土刀沿环刀外侧切削土样边压边削至土样高出环刀为止,根据试样的软硬程度用钢丝锯或削土刀整平环刀两端土样,擦净环刀外壁,两端盖上玻璃片。

(3)将取好土样的环刀放在天平上称量,称出环刀和土的总质量。

5.计算土的密度:

(1)土的湿密度

$$\rho = \frac{m_0}{V} = \frac{m - m_1}{V} \quad (\text{g/cm}^3) \quad\quad (1-20)$$

式中:ρ——试样的湿密度,g/cm^3,准确到 0.01 g/cm^3;

V——试样体积(即环刀内土样的净体积),cm^3;

m——环刀加湿土质量,g;

m_0——湿土质量,g;

m_1——环刀质量,g。

6.成果整理:按规定,本试验应进行两次平行测定,两次测定的差值不得大于

0.03 g/cm^3，取两次测值的平均值。

7. 密度试验记录样表：

工程名称＿＿＿＿＿＿＿　　　　试 验 者＿＿＿＿＿＿＿

工程编号＿＿＿＿＿＿＿　　　　计 算 者＿＿＿＿＿＿＿

试验日期＿＿＿＿＿＿＿　　　　校 核 者＿＿＿＿＿＿＿

试样编号	环刀质量 m_1 /g	试样体积 V /cm^3	环刀加湿土质量 m /g	试样质量 m_0 /g	密度 /(g·cm^{-3})	平均密度 /(g·cm^{-3})
分析计算过程						

二、含水量试验

含水量是指土中水的质量和土颗粒质量之比，用百分数表示。土在天然状态下的含水量称为天然含水量。常用的测定方法有：烘干法和酒精燃烧法。下面介绍烘干法。

1. 试验目的：测定土的含水量，了解土的含水情况，从而计算土的孔隙比、饱和度等，它是土的基本物理指标之一。

2. 试验方法：烘干法，适用于粗粒土、细粒土、有机质土和冻土。

3. 仪器设备：

(1)烘箱：采用电热烘箱，控制温度为 $105 \sim 110$℃。

(2)天平：称量 200 g，最小分度值 0.01 g。

(3)其他：称量盒、干燥器(内有硅胶或氯化钙作为干燥剂)等。

4. 操作步骤：

(1)从原状土样中，选取具有代表性的试样 $15 \sim 30$ g，放入称量盒内，盖上盒盖，称出盒加湿土的总质量 m_1，准确至 0.01 g。

(2)打开盒盖，放入烘箱，在 $105 \sim 110$℃的恒温下烘至恒量(黏土、粉土不小于 8 h，砂土不少于 6 h)。

(3)将称量盒从烘箱中取出，盖上盒盖。放入干燥器内冷却至室温，称出盒加干土总质量 m_2，准确至 0.01 g。

5. 计算公式：

土的天然含水量按下列公式计算：

$$w = \frac{m_w}{m_s} \times 100\% = \frac{m_1 - m_2}{m_2 - m_0} \times 100\% \qquad (1-21)$$

式中：w——土的含水量，%；

$\quad$ m_w——试样中水的质量$(m_1 - m_2)$，g；

$\quad$ m_s——试样土粒的质量$(m_2 - m_0)$，g；

$\quad$ m_1——称量盒加湿土质量，g；

$\quad$ m_2——称量盒加干土质量，g；

$\quad$ m_0——称量盒质量，g。

6. 成果整理：

按规定，本试验必须对两个试样进行平行测定，当测定的差值＜40％时，平行差值不得大于1％；当测定的差值≥40％时，平行差值不得大于2％；取两次测值的平均值，以百分数表示。

7. 含水量试验记录样表：

工程名称_____ 　　　　试 验 者_____

试样编号_____ 　　　　计 算 者_____

试验日期_____ 　　　　校 核 者_____

试样编号	盒号	盒质量 m_0 /g	盒加湿土质量 m_1/g	盒加干土质量 m_2/g	试样中水的质量 m_w/g	干土质量 m_s /g	含水量 w /%	平均含水量 $\overline{w}$/%

三、土粒比重试验

土粒比重是试样在 105~110℃ 下烘至恒重时，土粒质量与同体积 4℃ 时水的质量之比，亦称为土的相对密度。

1. 试验目的

土粒比重是土的基本物理性质指标之一。测定土粒比重，为计算土的孔隙比、饱和度以及土的其他物理力学试验(如压缩试验等)提供必需的数据。

2. 试验方法

通常采用比重瓶法测定粒径小于 5 mm 的颗粒组成的各类土。对于颗粒粒径大于 5 mm 的土，可采用虹吸筒法或浮称法。下面介绍比重瓶法。

3. 仪器设备

(1)比重瓶：容量 100 mL 或 50 mL，分长径和短径两种。

(2)天平：称量 200 g，最小分度值 0.001 g；

(3)砂浴：应能调节温度(或可调电加热器)；

(4)恒温水槽

(5)温度计：测定范围刻度为 0~50℃，最小分度值为 0.5℃；

(6)真空抽气设备

(7)其他：烘箱、纯水、中性液体、小漏斗、干毛巾、小洗瓶、磁钵及研棒、孔径为 2 mm 及 5 mm 筛、滴管等。

4. 操作步骤

(1)试样制备：取有代表性的风干的土样约 100 g，碾散并全部过 5 mm 的筛。将过筛的风干土及洗净的比重瓶在 100~110℃ 下烘干，取出后置于干燥器内冷却至室温称量后备用。

(2)将比重瓶烘干，冷却后称得瓶的质量。

(3)称烘干试样 15 g(当用 50 mL 的比重瓶时，称烘干试样 10 g)经小漏斗装入 100 mL 比重瓶内，称得试样和瓶的质量，准确至 0.001 g。

（4）为排出土中空气，将已装有干试样的比重瓶，注入半瓶纯水，稍加摇动后放在砂浴上煮沸排气。煮沸时间自悬液沸腾时算起，砂土应不少于 30 min，黏土、粉土不得少于 1 h。然后，将比重瓶取下冷却。

（5）将事先煮沸并冷却的纯水（或排气后的中性液体）注入装有试样悬液的比重瓶中，并将瓶外水分擦干后，称比重瓶、水和试样总质量，准确至 0.001 g。然后立即测出瓶内水的温度，准确至 0.5℃。

（6）根据测得的温度，从已绘制的温度与瓶、水总质量关系曲线中查得各试验比重瓶、水总质量。

（7）用中性液体代替纯水测定可溶盐、黏土矿物或有机质含量较高的土的土粒相对密度时，常用真空抽气法排除土中空气。抽气时间一般不得少于 1 h，直至悬液内无气泡逸出为止，其余步骤同前。

5. 计算公式

土粒比重（相对密度）d_s 应按下式计算：

$$d_s = \frac{m_d}{m_{dw} + m_d - m_{dws}} \times G_{iT} \tag{1-22}$$

式中：m_d——试样的质量，g；

　　　m_{dw}——比重瓶和水的总质量；

　　　m_{dws}——比重瓶、水及试样的总质量；

　　　G_{iT}——4℃时纯水或中性液体的比重。

6. 比重瓶法测定土的比重试验记录

比重试验记录（比重瓶法）

工程名称＿＿＿＿＿　　　　　　试验日期＿＿＿＿＿

土样编号＿＿＿＿＿　　　　　　试验者＿＿＿＿＿

试样编号	比重瓶号	温度 /℃	液体比重（查表）	比重瓶质量 /g	干土质量 /g	瓶+液体质量 /g	瓶+液+干土总质量 /g	与干土同体积的液体质量/g	比重	平均值
		①	②	③	④	⑤	⑥	⑦=④+⑤-⑥	⑧	⑨

四、塑限、液限联合测定试验

本试验是测定土的液限和塑限时含水率，用以计算土的塑性指数和液性指数，作为黏性土分类以及估计地基承载力等的依据。

1. 试验目的：测定土的液限、塑限。

2. 试验方法：液、塑限联合测定法，适用于粒径 < 0.5 mm 以及有机质含量不大于试样总质量 5% 的土。

3.仪器设备：

（1）液、塑限联合测定仪：包括带标尺的圆锥仪、电磁铁、显示屏、控制开关和试样杯等，圆锥质量为76 g，锥角为30°；试样杯内径为40 mm，高度为30 mm。

（2）天平：称量200 g，最小分度值0.01 g。

（3）其他：调土刀、盛土器、直刀、蒸馏水、滴管、吹风机、烘箱、称量盒、干燥器、秒表、孔径0.5 mm的筛子等。

4.操作步骤：

（1）液限试验原则上宜采用天然含水率试样。当土样不均匀时，采用风干试样。当试样中含有粒径大于0.5 mm的土粒和杂物时，应过0.5 mm的筛。

（2）当采用天然含水率土样时，取代表性土样250 g；采用风干试样时，取0.5 mm筛下的代表性土样200 g。用纯水将试样分成3份，分别放入盛土器中，分别加入不同数量的水，调成均匀膏状，然后盖上湿布，浸润过夜。

（3）将制备的试样充分调拌均匀，密实地填入试样杯中，填样时不应留有空隙，对较干的试样应充分揉搓，密实地填入试样杯中，填满后刮平表面。

（4）将试样杯放在联合测定仪的升降座上，在圆锥上抹一薄层凡士林，接通电源，使电磁铁吸住圆锥。

（5）调节零点，将屏幕上的标尺调在零位，调整升降座，使圆锥尖接触试样表面，关断电源使电磁铁失磁，指示灯亮时圆锥在自重下沉入试样，经5 s后测读圆锥下沉深度（显示在屏幕上），取出试样杯，挖去锥尖入土处的凡士林，取锥体附近的试样不少于10 g，放入称量盒内，测定含水率。

（6）重复步骤（3）～（5），分别测定三个试样的圆锥下沉深度和含水率。三次的圆锥入土深度宜为3～4 mm，7～9 mm，15～17 mm。液塑限联合测定应不少于三点。

5.土的含水率计算。

6.成果整理：

（1）以含水率为横坐标，圆锥入土深度为纵坐标在双对数坐标纸上绘制关系曲线（图1-10），三点应在一直线上（图1-10中A线）。当三点不在一直线上时，通过高含水率的点和其余两点分别连成两条直线，在下沉为2 mm处查得相应的两个含

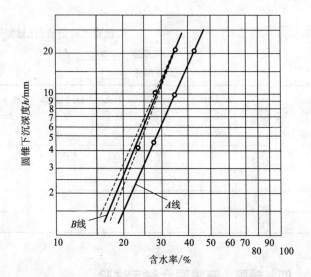

图1-10 圆锥下沉深度与含水率关系曲线

水率，当两个含水率的差值小于2%时，应以两点含水率的平均值与高含水率的点连一直线（图1-10中B线）。当两个含水量的差值大于、等于2%时，应重做试验。

（2）在含水率与圆锥下沉深度的关系图上查得下沉深度为10 mm所对应的含水率为液限，查得下沉深度为2 mm所对应的含水率为塑限，取值以百分数表示，准确至0.1%。

（3）塑性指数和液性指数计算。

1.3　工程地质勘察

1.3.1　地基(岩土工程)勘察等级划分

1. 工程重要性等级

根据工程的规模和特征,以及由于岩土工程问题造成工程破坏或影响正常使用的后果,可分为三个工程重要性等级:

(1)一级工程:重要工程,后果很严重;

(2)二级工程:一般工程,后果严重;

(3)三级工程:次要工程,后果不严重。

2. 场地等级

根据场地的复杂程度,可按下列规定分为三个场地等级。

(1)符合下列条件之一者为一级场地(复杂场地)。

1)对建筑抗震危险的地段;

2)不良地质作用强烈发育;

3)地质环境已经或可能受到强烈破坏;

4)地形地貌复杂;

5)有影响工程的多层地下水、岩溶裂隙水或其他水文地质条件复杂,需专门研究的场地。

(2)符合下列条件之一者为二级场地(中等复杂场地)。

1)对建筑抗震不利的地段;

2)不良地质作用一般发育;

3)地质环境已经或可能受到一般破坏;

4)地形地貌较复杂;

5)基础位于地下水以下的场地。

(3)符合下列条件之一者为三级场地(简单场地)。

1)抗震设防烈度等于或小于6度,或对建筑抗震有利的地段;

2)不良地质作用不发育;

3)地质环境基本未破坏;

4)地形地貌简单;

5)地下水对工程无影响。

3. 地基等级

根据地基的复杂程度,可按下列规定分为三个地基等级。

(1)符合下列条件之一者为一级地基(复杂地基)。

1)岩土种类多,很不均匀,性质变化大,需特殊处理;

2)严重湿陷、膨胀、盐渍、污染的特殊岩土,以及其他情况,需作专门处理的岩土。

(2)符合下列条件之一者为二级地基(中等复杂地基)。

1)岩土种类较多,不均匀,性质变化较大;

2)除上面第1)规定以外的特殊性岩土。

（3）符合下列条件之一者为三级地基（简单地基）。

1）岩土种类单一，均匀，性质变化不大；

2）无特殊性岩土。

4. 地基勘察等级

根据工程重要性等级、场地复杂程度等级和地基复杂程度等级，按下列条件划分岩土工程勘察等级。

甲级：在工程重要性、场地复杂程度和地基复杂程度等级中，有一项或多项为一级；

乙级：除勘察等级为甲级和丙级以外的勘察项目；

丙级：工程重要性、场地复杂程度和地基复杂程度等级均为三级。

注：建筑在岩质地基上的一级工程，当场地复杂程度等级和地基复杂程度等级均为三级时，岩土工程勘察等级可定为乙级。

1.3.2 地基勘察的目的和内容

最新版《岩土工程勘察规范》（GB 50021—2001）规定，各项建设工程在设计和施工之前，必须按基本建设程序进行岩土工程勘察。岩土工程勘察应按工程建设各勘察阶段的要求，正确反映工程地质条件，查明不良地质作用和地质灾害，精心勘察、精心分析，提出资料完整、评价正确的勘察报告。

1. 岩土工程勘察的目的

以各种勘察手段和方法，调查研究和分析评价建筑场地和地基的工程地质条件，为设计和施工提供所需的工程地质资料。

2. 工程地质勘察的主要内容

（1）查明建设场地与地基的稳定性、地层结构、持力层和下卧层的工程特性、土的应力历史和地下水条件及不良地质作用；

（2）提供满足设计施工所需的岩土工程参数，确定地基承载力，预测地基变形特征；

（3）提出地基基础、基坑支护、工程降水和地基处理设计与施工方案的建议；

（4）提出对建筑物有影响的不良地质作用的防治方案建议；

（5）对抗震设防烈度等于或大于 6 度的场地，进行场地与地基的地震效应评价。

3. 工程地质勘察阶段

工业与民用建筑工程的设计分为场址选择、初步设计和施工图三个阶段。为了提供各设计阶段所需的工程地质资料，勘察工作也相应分为选址勘察、初步勘察和详细勘察三个阶段。对于地质条件复杂或有特殊施工要求的重大建筑物地基，尚应进行施工勘察。

（1）选址勘察基本要求

选址勘察的目的是为了取得几个场址方案的主要工程地质资料，对拟选场地的稳定性和适宜性作出工程地质评价和方案比较。

选择场址时，应进行技术经济分析，一般情况下宜避开下列工程地质条件恶劣的地区或地段：不良地质现象发育且对建筑物构成直接危害或潜在威胁的场地；设计地震烈度为 8 度或 9 度的发震断裂带，受洪水威胁或地下水的不利影响严重的场地；在可开采的地下矿床或矿区的不稳定采空区上的场地。

选址阶段的勘察工作，主要侧重于搜集和分析区域地质、地形地拉、地震、矿产和附近地区的工程地质资料及当地的建筑经验，并在搜集和分析已有资料的基础上，抓住主要问题，通过踏勘，了解场地的地层岩性、地质构造，岩石和土的性质、地下水情况以及不良地质现象等工程地质条件。搜集的资料不满足要求或工程地质条件复杂时，也可以进行工程地质测绘并辅以必要的勘探工作。

（2）初步勘察基本要求

初勘的任务之一就在于查明建筑场地不良地质现象的成因，分布范围、危害程度及其发展趋势，以便使场地内主要建筑物（如工业主厂房）的布置避开不良地质现象发育的地段，确定建筑总平面布置。初勘的任务还在于初步查明地层及其构造、岩石和土的物理力学性质、地下水埋藏条件以及土的冻结深度，为主要建筑物的地基基础方案以及对不良地质现象的防治方案提供工程地质资料。

初勘时勘探线的布置应垂直于地貌单元边界线、地质构造线和地层界线，对每个地貌单元都应设有控制性勘探孔（勘探孔是指钻孔、探井、触探孔等）到达预定深度，其他一般性勘探孔只需达到适当深度即可。

（3）详细勘察基本要求

详勘的任务就在于针对具体建筑物地基或具体的地质问题，为进行施工图设计和施工提供可靠的依据或设计计算参数。因此必须查明建筑物范围内的地层结构、岩石和土的物理力学性质，对地基的稳定性及承载能力作出评价，并提供不良地质现象防治工作所需的计算指标及资料，此外，还要查明有关地下水的埋藏条件和腐蚀性、地层的透水性和水位变化规律等情况。详勘的手段主要有勘探、原位测试和室内土工试验。

1.3.3 地基勘察的方法

为达到上面的勘察目的，获取所需要的工程地质资料及设计所需要的参数，采取的勘察方式如下。

1. 工程地质测绘与调查

工程地质测绘与调查就是通过现场踏勘、工程地质测绘和搜集、调查有关资料，探明场地的地形地貌、地层岩性、地质构造、地下水与地表水及不良地质现象等，为评价场地工程地质条件及建筑场地稳定性提供依据，场地的稳定性研究是工程地质测绘与调查的重点内容。

测绘与调查宜在初步勘察阶段或可行性研究（选址）阶段进行，查明地形地貌、地层岩性、地质构造、地下水与地表水、不良地质现象等；搜集有关的气象、水文、植被、土的标准冻结深度等资料；调查人类活动对场地稳定性的影响。

常用的测绘方法是在地形图上布置观察线，并按点或沿线观察地质现象。

2. 勘探

要进一步查明地质情况，对场地的工程地质条件采用定量的评价，而勘探是一种必要的手段，常用的勘探方法包括坑探、钻探、触探和地球物理勘探等。

（1）坑探

坑探是指在建筑场地开挖探坑或探槽，直接观察地基土层情况，并从坑槽中取高质量原状土进行试验分析。这是一种不必使用专门机具的常用的勘察方法。当场地的地质条件比较复杂，而要了解的土层埋藏不深，且地下水位较低时，利用坑探能取得直观资料和原状土样，但坑探可达到的深度较浅，一般不超过 4 m，且不宜超过地下水位，较深的探坑必须支护坑壁。

（2）钻探

钻探是勘察方法中应用最广泛的一种，它是采用钻探机具向下钻孔，以鉴别和划分地层、观测地下水位，并采取原状土样以供室内试验，确定土的物理性质、力学性质指标，需要时还可以在钻孔中进行原位测试。钻探的钻进方式可分为回转式、冲击式、振动式、冲击－回转式等。

3. 地球物理勘探

地球物理勘探（简称物探）是一种兼有勘探和测试双重功能的技术。物探之所以能够被用来研究和解决各种地质问题，主要是因为不同的岩石、土层和地质构造往往具有不同的物理性质，通过专门的物探仪器的量测，就可区别和推断有关地质问题。

1.3.4 地基勘察报告的编制与阅读

1. 工程地质勘察的最终成果

以《××工程初步（或详细）勘察报告》的形式提出，勘察报告书一般包括两部分：文字部分和图表部分。

（1）文字部分包括的内容

1）工程概况、勘察任务、勘察基本要求、勘察技术要求及勘察工作简况；

2）场地位置、地形地貌、地质构造、不良地质现象及地震设防烈度等；

3）场地的岩土类型、地层分布、岩土结构构造或风化程度、场地土的均匀性、岩土的物理力学性质、地基承载力以及变形和动力等其他设计计算参数或指标；

4）地下水的埋藏条件、分布变化规律、含水层的性质类型、其他水文地质参数、场地土或地下水的腐蚀性以及地层的冻结深度；

5）关于建筑场地及地基的综合工程地质评价以及场地的稳定性和适宜性等结论；

6）针对工程建设中可能出现或存在的问题，提出相关的处理方案、预防防治措施和施工建议。

（2）图表部分包括的内容

1）勘察点（线）的平面布置图；

2）工程地质柱状图；

3）工程地质剖面图；

4）原位测试成果图表；

5）室内试验成果图表。

2. 工程地质勘察报告的阅读和使用

岩土工程勘察报告是建筑基础设计和基础施工的依据，因此对设计和施工人员来说，正确阅读、理解和使用勘察报告是非常重要的。应当全面熟悉勘察报告的文字部分和图表部分，了解勘察报告的结论与建议，分析各项岩土参数的可靠程度，把拟建场地的工程地质条件和拟建建筑物的具体情况联合起来进行分析。

（1）持力层的选择

地基持力层的选择应该综合考虑场地的土层分布情况和土层的物理力学性质以及建筑物的体形、结构类型、荷载等情况，从地基、基础和上部结构的整体概念出发，在场地稳定性达到要求的同时，地基基础设计还必须满足地基承载力和基础沉降两项基本要求，努力做到经济节约和充分发挥地基潜力，应尽量采用天然地基土浅基础的设计方案。

（2）场地稳定性评价

对地质构造及地层成层条件，不良地质现象以及分布规律、危害程度和发展趋势进行分析与评价，特别在地质条件复杂地区应引起高度重视。

1.3.5 验槽与基槽的局部处理

《建筑地基基础工程施工质量验收规范》（GB 50202）规定，所有建（构）筑物均应进行施工验槽。基坑（槽）挖完后，由建设单位组织施工、设计、勘察、监理、质检等部门的项目技术负责人对地基土进行联合检查验收。地基验槽属于建筑工程隐蔽验收的重要内容之一。

1. 验槽的目的

（1）检验地质勘察报告结论、建议是否正确，与实际情况是否一致。

（2）可以及时发现问题及存在的隐患，解决勘察报告中未解决的遗留问题。

2. 验槽的内容

基坑（槽）的验槽工作主要是以认真仔细的观察为主，并以地基钎探、钻探取样和原位测试等手段配合，其主要内容包括：

（1）核对基坑的位置、平面尺寸、坑底标高；

（2）核对基坑土质和地下水情况；

（3）空穴、古墓、古井、防空掩体及地下埋设物的位置、深度、性状。

3. 验槽的方法

验槽方法通常以观察法为主，而对于基底以下的土层不可见部位，要先辅以钎探法配合共同完成。

（1）观察法

1）观察槽壁、槽底的土质情况，验证基槽开挖深度，初步验证基槽底部土质是否与勘察报告相符，观察槽底土质结构是否人为破坏。

2）基槽边坡是否稳定，是否存在有影响边坡稳定的因素，如地下渗水、坑边堆载或近距离扰动等（对难于鉴别的土质，应使用洛阳铲等工具挖至一定深度进行仔细鉴别）。

（2）钎探法

在上述检查过程中发现可疑之处，可采用钎探做进一步的检查。地基钎探是指在基坑（槽）土方开挖之后，用重锤自由落体方式将钎探工具打入基坑（槽）底下一定深度的土层内，通过锤击次数探查判断地下有无异常情况或不良地基的一种方法。

4. 验槽的记录

经检查验收合格后，填写《地基验槽记录表》和《基坑（槽）隐蔽验收记录表》，各方签字盖章，并及时办理相关验收手续。如验收不合格，待处理和整改合格后，重新验收确认。

5. 验槽的注意事项

（1）天然地基验槽前必须完成钎探，并有详细的钎探记录。不合格的钎探不能作为验槽的依据。必要时对钎探孔深及间距进行抽样检查，核实其真实性。

（2）基坑（槽）土方开挖完后，应立即组织验槽。

（3）在特殊情况下，如雨期，要做好排水措施，避免被雨水浸泡。冬期要防止基底土受冻，要及时用保温材料覆盖。

(4)验槽时要认真仔细查看土质及其分布情况，是否有杂物、碎砖、瓦砾等杂填土，是否已挖到老土等，从而判断是否需做地基处理。

1.3.6　实训项目：地基勘察报告阅读

××工程详细勘察报告摘要

1. 拟建工程概述

拟建工程位于××学校北侧临街处。由一栋拟建物组成，平面布置见图 1–11 所示，拟建物工程特性概述见表 1–11。

表 1–11　某建筑物工程特性

建筑物名称	平面形状	长/m	宽/m	层数	结构形式	基础形式	单位荷载/(kN·m⁻²)	室内地面/m	差异沉降敏感度	备注
××	L型	112	27	7	框架	拟浅基础	17	110.8	一般	

建筑物重要等级为二级；经勘察了解，场地等级为二级，地基等级为二级，综合确定岩土工程勘察等级为乙级。

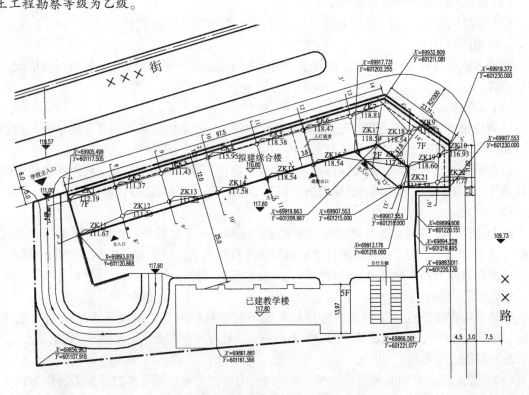

图 1–11　某工程总平面图

2. 勘察目的、要求及任务

本次勘察的目的、要求及任务为：

（1）查明场地内的地层结构、地基土的物理力学性质，基础设计所需的岩土参数；

（2）查明拟建场地的不良地质现象，不良地质作用的类型、成因、分布范围及发展趋势；

（3）查明暗藏的河道、沟塘及空洞等对工程不利的埋藏物；

（4）查明场地地下水类型、埋藏深度及水位变幅，判明地下水对混凝土的腐蚀性；

（5）判明场地土类型及建筑场地类别，评价地基的地震效应及场地的稳定性；

（6）提出合理的基础方案并做出评价；

（7）按国家规范规定的有关要求，提出详细勘察报告；

3. 场地工程地质、水文地质条件

（1）场区地基土构成及其特征

经勘察了解，场地表层分布残坡积型红黏土，其下为基岩为石炭系上统黄龙组灰岩。按地层由新（上）至老（下）的顺序，对各层地基土分别描述如下：

1）红黏土（Q_4^{al+pl}）：本场地黏土细分为硬塑红黏土①和可塑红黏土②。

硬塑红黏土①：棕红色，硬塑状，稍湿。含少量角砾，成份为风化灰岩，粒径在 5~20mm，含量在 10%~15% 左右。光泽反映光滑，摇震反应无，干强度中等，韧性较高。

可塑红黏土②：棕红色，湿，可塑状。光滑，含 Fe，及 Mn 氧化物结核，含强风化浸染状 Ca 氧化物结核，无摇震反应，干强度较高，韧性较好。

2）石灰岩③：灰白色，微风化，隐晶结构，厚-巨厚层状。裂隙较发育，大部分被方解石脉充填。岩芯呈柱-长柱状，RQD 值 70%~85%，岩石基本质量等级为Ⅲ级，岩体完整性一般。岩体表面岩溶很发育，高低不平，石林林立。本次勘察深度内未揭露到溶洞。

地基土层详细分布情况可参见工程地质剖面图（图 1-12）。

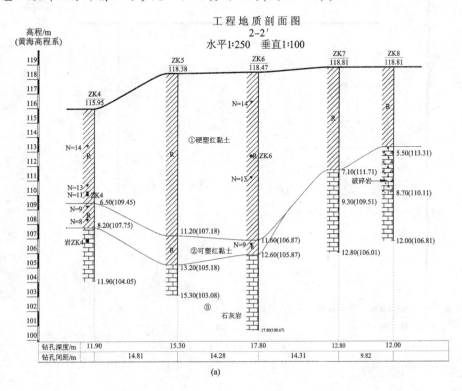

(a)

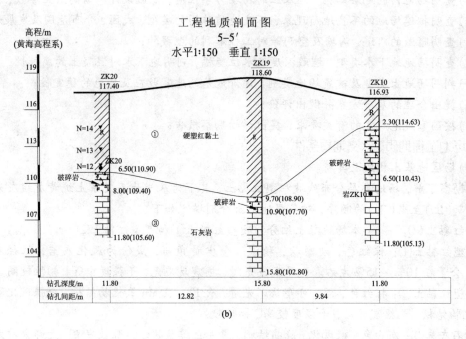

工程地质剖面图
5–5′
水平1:150　垂直 1:150

| 钻孔深度/m | 11.80 | 15.80 | | 11.80 |
| 钻孔间距/m | | 12.82 | 9.84 | |

(b)

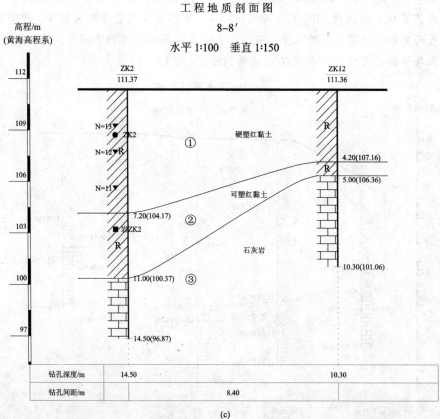

工程地质剖面图
8–8′
水平 1:100　垂直 1:150

| 钻孔深度/m | 14.50 | 10.30 |
| 钻孔间距/m | | 8.40 | |

(c)

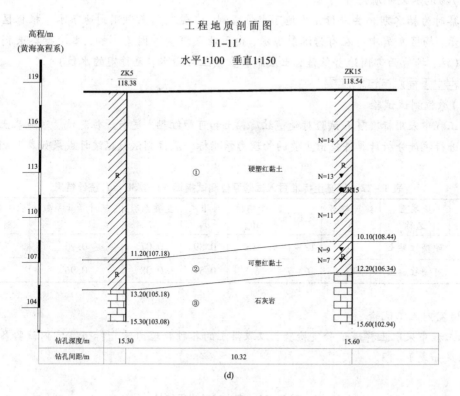

(d)

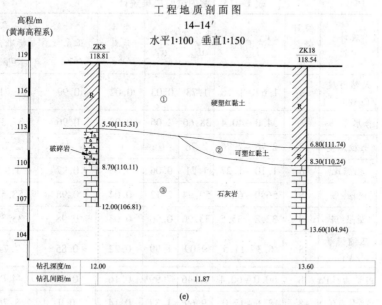

(e)

图 1-12　某工程地质剖面图

(a)2-2′地质剖面图；(b)5-5′地质剖面图；(c)8-8′地质剖面图；

(d)11-11′地质剖面图；(e)14-14′地质剖面图

（2）场地水文地质条件

勘察时为枯水期。共进行4次地下水位观测，在钻孔内未观测到地下水。根据区域地质报告显示：场区灰岩中存在有岩溶裂隙水，由于埋藏深度等因素影响，本次勘察未揭露到地下水。（注：场地西部因地势低洼，土层中含少量上层滞水，无稳定的水位）

4.岩土工程测试试验成果

（1）原位测试试验

本工程中采用标准贯入试验对硬塑红质黏土和可塑红黏土进行原位测试。对地基土原位测试指标进行统计分析计算并提出主要的物理力学指标。原位测试数据统计成果如表1-12。

表1-12 地基土标准贯入试验原位测试指标 N（击/30 cm）统计结果

土层编号	地基土名称	统计频数 n	范围值	平均值 ϕ_m	标准差 σ_f	变异系数 δ	统计修正系数 γ_s	击数标准值
①	硬塑红黏土	11	12～14	13	0.89	0.07	0.96	12.51
②	可塑红黏土	12	6～7	6.8	0.51	0.08	0.96	6.31

（2）室内土工试验

本工程中采取土样送试验室检验，以取得土的各种物理力学指标值。室内试验各项成果统计结果如表1-13。

表1-13 室内试验成果统计

土层编号	地基土名称	统计项目	统计频数 n	范围值	平均值 ϕ_m	标准差 σ_f	变异系数 δ	统计修正系数 γ_s	岩土参数标准值 ϕ_k	承载力特征值 f_{ak}/kPa
①	硬塑红黏土	天然密度/(g·cm⁻³)	8	1.69～1.76	1.73	0.03	0.02	0.99	1.71	220
		含水率/%	8	34.0～40.4	38.66	2.06	0.05	0.96	37.27	
		土粒比重	8	2.76～2.76	2.76	0	0	1	2.76	
		孔隙比	8	1.10～1.27	1.21	0.06	0.05	0.97	1.17	
		液限/%	8	56.0～62.6	59.94	2.12	0.04	0.98	58.51	
		塑限/%	8	32.8～35.5	33.96	0.96	0.03	0.98	33.32	
		压缩模量/MPa	8	6.3～11.5	9.09	1.99	0.22	0.85	7.74	
		内聚力/kPa	8	40.0～60.4	49.46	7.99	0.16	0.89	44.06	
		内摩擦角/(°)	8	8.1～12.0	9.69	1.37	0.14	0.9	8.76	

续表 1-13

土层编号	地基土名称	统计项目	统计频数 n	范围值	平均值 ϕ_m	标准差 σ_f	变异系数 δ	统计修正系数 γ_s	岩土参数标准值 ϕ_k	承载力特征值 f_{ak}/kPa
②	可塑红黏土	天然密度/(g·cm^{-3})	6	1.86~1.94	1.9	0.03	0.01	0.99	1.88	240
		含水率/%	6	24.4~28.1	26.55	1.33	0.05	0.96	25.45	
		土粒比重	6	2.73~2.75	2.74	0.01	0.00	1.0	2.73	
		孔隙比	6	0.75~0.87	0.82	0.04	0.05	0.96	0.79	
		液限/%	6	37.5~44.5	40.15	2.61	0.07	0.95	37.99	
		塑限/%	6	21.4~26.3	23.68	1.75	0.07	0.94	22.24	
		压缩模量/MPa	6	4.8~7.1	5.8	0.96	0.17	0.86	5.01	
		内聚力/kPa	6	26.7~52.5	37.93	10.27	0.27	0.78	29.46	
		内摩擦角/(°)	6	10.7~15.3	13.37	1.95	0.15	0.88	11.75	

5. 岩土工程分析与评价

（1）工程环境

工程项目位于××东街旁，地形平坦开阔。交通便捷，地理位置优越。周边建筑物分布情况详见平面图。

（2）场地整体稳定性评价

地区所处位置为稳定地块核心地带，远离构造活动区域，地势平坦，附近无活动构造断裂通过。场区属低丘地貌，为抗震有利地段。市为地震基本烈度6度区，场区无斜坡、滑坡等不良地质现象，场地下部灰岩中岩溶有发育，需对岩溶采取有效处理措施，处理后对拟建建筑物稳定性无影响。综上所述，场地稳定性较好，适宜本工程建设。

（3）地基土物理力学参数建议值

综合本工程各项岩土试验及相关技术规范，对场内各地基土层提出各项物理力学参数取值如表1-14。

表1-14　地基土物理力学参数取值表

土层号	岩土名称	天然密度 γ/(g·cm^{-3})	承载力特征值 f_{ak}/kPa	压缩模量 E_s/MPa	内聚力 c/kPa	内摩擦角 Φ/(°)
①	硬塑红黏土	17.1	220	7.74	44.06	8.76
②	可塑红黏土	18.8	160	5.01	29.46	11.75
③	灰岩		7000			

表1-15　地基土桩及其他参数取值表

土层号	岩土名称	挖孔桩桩端承载力特征值/kPa	挖孔桩极限侧阻力标准值/kPa	管桩极限端阻力标准值/kPa	管桩极限侧阻力标准值/kPa
①	硬塑粉质黏土		60		70
②	可塑粉质黏土		30		35
③	灰岩	7000	600	16000	1100

(4)地基土的工程性质及均匀性评价

1)上部硬塑状红黏土,具中等压缩性,标准贯入锤击数击,承载力特征值220 kPa;下部接近基岩面为可塑状红黏土,承载力特征值160 kPa。该层就承载力来说可作为多层建筑的持力层,但分别不均匀,在高程110.8 m以下,场地东部近一半以上的地段缺失或厚度较薄。红黏土层中发育有网格状裂纹,具有失水收缩,浸水后可产生较大膨胀量的特征。因此红黏土不可作为该综合楼的持力层。

2)灰岩:全场分布,根据区域地质资料,厚度大于200 m。微风化状态,为硬质岩石,工程地质性能良好,可作为拟建建筑物持力层。根据岩样统计结果,其饱和抗压强度标准值为50 MPa,岩体完整一般,结合本地区建筑经验,综合考虑其承载力特征值7000 kPa(见表1-15)。

(5)基础方案的评价与推荐

根据勘察揭露的场地地质情况及拟建物特点,提出基础方案建议如下:该楼第一层室内正负零高程为110.8 m,东侧部分地段已出露灰岩,建议采用墩基础;向西侧灰岩埋藏逐步变深,建议采用桩(墩)基础,由于本场地无地下水,土层稳定性较好,可采用大口径人工挖孔灌注桩。承载力特征值7000 kPa。

6.结论与建议

(1)通过本次勘察,查明了场区的岩土层分布及工程地质特征、构造和水文地质特征,场区地表未发现地裂、塌陷、滑坡、土洞、暗沟及断裂破碎带等不良地质现象。适宜本工程建设。场地稳定性较好,适宜工程建设,但应对岩溶等不良地质现象采取相应措施处理。

(2)《中国地震动参数区划分图》表面:本区为地震烈度Ⅵ设防区,设计基本加速度0.05 g,设计特征周期为0.35 s,卓越周期为0.128 s,场区无液化性地层,属中硬场地,场地类别为Ⅱ类场地,地震分组为一组,拟建场地为建筑抗震有利地段。

(3)综合楼基础采用墩基础,西侧局部采用大口径人工挖孔灌注桩,以微风化灰岩为持力层,桩底完整灰岩不应少于5 m。

(4)对于本项目工程桩基础,应按规范要求对桩底持力层逐桩进行岩溶勘察,保重桩端下3倍桩径且不少于5 m范围无溶洞及软弱层。

(5)场区水和土对混凝土结果中钢筋及钢结构的腐蚀性为微。

(6)加强基础验槽工作,若发现异常情况应及时通知设计、监理、业主和我公司,及时采取有效措施。

模块小结

本模块对工程地质的基本知识、土的工程性质及工程地质勘查报告等方面做了较全面阐述，主要内容如下：

（1）地质年代及分类，地质构造特征，岩石和土的类型及形成，水文地质条件。

（2）土一般为三相体系，一般由颗粒（固相）、水（液相）和空气（气相）组成。

（3）土的质量密度、土的含水量和土粒相对密度是土的三个基本指标，由此可得出其他的几个计算指标。砂土的密实度可用标准贯入锤击数、相对密实度和土的孔隙比来判定。

（4）稠度反映黏性土的状态特征，塑性指数是黏性土分类的重要标志之一，液性指数是表示黏性土软硬程度的一个物理指标。

（5）地基土可分为岩石、碎石土、砂土、粉土、黏性土和人工填土六大类。它们是合理选择地基方案的重要依据之一。

（6）根据工程重要性等级、场地复杂程度等级和地基复杂程度等级，岩土工程勘察等级分为甲、乙、丙三个等级，勘察阶段可分为可行性研究勘察、初步勘察和详细勘察，在复杂情况下，还增加施工勘察。

（7）常用的勘察方法包括工程地质测绘与调查、勘探和地球物理勘探等，勘察报告包括两大部分，即文字部分和图表部分。

思考题

1. 土由哪几部分组成？土中三相比例的变化对土的性质有什么影响？

2. 何谓土的颗粒级配？何谓级配良好？何谓级配不良？

3. 土体中的水包括哪几种？结合水有何特性？土中固态水（冰）对工程有何影响？

4. 土的物理性质指标有哪些？其中哪几个可以直接测定？常用测定方法是什么？

5. 土的密度 ρ 与土的重度 γ 的物理意义和单位有何区别？说明天然重度 γ、饱和重度 γ_{sat}、有效重度 γ' 和干重度 γ_d 之间的相互关系，并比较其数值的大小。

6. 无黏性土最主要的物理状态指标是什么？

7. 黏性土的物理状态指标是什么？何谓液限？何谓塑限？它们与天然含水量是否有关？

8. 何谓塑性指数？其大小与土颗粒粗细有何关系？何谓液性指数？如何应用其大小来评价土的工程性质？

9. 地基土（岩）分哪几大类？各类土是如何划分的？

10. 为何要进行工程地质勘察？

11. 建筑物的岩土工程勘察分哪几阶段进行？各阶段的勘察工作主要有哪些？

12. 如何阅读和使用工程地质勘察报告？阅读使用勘察报告重点要注意哪些问题？

13. 工程地质勘察报告后，为何还要验槽？验槽包括哪些内容？应注意些什么问题？

习 题

1. 某工程地质勘察中取原状土做试验，用体积为 $100\ \text{cm}^3$ 的环刀取样试验，用天平测得环刀加湿土的质量为 245.00 g，环刀质量为 55.00 g，烘干后土样质量为 165.00 g，土粒比重为 2.70。计算此土样的天然密度、干密度、饱和密度、天然含水率、孔隙比、孔隙率以及饱和度，并比较各种密度的大小。

2. 某住宅地基土的试验中，已测得土的干密度 $\rho_d = 1.64\ \text{g/cm}^3$，含水率 $w = 21.3\ \%$，土粒比重 $d_s = 2.65$。计算土的 e，n 和 S_r。此土样又测得 $w_L = 29.7\ \%$，$w_P = 17.6\ \%$，计算 I_P 和 I_L，描述土的物理状态，定出土的名称。

3. 已知土样试验数据为：含水量31%，液限38%，塑限20%，求该土样的塑性指数、液性指数，并确定其状态和名称。

4. 有一砂土样的物理性试验结果，标准贯入试验锤击数 $N_{63.5} = 34$，经筛分后各颗粒粒组含量见下表。试确定该砂土的名称和状态。

粒径/mm	<0.01	0.01~0.05	0.05~0.075	0.075~0.25	0.25~0.5	0.5~2.0
粒组含量/%	3.9	14.3	26.7	28.6	19.1	7.4

模块二 地基土的应力与沉降

建筑施工现场专业技术岗位资格考试和技能实践要求

- 熟悉地基土应力与沉降计算及建筑物沉降观测的基本知识。
- 学会地基土室内压缩试验操作及成果整理。
- 学会建筑施工现场沉降观测的基本操作方法。

教学目标

【知识目标】

- 熟悉地基土自重应力、基底压力和地基附加应力计算。
- 熟悉地基土沉降计算与建筑物沉降观测的相关知识。

【能力目标】

- 能正确计算土的自重应力及附加应力，能运用分层总和法及规范法计算一般地基的最终沉降量。
- 能结合建筑工程测量知识，正确进行建筑工程沉降观测。

【素质目标】

- 通过本模块的学习，培养学生理论联系实践的工程素质。
- 通过本模块的学习，培养学生良好的组织、团队协作和沟通能力。

2.1 地基土的应力计算

地基土中的应力按其产生的原因，一般包括由地基土体自重引起的自重应力 σ_{cz} 和由建筑物引起的附加应力 σ_z。

2.1.1 土体自重应力计算

1. 均质地基土的自重应力

在计算土中自重应力时，假定地基土是均匀、连续、各向同性的半无限弹性体，假设天然地面是一个无限大的水平面，因而在任意竖直面和水平面上均无剪应力存在。

如果地面下土质均匀，天然重度为 γ，则在天然地面下任意深度 z 处水平面上的竖向自重应力 σ_{cz}，可取作用于该水平面上任一单位面积的土柱体自重计算，即：

$$\sigma_{cz} = \gamma z \qquad (2-1)$$

对于均质地基土中，σ_{cz} 沿水平面均匀分布，且与深度 z 成正比，即随深度线性增加，呈三角形分布图形，如图 2-1。

地基中除有作用于水平面上的竖向自重应力外，在竖直面上还作用有水平向的侧向自重应力。由于σ_{cz}沿任一水平面上均匀地无限分布，所以地基土在自重作用下只产生竖向变形，无侧向变形和剪切变形。因此，根据弹性力学，侧向自重应力σ_{cx}和σ_{cy}应与σ_{cz}成正比，即：

$$\sigma_{cx} = \sigma_{cy} = K_0\sigma_{cz} \qquad (2-2)$$

式中：K_0称为土的侧压力系数或静止土压力系数，可由试验确定。

必须指出，只有通过土粒接触点传递的粒间应力，才能使土粒彼此挤紧，从而引起土体的变形，所以粒间应力又称为有效应力。因此，土中自重应力可定义为土自身有效重力在土体中引起的应力。土中竖向和侧向的自重应力一般均指有效自重应力。对地下水位以下土层一般情况下以有效重度γ'代替天然重度γ。为了简便起见，把常用的竖向有效自重应力σ_{cz}，简称为自重应力σ_c，如图2-2。

自然界中的天然土层，一般形成至今已有很长的地质年代，它在自重作用下的变形早已稳定。但对于近期沉积或堆积的土层，应考虑它在自重应力作用下的变形。

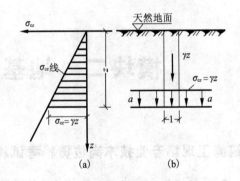

图2-1 均质土中竖向自重应力

(a)沿深度分布；(b)任意水平面上的分布

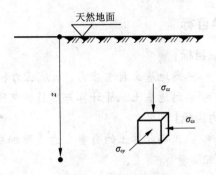

图2-2 地基土中侧向自重应力σ_{cx}和σ_{cy}

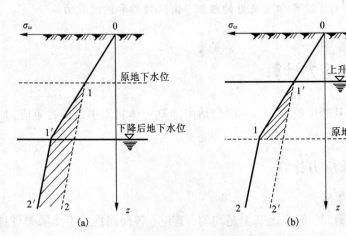

图2-3 地下水位升降对自重应力的影响

(a)地下水位下降；(b)地下水位上升

此外，地下水位的升降会引起土中自重应力的变化。地下水位下降，浮力消失、自重应力增加，该自重应力相当于大面积附加均布荷载，能引起下部土体产生新的变形，属于附加应力。例如在软土地区，常因大量抽取地下水，以致地下水位长期大幅度下降，使地基中原水位以下的有效自重应力增加，而造成地表大面积下沉的严重后果。至于地下水位的长时期上升，常发生在人工抬高蓄水水位地区或工业用水大量渗入地下的地区，若地下水位长期上升，会引起地基承载力的减少、湿陷性土的陷塌现象等，必须引起注意。

2. 层状分布地基土的自重应力

地基土往往是成层分布的，因而各层土具有不同的重度。天然地面下任意深度 z 范围内各层土的厚度自上而下分别为 h_1，h_2，$\cdots$，h_i，$\cdots$，h_n，计算出高度为 z 的土柱体中各层土重的总和后，可得天然地面下任意深度 z 处的竖向自重应力计算公式：

$$\sigma_c = \gamma_1 h_1 + \gamma_2 h_2 + \cdots + \gamma_n h_n = \sum_{i=1}^{n} \gamma_i h_i \tag{2-3}$$

式中：σ_c——天然地下面任意深度 z 处的竖向有效自重应力，kPa；

　　　n——深度 z 范围内的土层总数；

　　　h_i——第 i 层土的厚度，m；

　　　γ_i——第 i 层土的天然重度，对地下水位以下的土层取有效重度 γ'_i，kN/m³。

应注意，在地下水位以下，如埋藏有不透水层（例如岩层或只含结合水的坚硬黏土层），由于不透水层中不存在水的浮力，所以不透水层及层面以下的自重应力应按上覆土层的水和土的总重计算。如地下水位位于同一土层中，计算自重应力时，地下水位面也应作为分层的界面。由计算结果可知，同一土层自重应力按直线变化，分布线的斜率是该层土容重的倒数；层状分布土的自重应力分布曲线是一条折线，拐点在土层交界处和地下水位处；自重应力随深度的增加而增加。

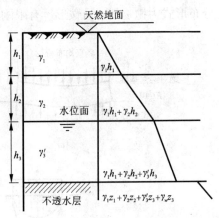

图 2-4　层状分布地基土的自重应力

【技能训练例题 2-1】　某工程场地土层分布如下图所示（其中地下水位在自然地面下 2.0 m），试计算土层的自重应力及作用在基岩顶面的土自重应力和静水压力之和，并绘制自重应力分布图。

【解】

$\sigma_{cz1} = \gamma_1 h_1 = 19 \times 2.0 = 38 (\text{kPa})$

$\sigma_{cz2} = \gamma_1 h_1 + \gamma'_1 h_2$
$\quad = 38 + (19.4 - 10) \times 2.5 = 61.5 (\text{kPa})$

$\sigma_{cz3} = \gamma_1 h_1 + \gamma'_1 h_2 + \gamma'_2 h_3$
$\quad = 61.5 + (17.4 - 10) \times 4.5 = 96.6 (\text{kPa})$

$\sigma_w = \gamma_2 (h_2 + h_3) = 10 \times 7.0 = 70.0 (\text{kPa})$

因此，作用在基岩顶面处的自重应力为 96.6 kPa，静水压力为 70 kPa，总应力为 $96.6 + 70 = 166.6 (\text{kPa})$。

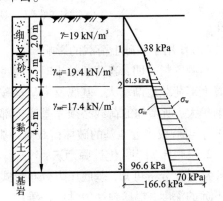

2.1.2 基底压力计算

建筑物荷载通过基础传递给地基，在基础底面与地基之间便产生了接触应力。它既是基础作用于地基的基底压力，又是地基反作用于基础的基底反力。

1. 基底压力的分布规律

基底压力分布涉及地基与基础的相对刚度、作用于基础上荷载的大小和分布情况、地基土的力学性质以及基础的埋深等许多因素有关。

（1）地基与基础的相对刚度

如果完全柔性基础建筑在弹性地基上［图2-5（a）］，基础抗弯刚度 $EI=0$，基础变形能完全适应地基表面的变形，基底反力的分布与其上部荷载的分布情况相同。

如果绝对刚性基础建筑在弹性地基上［图2-5（b）］，基础抗弯刚度 $EI=\infty$，基础只能保持平面下沉不能弯曲，基底反力的分布特征为基础底面中间小、两端无穷大。

如果有限刚性基础建筑在弹塑性地基上［图2-5（c）］，基础抗弯刚度 $0<EI<\infty$，基底反力分布形式为抛物线、马鞍形。有限刚度基础是工程中最为常见的情况。

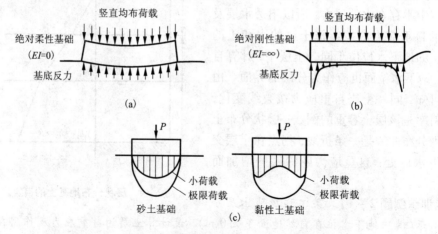

图2-5 地基与基础的相对刚度对基底压力分布的影响
（a）绝对柔性基础；（b）绝对刚性基础；（c）有限刚度基础

（2）作用于基础上荷载的影响

实测资料表明，当荷载较小时，基底反力分布形状［图2-6（a）］，接近于弹性理论解；随着上部荷载逐渐增大，基底反力呈马鞍形［图2-6（b）］；荷载再增大时，边缘塑性破坏区逐渐扩大，所增加的荷载必须靠基底中部力的增大来平衡，基底反力变为抛物线型［图2-6（d）］；当荷载接近地基的破坏荷载时，基底反力呈钟形分布［图2-6（c）］。

2. 基底压力的简化计算方法

从以上分析可知，基底压力分布形式是十分复杂的。但由于基底压力往往是作用在离地面不远的深度，根据弹性力学中圣维南原理，在基底下一定深度处，土中应力分布与基础底面上荷载分布的影响并不显著，而只决定于荷载合力的大小和作用点位置。

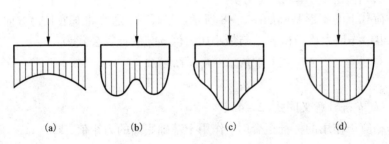

图 2 - 6 荷载对基底压力的影响

因此，目前在工程实践中，对于具有一定刚度以及尺寸较小的柱下单独基础和墙下条形基础等，其基底压力可近似地按直线分布的图形计算，可按材料力学公式进行简化计算。

(1)中心荷载作用下的基底压力计算

中心荷载下的基础，其所受荷载的合力通过基底形心。基底压力假定为均匀分布，其数值按下式计算：

$$p_k = \frac{F_k + G_k}{A} \qquad (2-4)$$

式中：p_k——相应于作用的标准组合时，基础底面处的平均压力值，kPa；

F_k——相应于作用的标准组合时，上部结构传至基础顶面的竖向力值，kN；

G_k——基础自重和基础上的土重，kN，$G_k = \gamma_G A \bar{d}$；

γ_G——基础及以上回填土之平均重度，一般取 20 kN/m³，但在地下水位以下部分应扣除浮力作用，取 10 kN/m³；

$\bar{d}$——基础平均埋深，m，从设计地面或室内外平均设计地面算起；

A——基底面积，m²，对矩形基础 $A = lb$，l 和 b 分别为矩形基底的长度和宽度。

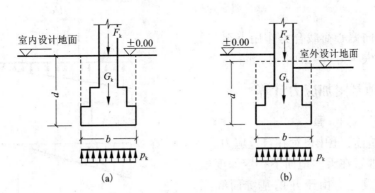

图 2 - 7 中心荷载作用下基底压力

(a)内墙或内柱基础；(b)外墙或外柱基础

对于荷载沿长度方向均匀分布的条形基础，则沿长度方向取单位长度条基作为计算单元，计算基底压力值 p_k(kPa)，此时式(2 - 4)中 A 改为 b(m)，而 F_k 及 G_k 则为计算单元内的每延米荷载值(kN/m)。

（2）偏心荷载作用下的基底压力计算

单向偏心荷载下的矩形基础如图 2−8 所示。设计时，通常将基底长边方向 l 取与偏心方向一致，两短边边缘最大压力值 p_{kmax} 与最小压力值 p_{kmin} 的计算公式为：

$$\frac{p_{kmax}}{p_{kmin}} = \frac{F_k + G_k}{bl} \pm \frac{M_k}{W} \tag{2−5}$$

式中：F_k、G_k、l、b 符号意义同式（2−4）；

　　　M_k——相应于作用的标准组合时，作用于基础底面的力矩值，kN·m；

　　　W——基础底面的抵抗矩，m^3，对于矩形基础 $W = \dfrac{bl^2}{6}$，把偏心荷载的偏心矩 $e = \dfrac{M_k}{F_k + G_k}$

及 $W = \dfrac{bl^2}{6}$ 代入式（2−5），可得：

$$\frac{p_{kmax}}{p_{kmin}} = \frac{F_k + G_k}{bl}\left(1 \pm \frac{6e}{l}\right) \tag{2−6}$$

由上式可见，当 $e < l/6$ 时，基底压力分布图呈梯形；当 $e = l/6$ 时，则呈三角形；当 $e > l/6$ 时，距偏心荷载较远的基底边缘反力为负值，即 $p_{kmin} < 0$，如图 2−8(c)中虚线所示。由于基底与地基之间不能承受拉力，此时基底与地基局部脱开，而使基底压力重新分布。因此，根据偏心荷载与基底反力相平衡的条件，偏心荷载合力（$F_k + G_k$）应通过三角形反力分布图的形心[如图 2−8(c)中实线分布图形]，由此可得基底边缘的最大压力 p_{kmax} 为：

$$p_{kmax} = \frac{2(F_k + G_k)}{3ba} \tag{2−7}$$

式中：a——单向偏心荷载合力作用点至基底最大压力边缘的距离，m。

2.1.3　地基附加应力计算

1. 基底附加压力计算

建筑物建造前，土中已存在自重应力。一般浅基础总是埋置在天然地面下一定深度处，该处原有的自重应力由于开挖基坑而卸除。因此，由建筑物建造后的基底压力中扣除基底标高处原有的土中自重应力后，即为基底标高处新增加到地基的基底附加压力。

基底附加压力值 p_0，按下式计算：

轴心荷载作用时：

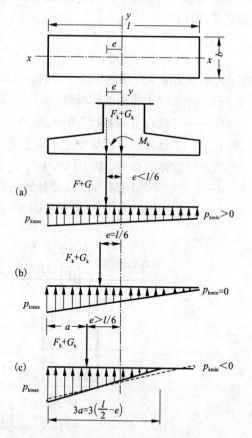

图 2−8　偏心荷载作用下的基底压力

$$p_0 = p_k - \sigma_c = p_k - \gamma_0 d \tag{2−8}$$

48

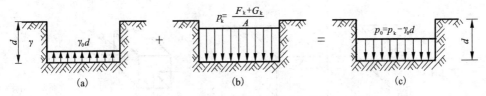

图 2 - 9　基底附加压力

(a)挖槽卸载;(b)建造房屋后基底总压力;(c)基底新增加的压力

偏心荷载作用时:
$$\frac{p_{0max}}{p_{0min}} = \frac{p_{kmax}}{p_{kmin}} - \sigma_c \tag{2-9}$$

式中:p_0——基底附加压力值,kPa;

　　　σ_c——基底标高处土的自重应力,kPa,$\sigma_c = \gamma_0 d$;

　　　γ_0——基础底面标高以上天然土层的加权平均重度,kN/m³,$\gamma_0 = (\gamma_1 h_1 + \gamma_2 h_2 + \cdots)/$

　　　　　　$(h_1 + h_2 + \cdots)$,其中地下水位下土的重度一般取有效重度;

　　　d——基础埋深,m。从天然地面算起,对于新填土场地则应从老天然地面起算。

【技能训练例题 2 - 2】　某轴心受压基础底面尺寸 $l = b = 2$ m,基础顶面作用 $F_k = 450$ kN,基础平均埋深 $\overline{d} = 1.5$ m。已知场地地质剖面第一层为杂填土,厚 0.5 m,$\gamma_1 = 16.8$ kN/m³;以下为黏土,$\gamma_2 = 18.5$ kN/m³。试计算基底压力标准值和基底附加压力标准值。

【解】　基础自重及基础上回填土重:$G_k = \gamma_G A \overline{d} = 20 \times 2 \times 2 \times 1.5 = 120(kN)$

基地压力标准值:$p_k = \dfrac{F_k + G_k}{A} = \dfrac{450 + 120}{2 \times 2} = 142.5(kPa)$

基底标高处土的自重应力值:$\sigma_c = \gamma_1 z_1 + \gamma_2 z_2 = 16.8 \times 0.5 + 18.5 \times 1.0 = 26.9(kPa)$

基底附加压力值:$p_0 = p_k - \sigma_c = 142.5 - 26.9 = 115.6(kPa)$

2. 竖向荷载作用下地基中的附加应力计算

地基附加应力是指由新增加建筑物荷载(p_0)在地基中产生的应力。一般天然土层在自重作用下的变形早已结束,因此,只有基底附加压力才能引起地基的附加应力和变形。

假设地基土是各向同性、均质、连续的半无限(半空间)弹性变形体,把基底附加压力作为作用在弹性半空间表面上的局部荷载,由此根据弹性力学求算地基中的附加应力。实际上,基底附加压力一般作用在地表下一定深度(指浅基础的埋深)处。因此,假设它作用在半空间表面上,而运用弹性力学解答所得的结果只是近似的。不过,对于一般浅基础来说,这种假设所造成的误差可以忽略不计。

(1)竖向集中力作用下的地基附加应力计算

法国学者布辛奈斯克(Boussinesq,1885)根据弹性力学理论推导了在弹性半空间表面上作用一个竖向集中力时(如图 2 - 10),半空间内任意点处所引起的六个应力分量和三个位移分量的解析解。这六个应力分量和三个位移分量的公式中,竖向正应力 σ_z 和竖向位移 w 对地基沉降计算的工程意义最大。

σ_z 的表达式为:

$$\sigma_z = \frac{3P}{2\pi} \cdot \frac{z^3}{R^5} \tag{2-10}$$

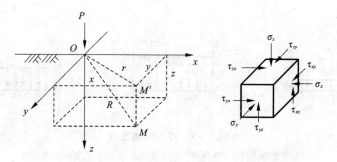

图 2-10　集中力作用下地基中 M 点的应力状态

由图 2-10 中的几何关系可知 $R = \sqrt{r^2 + z^2}$，将其代入式(2-10)，可得：

$$\sigma_z = \frac{3P}{2\pi} \frac{z^3}{(r^2 + z^2)^{5/2}} = \frac{3}{2\pi} \frac{1}{[(r/z)^2 + 1]^{5/2}} \frac{P}{z^2} \qquad (2-11)$$

令 $\alpha = \dfrac{3}{2\pi} \cdot \dfrac{1}{[1 + (r/z)^2]^{5/2}}$，可得：

$$\sigma_z = \alpha \frac{P}{z^2} \qquad (2-12)$$

式中：α——集中力作用下竖向附加应力系数，见表 2-1。

表 2-1　集中荷载下竖向附加应力系数 α

r/z	α	r/z	α	r/z	α	r/z	α	r/z	α
0.00	0.4775	0.40	0.3294	0.80	0.1386	1.20	0.0513	1.60	0.0200
0.01	0.4773	0.41	0.3238	0.81	0.1353	1.21	0.0501	1.61	0.0195
0.02	0.4770	0.42	0.3183	0.82	0.1320	1.22	0.0489	1.62	0.0191
0.03	0.4764	0.43	0.3124	0.83	0.1288	1.23	0.0477	1.63	0.0187
0.04	0.4756	0.44	0.3068	0.84	0.1257	1.24	0.0466	1.64	0.0183
0.05	0.4745	0.45	0.3011	0.85	0.1226	1.25	0.0454	1.65	0.0179
0.06	0.4732	0.46	0.2955	0.86	0.1196	1.26	0.0443	1.66	0.0175
0.07	0.4717	0.47	0.2899	0.87	0.1166	1.27	0.0433	1.67	0.0171
0.08	0.4699	0.48	0.2843	0.88	0.1138	1.28	0.0422	1.68	0.0167
0.09	0.4679	0.49	0.2788	0.89	0.1110	1.29	0.0412	1.69	0.0163
0.10	0.4657	0.50	0.2733	0.90	0.1083	1.30	0.0402	1.70	0.0160
0.11	0.4633	0.51	0.2679	0.91	0.1057	1.31	0.0393	1.72	0.0153
0.12	0.4607	0.52	0.2625	0.92	0.1031	1.32	0.0384	1.74	0.0147
0.13	0.4579	0.53	0.2571	0.93	0.1005	1.33	0.0374	1.76	0.0141
0.14	0.4548	0.54	0.2518	0.94	0.0981	1.34	0.0365	1.78	0.0135
0.15	0.4516	0.55	0.2466	0.95	0.0956	1.35	0.0357	1.80	0.0129
0.16	0.4482	0.56	0.2414	0.96	0.0933	1.36	0.0348	1.82	0.0124
0.17	0.4446	0.57	0.2363	0.97	0.0910	1.37	0.0340	1.84	0.0119
0.18	0.4409	0.58	0.2313	0.98	0.0887	1.38	0.0332	1.86	0.0114

续表 2 – 1

r/z	α	r/z	α	r/z	α	r/z	α	r/z	α
0.19	0.4370	0.59	0.2263	0.99	0.0865	1.39	0.0324	1.88	0.0109
0.20	0.4329	0.60	0.2214	1.00	0.0844	1.40	0.0317	1.90	0.0105
0.21	0.4286	0.61	0.2165	1.01	0.0823	1.41	0.0309	1.92	0.0101
0.22	0.4242	0.62	0.2117	1.02	0.0803	1.42	0.0302	1.94	0.0097
0.23	0.4197	0.63	0.2070	1.03	0.0783	1.43	0.0295	1.96	0.0093
0.24	0.4151	0.64	0.2024	1.04	0.0764	1.44	0.0288	1.98	0.0089
0.25	0.4103	0.65	0.1998	1.05	0.0744	1.45	0.0282	2.00	0.0085
0.26	0.4054	0.66	0.1934	1.06	0.0727	1.46	0.0275	2.10	0.0070
0.27	0.4004	0.67	0.1889	1.07	0.0709	1.47	0.0269	2.20	0.0058
0.28	0.3954	0.68	0.1846	1.08	0.0691	1.48	0.0263	2.30	0.0048
0.29	0.3902	0.69	0.1804	1.09	0.0674	1.49	0.0257	2.40	0.0040
0.30	0.3849	0.70	0.1762	1.10	0.0658	1.50	0.0251	2.50	0.0034
0.31	0.3796	0.71	0.1721	1.11	0.0641	1.51	0.0245	2.60	0.0029
0.32	0.3742	0.72	0.1681	1.12	0.0626	1.52	0.0240	2.70	0.0024
0.33	0.3687	0.73	0.1641	1.13	0.0610	1.53	0.0234	2.80	0.0021
0.34	0.3632	0.74	0.1603	1.14	0.0595	1.54	0.0229	2.90	0.0017
0.35	0.3577	0.75	0.1565	1.15	0.0581	1.55	0.0224	3.00	0.0015
0.36	0.3521	0.76	0.1527	1.16	0.0567	1.56	0.0219	3.50	0.0007
0.37	0.3465	0.77	0.1491	1.17	0.0553	1.57	0.0214	4.00	0.0004
0.38	0.3408	0.78	0.1455	1.18	0.0359	1.58	0.0209	4.50	0.0002
0.39	0.3351	0.79	0.1420	1.19	0.0526	1.59	0.0204	5.00	0.0001

集中力 P 作用下地基中 σ_z 的分布规律如图 2 – 11 所示，具体描述如下：

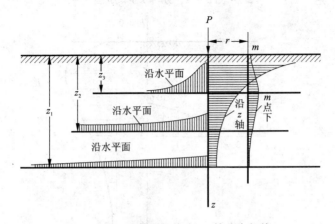

图 2 – 11　地基附加应力 σ_z 的分布规律

1) 在集中力 P 的作用线上，沿 P 作用线上附加应力 σ_z 的分布随深度增加而递减。

2) 在 $r>0$ 的竖直线上，附加应力 σ_z 从零逐渐增大，至一定深度后又随着 z 的增加而逐渐变小。

3) 在地基土深度 z 为常数的水平面上，竖直向集中力作用线上的附加应力 σ_z 最大，向两边则逐渐减小。

若在空间将 σ_z 相同的点连成曲面，就可以得到 σ_z 的等值线，其空间曲面的性状如同泡状，所以也称为应力泡。通过上述分析可知，集中荷载在地基中引起的附加应力是向下、向四周无限扩散的，并在扩散的过程中，附加应力逐渐减小。

当地基表面作用有几个集中力时，可以分别算出各集中力在地基中引起的附加应力，然后根据弹性体应力叠加原理，可求出地基附加应力的总和(如图2-13)。由此可见，相邻荷载距离过近，相互之间附加应力扩散叠加，使地基附加应力增加并重新分布，从而引起相邻建筑产生附加沉降。

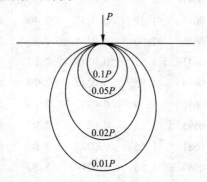

图 2-12　地基附加应力 σ_z 的等值线

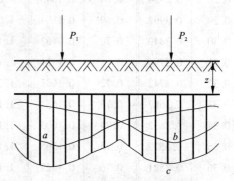

图 2-13　两个竖向集中力作用下
地基附加应力 σ_z 的叠加

【技能训练例题 2-3】　土体表面作用集中力 $P=200$ kN，计算地面深度 $z=3$ m 处水平面上的竖向法向应力 σ_z 分布，以及距 P 作用点 $r=1$ m 处竖直面上的竖向法向应力 σ_z 分布。

【解】　列表计算，见表2-2和表2-3，分布规律如图2-14。

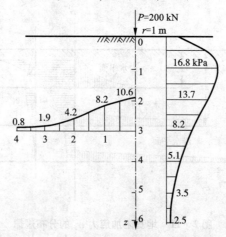

图 2-14　附加应力分布结果

52

表 2 - 2　$z=3$ m 处水平面上竖向附加应力计算

r/m	0	1	2	3	4	5
r/z	0	0.33	0.67	1	1.33	1.67
α	0.478	0.369	0.189	0.084	0.038	0.017
σ_z/kPa	10.6	8.2	4.2	1.9	0.8	0.4

表 2 - 3　$r=1$ m 处竖直面上竖向附加应力 σ_z 的计算

z/m	0	1	2	3	4	5	6
r/z	∞	1	0.5	0.33	0.25	0.20	0.17
α	0	0.084	0.273	0.369	0.410	0.433	0.444
α_z/kPa	0	16.8	13.7	8.2	5.1	3.5	2.5

（2）矩形均布竖向荷载作用下的地基附加应力计算

建筑物作用于地基上的荷载，总是分布在一定面积上的局部荷载，因此理论上的集中力实际是没有的。但是，根据弹性力学的叠加原理利用布辛奈斯克解答，可以通过积分或等代荷载法求得各种局部荷载下地基中的附加应力。

假定地基表面作用矩形均布竖向荷载，矩形荷载作用面积宽度为 b，长度为 l，荷载强度为 p_0。若要求地基内各点的附加应力 σ_z，通常的求解方法是：先以积分法求矩形荷载面角点下的地基附加应力，然后运用"角点法"求得矩形荷载下任意点的地基附加应力。

1）角点下的附加应力

角点下的附加应力是指图 2 - 15 中矩形荷载作用面四个角点下任意深度 z 处的附加应力。以矩形荷载面角点为坐标原点 O，在荷载面内点 (x, y) 处取面积微元 $dxdy$，并将其上的分布荷载以集中力 $p_0 dxdy$ 来代替，则在角点 O 下任意深度 z 的 M 点处由该集中力引起的竖向附加应力 $d\sigma_z$ 为：

$$d\sigma_z = \frac{3dp}{2\pi} \frac{z^3}{(r^2 + z^2)^{5/2}} = \frac{3p_0}{2\pi} \frac{z^3}{(x^2 + y^2 + z^2)^{5/2}} dxdy$$

（2 - 13）

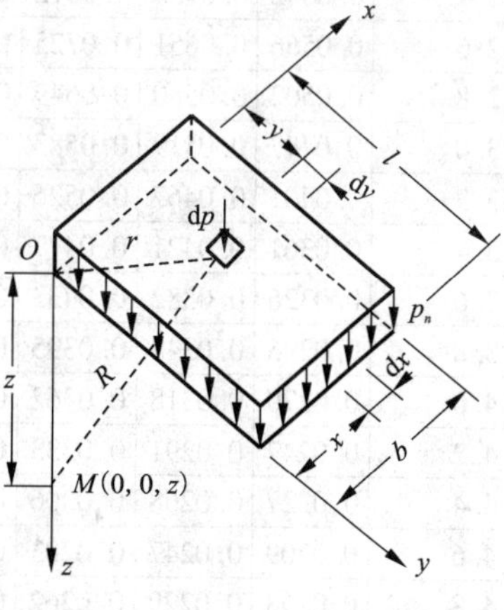

将它对整个矩形荷载面进行积分，可求出矩形均布竖向荷载在点 M 处的附加应力为：

图 2 - 15　矩形均布荷载角点下的地基附加应力

$$\sigma_z = \int_0^l \int_0^b \frac{3p_0}{2\pi} \frac{z^3}{(x^2 + y^2 + z^2)^{5/2}} dxdy$$

$$= \left[\arctan \frac{m}{n\sqrt{m^2 + n^2 + 1}} + \frac{mn}{\sqrt{m^2 + n^2 + 1}}\left(\frac{1}{m^2 + n^2} + \frac{1}{n^2 + 1}\right)\right] \cdot \frac{p_0}{2\pi}$$

（2 - 14）

式中：$m = \dfrac{l}{b}$，$n = \dfrac{z}{b}$，b 为矩形荷载作用面的短边宽度。

$$\diamondsuit\ \alpha_c = \arctan \frac{m}{n\sqrt{m^2+n^2+1}} + \frac{mn}{\sqrt{m^2+n^2+1}}\left(\frac{1}{m^2+n^2} + \frac{1}{n^2+1}\right)$$

可得：

$$\sigma_z = \alpha_c p_0 \qquad\qquad (2-15)$$

α_c 为矩形均布荷载角点下的竖向附加应力系数，简称角点应力系数，可按 m 及 n 值由公式计算或表 2-4 查取。

表 2-4　矩形面积受竖直均布荷载作用时角点下的应力系数 α_c

$n = z/b$	$m = l/b$										
	1.0	1.2	1.4	1.6	1.8	2.0	3.0	4.0	5.0	6.0	10.0
0.0	0.2500	0.2500	0.2500	0.2500	0.2500	0.2500	0.2500	0.2500	0.2500	0.2500	0.2500
0.2	0.2486	0.2489	0.2490	0.2491	0.2491	0.2491	0.2492	0.2492	0.2492	0.2492	0.2492
0.4	0.2401	0.2420	0.2429	0.2434	0.2437	0.2439	0.2442	0.2443	0.2443	0.2443	0.2443
0.6	0.2229	0.2275	0.2300	0.2351	0.2324	0.2329	0.2339	0.2341	0.2342	0.2342	0.2342
0.8	0.1999	0.2075	0.2120	0.2147	0.2165	0.2176	0.2196	0.2200	0.2202	0.2202	0.2202
1.0	0.1752	0.1851	0.1911	0.1955	0.1981	0.1999	0.2034	0.2042	0.2044	0.2045	0.2046
1.2	0.1516	0.1626	0.1705	0.1758	0.1793	0.1818	0.1870	0.1882	0.1885	0.1887	0.1888
1.4	0.1308	0.1423	0.1508	0.1569	0.1613	0.1644	0.1712	0.1730	0.1735	0.1738	0.1740
1.6	0.1123	0.1241	0.1329	0.1436	0.1445	0.1482	0.1567	0.1590	0.1598	0.1601	0.1604
1.8	0.0969	0.1083	0.1172	0.1241	0.1294	0.1334	0.1434	0.1463	0.1474	0.1478	0.1482
2.0	0.0840	0.0947	0.1034	0.1103	0.1158	0.1202	0.1314	0.1350	0.1363	0.1368	0.1374
2.2	0.0732	0.0832	0.0917	0.0984	0.1039	0.1084	0.1205	0.1248	0.1264	0.1271	0.1277
2.4	0.0642	0.0734	0.0812	0.0879	0.0934	0.0979	0.1108	0.1156	0.1175	0.1184	0.1192
2.6	0.0566	0.0651	0.0725	0.0788	0.0842	0.0887	0.1020	0.1073	0.1095	0.1106	0.1116
2.8	0.0502	0.0580	0.0649	0.0709	0.0761	0.0805	0.0942	0.0999	0.1024	0.1036	0.1048
3.0	0.0447	0.0519	0.0583	0.0640	0.0690	0.0732	0.0870	0.0931	0.0959	0.0973	0.0987
3.2	0.0401	0.0467	0.0526	0.0580	0.0627	0.0668	0.0806	0.0870	0.0900	0.0916	0.0933
3.4	0.0361	0.0421	0.0477	0.0527	0.0571	0.0611	0.0747	0.0814	0.0847	0.0864	0.0882
3.6	0.0326	0.0382	0.0433	0.0480	0.0523	0.0561	0.0694	0.0763	0.0799	0.0816	0.0837
3.8	0.0296	0.0348	0.0395	0.0439	0.0479	0.0516	0.0645	0.0717	0.0753	0.0773	0.0796
4.0	0.0270	0.0318	0.0362	0.0403	0.0441	0.0474	0.0603	0.0674	0.0712	0.0733	0.0758
4.2	0.0247	0.0291	0.0333	0.0371	0.0407	0.0439	0.0563	0.0634	0.0674	0.0696	0.0724
4.4	0.0227	0.0268	0.0306	0.0343	0.0376	0.0407	0.0527	0.0597	0.0639	0.0662	0.0696
4.6	0.0209	0.0247	0.0283	0.0317	0.0348	0.0378	0.0493	0.0564	0.0606	0.0630	0.0663
4.8	0.0193	0.0229	0.0262	0.0294	0.0324	0.0352	0.0463	0.0533	0.0576	0.0601	0.0635
5.0	0.0179	0.0212	0.0243	0.0274	0.0302	0.0328	0.0435	0.0504	0.0547	0.0573	0.0610
6.0	0.0127	0.0151	0.0174	0.0196	0.0218	0.0233	0.0325	0.0388	0.0431	0.0460	0.0506
7.0	0.0094	0.0112	0.0130	0.0147	0.0164	0.0180	0.0251	0.0306	0.0346	0.0376	0.0428
8.0	0.0073	0.0087	0.0101	0.0114	0.0127	0.0140	0.0198	0.0246	0.0283	0.0311	0.0367
9.0	0.0058	0.0069	0.0080	0.0091	0.0102	0.0112	0.0161	0.0202	0.0235	0.0262	0.0319
10.0	0.0047	0.0056	0.0065	0.0074	0.0083	0.0092	0.0132	0.0167	0.0198	0.0222	0.0280

2）矩形均布荷载面下任意点地基土的附加应力

矩形均布竖向荷载作用下地基内任意点的附加应力，可利用式（2－15）和叠加原理求得，此方法称为"角点法"。角点法的应用可以分下列四种情况（如图2－16）：①计算点O在荷载面边缘［图2－16（a）］；②计算点O在荷载面内［图2－16（b）］；③计算点O在荷载面边缘外侧［图2－16（c）］；④计算点O在荷载面角点外侧［图2－16（d）］。

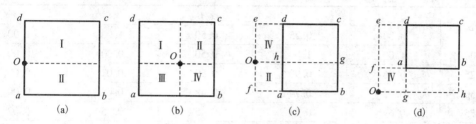

图2－16　角点法应用分类图示

（a）情况①；（b）情况②；（c）情况③；（d）情况④

四种情况的地基附加应力计算式分别如下：

①计算点O在荷载面边缘

$$\sigma_z = (\alpha_{cI} + \alpha_{cII})p_0 \tag{2－16}$$

式中：α_{cI}和α_{cII}分别表示相应于面积Ⅰ和Ⅱ的角点应力系数。

②计算点O在荷载面内

$$\sigma_z = (\alpha_{cI} + \alpha_{cII} + \alpha_{cIII} + \alpha_{cIV})p_0 \tag{2－17}$$

式中：α_{cI}、α_{cII}、α_{cIII}和α_{cIV}分别表示相应于面积Ⅰ、Ⅱ、Ⅲ和Ⅳ的角点应力系数。

③计算点O在荷载面边缘外侧

此时荷载面$abcd$可看成是由Ⅰ（$ofbg$）与Ⅱ（$ofah$）之差及Ⅳ（$oecg$）与Ⅲ（$oedh$）之差合成的，所以：

$$\sigma_z = (\alpha_{cI} - \alpha_{cII} - \alpha_{cIII} + \alpha_{cIV})p_0 \tag{2－18}$$

④计算点O在荷载面角点外侧

把荷载面看成由Ⅰ（$ohce$）、Ⅳ（$ogaf$）两个面积中扣除Ⅱ（$ohbf$）和Ⅲ（$ogde$）而成的，所以：

$$\sigma_z = (\alpha_{cI} - \alpha_{cII} - \alpha_{cIII} + \alpha_{cIV})p_0 \tag{2－19}$$

在应用上述求解矩形均布荷载面下任意点地基土的附加应力时，应注意：所求点位于矩形公共角点下，原受荷面积不能变；查表求角点应力系数时，长边总是l，短边总是b。

3）竖向条形均布荷载面下任意点地基土的附加应力

条形均布荷载下土中应力计算属于平面应变问题，对路堤、堤坝以及长宽比l/b≥10的条形基础均可视作平面应变问题进行处理。如图2－17所示，当宽度为B的条形基础上作用均布荷载p时，取基础横断面的基

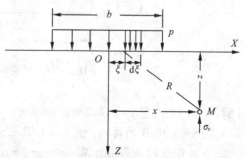

**图2－17　条形均布荷载作用下
地基土中某点的附加应力**

底宽度 B 的中点作为坐标原点，地基土中任一点 $M(x,z)$ 的竖向附加应力 σ_z 可按下式求解：

$$\sigma_z = \alpha_{sz} p_0 \qquad (2-20)$$

式中：α_{sz}——条形均布荷载作用下竖向附加应力分布系数，可由表 2-5 查取。

表 2-5　条形均布荷载作用下竖向附加应力分布系数

z/B	x/B				
	0.00	0.25	0.50	1.00	2.00
0.00	1.00	1.00	0.50	0.00	0.00
0.25	0.96	0.90	0.50	0.02	0.00
0.50	0.82	0.74	0.48	0.08	0.00
0.75	0.67	0.61	0.45	0.15	0.02
1.00	0.55	0.51	0.41	0.19	0.03
1.50	0.40	0.38	0.33	0.21	0.06
2.00	0.31	0.31	0.28	0.20	0.08
3.00	0.21	0.21	0.20	0.17	0.10
4.00	0.16	0.16	0.15	0.14	0.10
5.00	0.13	0.13	0.12	0.12	0.09

【技能训练例题 2-4】　如图 2-18 所示，某工程独立柱基础基底均布附加压力 $p_0 = 100$ kN/m²，基底面积为 2 m×1 m。求基底角点 A、边点 E、中心点 O 以及基底外 F 点和 G 点等各点下 $z=1$ m 深度处的附加应力。并利用计算结果说明附加应力的扩散规律。

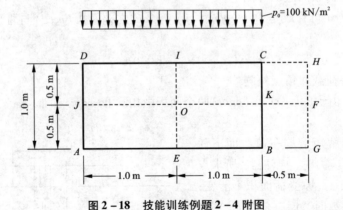

图 2-18　技能训练例题 2-4 附图

【解】　(1) A 点下 1 m 深度的附加应力

A 点是矩形 $ABCD$ 的角点，且 $m = L/B = 2/1 = 2$；$n = z/B = 1$，查表 2-4 得 $\alpha_{cA} = 0.1999$，故 A 点下 1 m 深度的地基附加应力为：$\sigma_{zA} = \alpha_{cA} \cdot p_0 = 0.1999 \times 100 = 19.99 \, (\text{kPa})$。

(2) E 点下 1 m 深度的附加应力

通过 E 点将矩形荷载面积划分为两个相等的矩形 $EADI$ 和 $EBCI$。求 $EADI$ 的角点应力系数 α_{cA}。$m = \dfrac{L}{B} = \dfrac{1}{1} = 1$；$n = \dfrac{Z}{B} = \dfrac{1}{1} = 1$，查表 2-4 得 $\alpha_{cE} = 0.1752$，故 E 点下 1 m 深度的地基

附加应力为：$\sigma_{zE} = 2\alpha_{cE} \cdot p_0 = 2 \times 0.1752 \times 100 = 35.04 (\text{kPa})$。

（3）O 点下 1 m 深度的附加应力

通过 O 点将原矩形面积分为 4 个相等的矩形 $OEAJ$，$OJDI$，$OICK$ 和 $OKBE$。求 $OEAJ$ 角点的附加应力系数 α_{cO}：$m = \dfrac{L}{B} = \dfrac{1}{0.5} = 2$；$n = \dfrac{Z}{B} = \dfrac{1}{0.5} = 2$，查表 2 - 4 得 $\alpha_{cO} = 0.1202$，故 O 点下 1 m 深度的地基附加应力为：$\sigma_{zO} = 4\alpha_{cE} \cdot p_0 = 4 \times 0.1202 \times 100 = 48.08 (\text{kPa})$。

（4）F 点下 1 m 深度的附加应力

过 F 点作矩形 $FGAJ$，$FJDH$，$FGBK$ 和 $FKCH$。假设 α_{cI} 为矩形 $FGAJ$ 和 $FJDH$ 的角点应力系数，α_{cII} 为矩形 $FGBK$ 和 $FKCH$ 的角点应力系数。

求 α_{cI}：$m = \dfrac{L}{B} = \dfrac{2.5}{0.5} = 5$；$n = \dfrac{Z}{B} = \dfrac{1}{0.5} = 2$，查表 2 - 4 得 $\alpha_{cI} = 0.1363$；

求 α_{cII}：$m = \dfrac{L}{B} = \dfrac{0.5}{0.5} = 1$；$n = \dfrac{Z}{B} = \dfrac{1}{0.5} = 2$，查表 2 - 4 得 $\alpha_{cII} = 0.0840$；

故 F 点下 1 m 深度的地基附加应力为：

$\sigma_{zF} = 2(\alpha_{cI} - \alpha_{cII})p_0 = 2 \times (0.1363 - 0.0840) \times 100 = 10.46 (\text{kPa})$。

（5）G 点下 1 m 深度的附加应力

通过 G 点作矩形 $GADH$ 和 $GBCH$，分别求出它们的角点应力系数 α_{cI} 和 α_{cII}。

求 α_{cI}：$m = \dfrac{L}{B} = \dfrac{2.5}{1} = 2.5$；$n = \dfrac{Z}{B} = \dfrac{1}{1} = 1$，查表 2 - 4 得 $\alpha_{cI} = 0.2016$；

求 α_{cII}：$m = \dfrac{L}{B} = \dfrac{1}{0.5} = 2$；$n = \dfrac{Z}{B} = \dfrac{1}{0.5} = 2$，查表 2 - 4 得 $\alpha_{cII} = 0.1202$；

故 G 点下 1 m 深度的地基附加应力为：

$\sigma_{zF} = (\alpha_{cI} - \alpha_{cII})p_0 = (0.2016 - 0.1202) \times 100 = 8.14 (\text{kPa})$。

将计算结果绘成图 2 - 19（a），可以看出，在矩形面积受均布荷载作用时，不仅在受荷面积垂直下方的范围内产生附加应力，而且在荷载面积以外的地基土中（F、G 点下方）也会产生附加应力。另外，在地基中同一深度处（例如 $z = 1$ m），离受荷面积中线愈远的点，其附加应力值愈小，矩形面积中点处附加应力最大。将中点 O 下和 F 点下不同深度的附加应力求出并绘成曲线，如图 2 - 19（b）所示，可看出地基中附加应力的扩散规律。

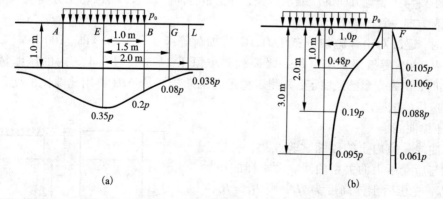

图 2 - 19 技能训练例题 2 - 4 中的地基附加应力扩散规律

2.2 地基沉降计算与建筑物沉降观测

2.2.1 地基土的压缩与固结

1. 土体压缩与固结的本质

土在压力作用下体积缩小的特性称为土的压缩性。试验研究表明，在一般压力（100～600 kPa）作用下，土粒和水的压缩与土的总压缩量之比是很微小的，可以忽略不计。因此，土的压缩变形主要是由于土体孔隙中水和气体被挤出，土粒相互移动靠拢，致使土的孔隙体积减小而引起的。对于饱和土来说，孔隙中充满着水，土的压缩主要是由于孔隙中的水被挤出引起孔隙体积减小，压缩过程与排水过程一致，含水量逐渐减小。

孔隙水排出，土的压缩随时间而增长的过程，称为土的固结。在荷载作用下，透水性大的饱和无黏性土，其压缩过程在短时间内就可以结束。相反地，黏性土的透水性低，饱和黏性土中的水分只能慢慢排出，因此，其压缩稳定所需的时间要比砂土长得多。随着固结时间的增长，土的物理力学性质会不断地改善。

2. 土的室内压缩试验及压缩指标

（1）室内压缩试验

土的室内压缩试验是取原状土样放入单向固结仪或压缩仪（如图 2 – 20 所示）内进行试验。由于土样受到环刀和护环等刚性护壁的约束，在压缩过程中只能发生垂向压缩，不能发生侧向膨胀，所以又称为侧限压缩试验。

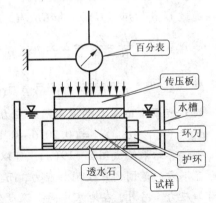

图 2 – 20 土的压缩仪构造示意

室内压缩试验时，用金属环刀切取保持天然结构的原状土样，并置于圆筒形压缩容器的刚性护环内，土样上下各垫有一块透水石，土样受压后土中水可以自由排出。土样在天然状态下或经人工饱和后，进行逐级加压固结，以便测定各级压力 P 作用下土样压缩稳定后的孔隙比变化。由于地基沉降主要与土竖直方向的压缩性有关，且土是各向异性的，所以切土方向应与土天然状态时的竖直方向一致。

试验时，逐级对土样施加分布压力，常规加荷等级 p 分为 50 kPa、100 kPa、200 kPa、300 kPa、400 kPa 等五级加载。每一级荷载要求恒压 24 h 或当在 1 h 内的压缩量不超过 0.005 mm 时，认为变形已经稳定，并测定稳定时的总压缩量 ΔH（可用孔隙比的变化表示），这称为慢速压缩试验法。

（2）压缩曲线

压缩曲线是室内土的压缩试验成果，它是土的孔隙比与所受压力的关系曲线。设土样的初始高度为 H_0，受压后土样高度为 H_1，则 $H_1 = H_0 - \Delta H$，ΔH 为外压力 p 作用下土样压缩稳定后的变形量（如图 2 – 21）。假设土粒体积 $V_s = 1$（不变），土

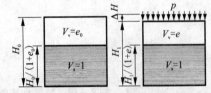

图 2 – 21 土样侧限压缩孔隙体积变化示意图

样孔隙体积 V_v 在受压前相应于初始孔隙比 e_0，在受压后相应于孔隙比 e。

为求土样压缩稳定后的孔隙比 e，利用受压前后土粒体积不变和土样横截面积不变的两个条件，得出：

$$\frac{H_0}{1+e_0} = \frac{H}{1+e} = \frac{H_0 - \Delta H}{1+e} \qquad (2-21)$$

因此：

$$e = e_0 - \frac{\Delta H}{H_0}(1+e_0) \qquad (2-22)$$

式中：$e_0 = \dfrac{d_s(1+\omega_0)\gamma_w}{\gamma_0} - 1$，其中 d_s、ω_0，γ_0 分别为土粒比重、土样的初始含水量和初始重度。

只要测定土样在各级压力 p 作用下的稳定压缩量 ΔH 后，就可按式(2-22)算出相应的孔隙比 e，从而绘制 $e-p$ 关系曲线，此曲线称为土的压缩曲线(如图2-22)。

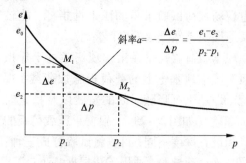

图 2-22 土样的压缩曲线

(3)压缩系数

压缩性不同的土，其压缩曲线的形状是不一样的。曲线愈陡，说明随着压力的增加，土孔隙比的减小愈显著，因而土的压缩性愈高。如图2-22所示，设压力由 p_1 增至 p_2，相应的孔隙比由 e_1 减小到 e_2，则与应力增量 $\Delta p = p_2 - p_1$ 对应的孔隙比变化为 $\Delta e = e_1 - e_2$。因此，单位压力增量引起的孔隙比的变化可以用图中割线 $M_1 M_2$ 的斜率 a 表示，称 a 为土的压缩系数，即：

$$a = -\frac{\Delta e}{\Delta p} = \frac{e_1 - e_2}{p_2 - p_1} \qquad (2-23)$$

从图2-22可以看出，同一种土的压缩系数并不是常数，而是随所取压力变化范围的不同而改变的。为了便于应用和比较，工程实践中通常采用压力间隔由 $p_1 = 100$ kPa 增加到 $p_2 = 200$ kPa 时，所得的压缩系数 a_{1-2} 来评定土的压缩性。按压缩系数 a_{1-2} 的大小将地基土的压缩性分为以下三类：

当 $a_{1-2} < 0.1$ MPa^{-1} 时，属低压缩性土；

当 $0.1 \leqslant a_{1-2} < 0.5$ MPa^{-1} 时，属中压缩性土；

当 $a_{1-2} \geqslant 0.5$ MPa^{-1} 时，属高压缩性土。

(4)压缩模量

根据土的压缩曲线，可以求算另一个压缩性指标—压缩模量 E_s。压缩模量 E_s 是指土在完全侧限条件下竖向应力增量 Δp 与相应的应变增量 $\Delta\varepsilon$ 的比值，即：

$$E_s = \frac{\Delta p}{\Delta\varepsilon} = \frac{\Delta p}{\Delta H / H_0} \qquad (2-24)$$

联立式(2-21)，可得：

$$E_s = \frac{1+e_1}{a} \qquad (2-25)$$

式中：e_1——相应于压力 p_1 时的孔隙比；

a——相应于压力 p_1 增至 p_2 时的压缩系数。工程实践中，p_1 相当于地基土的自重应力，p_2 相当于土的自重应力与建筑物荷载在地基中产生的应力之和。

可见，压缩模量也不是常数，而是随着压力大小而变化。土的压缩模量 E_s 与土的压缩系数 a 成反比。

3. 土的变形模量

土的变形模量是指土在无侧限压缩条件下，压应力与相应的压缩应变的比值，它是通过现场载荷试验求得的压缩性指标，能较真实地反映天然土层的变形特性。

现场载荷试验是在工程现场通过千斤顶逐级对置于地基土上的载荷板施加荷载，观测记录地基土沉降随时间的发展以及稳定时的沉降量 s（如图 2-23）。根据承压载荷板的形式和设置深度不同，可以将试验分成三种：

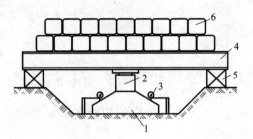

图 2-23　堆重平台反力法载荷试验装置示意
1—承压板；2—千斤顶；3—百分表；
4—平台；5—枕木；6—堆重

浅层平板载荷试验，适用于浅层地基土；深层平板载荷试验，适用于埋深大于 3 m 和地下水位以上的地基土；螺旋板载荷试验，适用于深层地基或地下水位以下的地基土。试验装置一般包括三部分：加荷装置、提供反力装置和沉降量测装置。根据提供反力装置不同分类，载荷试验主要有地锚反力架法及堆重平台反力法两类。试验方法可参见模块六第 6.2.3 小节。

将现场载荷试验的各级荷载 p 与相应的稳定沉降量 s 绘制成 $p-s$ 曲线，如图 2-24 所示。设地基土压密阶段为弹性变形体，由 $p-s$ 曲线，可求地基的变形模量 E_0：

$$E_0 = \omega(1-\mu^2)\frac{p_0 b}{s_1} \times 10^{-3} \qquad (2-26)$$

式中：s_1——相应于比例界限 p_0 对应的承压板下沉量，mm；

　　　b——承压板的宽度或直径，mm；

　　　μ——土的泊松比，砂土可取 0.2~0.25，黏性土可取 0.25~0.45；

　　　ω——与承压板有关的系数，对刚性载荷板取 $\omega=0.88$（方形板），$\omega=0.79$（圆形板）。

　　　p_0——$p-s$ 曲线的比例界限。

比例界限 p_0 的确定方法有以下几种：

（1）当 $p-s$ 曲线上有较明显的直线段和拐点时，直接取直线段的终点为比例界限压力 p_0，并取该比例界限压力所对应的荷载作为地基土的承载力特征值。

（2）当 $p-s$ 曲线上无明显直线段时，可用下述方法确定：

1）在某一荷载下，其沉降量超过前一级荷载下沉降量的 2 倍，即 $\Delta s_n > 2\Delta s_{n-1}$ 时所对应的压力即为比例界限；

2）绘制 $\lg p - \lg s$ 曲线，曲线上的转折点所对应的压力即为比例界限；

3）绘制 $p - \Delta s/\Delta p$ 曲线，曲线上的转折点所对应的压力即为比例界限。

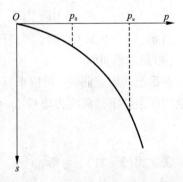

图 2-24　现场载荷试验 $p-s$ 曲线

地基土的压缩模量与变形模量之间存在如下的换算关系：

$$E_0 = \beta E_s = E_s\left(1 - \frac{2\mu^2}{1-\mu}\right) \qquad (2-27)$$

上式给出了变形模量与压缩模量之间的理论关系，由于 $0 \leqslant \mu \leqslant 0.5$，所以 $0 < \beta \leqslant 1$。

【技能训练例题 2 - 5】　某工程地基钻孔取样，进行室内压缩试验，试样高为 $h_0 = 20$ mm。在 $p_1 = 100$ kPa 作用下测得压缩量 $s_1 = 1.1$ mm，在 $p_2 = 200$ kPa 作用下的压缩量为 $s_2 = 0.64$ mm。土样初始孔隙比为 $e_0 = 1.4$。试计算压力 $p = 100 \sim 200$ kPa 范围内土的压缩系数、压缩模量，并评价土的压缩性。

【解】　(1) $p_1 = 100$ kPa 作用下的孔隙比

$$e_1 = e_0 - \frac{s_1}{h_0}(1 + e_0) = 1.4 - \frac{1.1}{20}(1 + 1.4) = 1.27$$

(2) $p_2 = 200$ kPa 作用下的孔隙比

$$e_2 = e_0 - \frac{s_1 + s_2}{h_0}(1 + e_0) = 1.4 - \frac{1.1 + 0.64}{20}(1 + 1.4) = 1.19$$

(3) 压缩系数、压缩模量，并评价土的压缩性

压缩系数：$a_{1-2} = \dfrac{e_1 - e_2}{p_2 - p_1} = \dfrac{1.27 - 1.19}{200 - 100} = 0.8(\text{MPa}^{-1})$

压缩模量：$E_{s_1 - s_2} = \dfrac{1 + e_1}{a_{1-2}} = \dfrac{1 + 1.27}{0.8} = 2.84(\text{MPa})$

评价土的压缩性：$a_{1-2} = 0.8(\text{MPa}^{-1}) > 0.5(\text{MPa}^{-1})$，属于高压缩性土。

2.2.2　地基最终沉降量计算

地基变形在其表面形成的垂直变形量称为建筑物的沉降量。在外荷载作用下地基土层被压缩达到稳定时基础底面的沉降量称为地基最终沉降量。计算地基最终沉降量的方法有多种，目前一般采用分层总和法和《建筑地基基础设计规范》(GB 50007—2011)推荐的方法。

1. 分层总和法

分层总和法是指将地基沉降计算深度内的土层按土质和应力变化情况划分为若干分层，分别计算各分层的压缩量，然后求其总和得出地基最终沉降量。

(1) 基本假定

1) 一般取基底中心点下地基附加应力来计算各分层土的竖向压缩量；

2) 地基是均质、各向同性的半无限线性变形体，可按弹性理论计算土中附加应力；

3) 在压力作用下，地基土不产生侧向变形，可采用侧限条件下的压缩性指标；

4) 只计算固结沉降，不计瞬时沉降和次固结沉降。

(2) 计算步骤

1) 地基土分层

成层土的层面(不同土层的压缩性及重度不同)及地下水面(水面上、下土的有效重度不同)是通常的分层界面，分层厚度一般不宜大于 $0.4b$(b 为基底宽度)。

2) 计算各分层界面处土自重应力

土自重应力应从天然地面起算。

3）计算各分层界面处基底中心下竖向附加应力

4）确定地基沉降计算深度（或压缩层厚度）

一般取地基附加应力等于自重应力的20%（即 $\sigma_z = 0.2\sigma_{cz}$）深度处作为沉降计算深度的限值；若在该深度以下为高压缩性土，则应取地基附加应力等于自重应力的10%（即 $\sigma_z = 0.1\sigma_{cz}$）深度处作为沉降计算深度的限值。

5）计算各分层土的压缩量

$$\Delta s_i = \varepsilon_i H_i = \frac{\Delta e_i}{1 + e_{1i}} H_i = \frac{e_{1i} - e_{2i}}{1 + e_{1i}} H_i \qquad (2 - 28)$$

或联立公式(2 - 23)，可得：

$$\Delta s_i = \frac{a_i (p_{2i} - p_{1i})}{1 + e_{1i}} H_i \qquad (2 - 29)$$

式中：H_i——第 i 分层土的厚度；

e_{1i}——第 i 层土在建筑物建造前，土的压缩曲线上第 i 分层土顶面、底面自重应力平均值 p_{1i} 对应的孔隙比，其中 p_{1i} 可按下式计算：

$$p_{1i} = \frac{\sigma_{c(i-1)} + \sigma_{ci}}{2} \qquad (2 - 30)$$

e_{2i}——第 i 层土在建筑物建造后，土的压缩曲线上第 i 分层土自重应力平均值 p_{1i} 与第 i 分层土附加应力平均值 Δp_i 之和 p_{2i} 对应的孔隙比，其中 Δp_i 和 p_{2i} 分别按计算如下：

$$\Delta p_i = \frac{\sigma_{z(i-1)} + \sigma_{zi}}{2} \qquad (2 - 31)$$

$$p_{2i} = p_{1i} + \Delta p_i \qquad (2 - 32)$$

6）叠加计算基础的平均沉降量

$$s = \sum_{i=1}^{n} \Delta s_i \qquad (2 - 33)$$

式中：n 为沉降计算深度范围内的分层数。

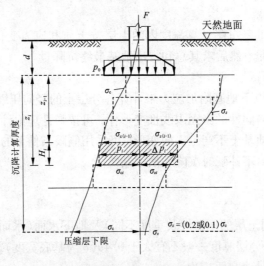

图 2 - 25　分层总和法计算地基最终沉降量

62

【技能训练例题 2-6】　墙下条形基础宽度为 2.0 m，传至地面的荷载为 100 kN/m，基础埋置深度为 1.2 m，地下水位在基底以下 0.6 m，如图 2-26 所示，地基土的室内压缩试验试验 $e-p$ 数据下表所示。用分层总和法求基础中点的沉降量。

表 2-6　地基土的室内压缩试验试验 $e-p$ 数据

竖向压力 p/kPa		0	50	100	200	300
孔隙比 e	黏土①	0.651	0.625	0.608	0.587	0.570
	粉质黏土②	0.978	0.889	0.855	0.809	0.773

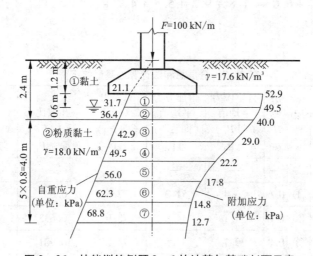

图 2-26　技能训练例题 2-6 的地基与基础剖面示意

【解】　(1) 地基分层

考虑分层厚度不超过 $0.4b = 0.8$ m 以及地下水位，基底以下厚 1.2 m 的黏土层分成两层，层厚均为 0.6 m，其下粉质黏土层分层厚度均取为 0.8 m。

(2) 计算自重应力

计算分层处的自重应力，地下水位以下取有效重度进行计算。

计算各分层上下界面处自重应力的平均值，作为该分层受压前所受侧限竖向应力 p_{1i}，各分层点的自重应力值及各分层的平均自重应力值，结果见图 2-26 及表 2-7。

(3) 计算竖向附加应力

基底平均附加应力为：

$$p_0 = \frac{100 + 20 \times 1.0 \times 1.2 \times 2.0}{2.0 \times 1.0} - 1.2 \times 17.6 = 52.9 \, (\text{kPa})$$

查条形基础竖向应力系数表 2-5，可得应力系数 K_{sz} 及计算各分层点的竖向附加应力，并计算各分层上、下界面处附加应力的平均值 Δp_i，结果见图 2-26 及表 2-7。

(4) 将各分层自重应力平均值和附加应力平均值之和作为该分层受压后的总应力 p_{2i}。

(5) 确定压缩层计算深度

一般可按 $\sigma_z / \sigma_c = 0.2$ 来确定压缩层深度，在 $z = 4.4$ m 处，$\sigma_z / \sigma_c = 14.8/62.5 = 0.237 >$

0.2，在 $z = 5.2$ m 处，$\sigma_z/\sigma_c = 12.7/69.0 = 0.184 < 0.2$，所以压缩层深度可取为基底以下 5.2 m。

（6）计算各分层的压缩量

以第③层计算为例：

$$\Delta s_3 = \frac{e_{1i} - e_{2i}}{1 + e_{1i}} H_i = \frac{0.901 - 0.872}{1 + 0.901} \times 800 = 11.8(\text{mm})$$

其余各分层的压缩量列于表 $2-7$ 中。

（7）计算基础平均最终沉降量

$$s = \sum_{i=1}^{7} s_i = 7.7 + 6.6 + 11.8 + 9.3 + 5.5 + 4.7 + 3.8$$
$$= 49.4(\text{mm})$$

表 2-7 分层总和法计算地基最终沉降

分层点	深度 z_i /m	自重应力 σ_c /kPa	附加应力 σ_z /kPa	层号	层厚 H_i /m	自重应力平均值（即 P_{1i}）/kPa	附加应力平均值（即 ΔP_i）/kPa	总应力平均值（即 P_{2i}）/kPa	受压前孔隙比 e_{1i}（对应 P_{1i}）	受压后孔隙比 e_{2i}（对应 P_{2i}）	分层压缩量 Δs_i /mm
0	0	21.1	52.9	—	—	—	—	—	—	—	—
1	0.6	31.7	49.5	①	0.6	26.4	51.2	77.6	0.637	0.616	7.7
2	1.2	36.4	40.0	②	0.6	34.1	44.8	78.9	0.633	0.615	6.6
3	2.0	42.9	29.0	③	0.8	39.7	34.5	74.2	0.901	0.873	11.8
4	2.8	49.5	22.2	④	0.8	46.2	25.6	71.8	0.896	0.874	9.3
5	3.6	56.0	17.8	⑤	0.8	52.8	20.0	72.8	0.887	0.874	5.5
6	4.4	62.6	14.8	⑥	0.8	59.3	16.3	75.6	0.883	0.872	4.7
7	5.2	68.8	12.7	⑦	0.8	65.7	13.8	79.4	0.878	0.869	3.8

2. 规范法

规范法，又称为应力面积法，是《建筑地基基础设计规范》（GB 50007—2011）中推荐使用的一种计算地基最终沉降量的方法。

同分层总和法相比，应力面积法主要有以下三个特点：应力面积法可以减少划分的层数，一般可以按地基土的天然层面划分，使得计算工作得以简化；地基沉降计算深度 z_n 的确定方法较分层总和法更合理；沉降计算经验系数 ψ_s 综合反映了许多因素的影响，使计算值更接近于实际。

（1）计算公式

计算地基变形时，地基内的应力分布，可采用各向同性均质线性变形体理论。其最终变形量可按下式进行计算：

$$s = \psi_s s' = \psi_s \sum_{i=1}^{n} \frac{p_0}{E_{si}} (z_i \overline{\alpha}_i - z_{i-1} \overline{\alpha}_{i-1}) \tag{2-34}$$

式中：s——地基最终变形量，mm；

s'——理论计算的地基变形量，mm；

ψ_s——沉降计算经验系数，根据地区沉降观测资料及经验确定，无地区经验时可根据变形计算深度范围内压缩模量的当量值（$\overline{E}_s$）、基底附加压力按表2-8取值；

n——地基变形计算深度范围内所划分的土层数（图2-27）；

p_0——相应于作用的准永久组合时基础底面处的附加压力，kPa；

E_{si}——基础底面下第 i 层土的压缩模量，MPa，应取土的自重压力至土的自重压力与附加压力之和的压力段计算；

z_i、z_{i-1}——基础底面至第 i 层土、第 $i-1$ 层土底面的距离，m；

$\overline{\alpha}_i$、$\overline{\alpha}_{i-1}$——基础底面计算点至第 i 层土、第 $i-1$ 层土底面范围内平均附加应力系数，可按表2-9采用。

表2-8　沉降计算经验系数 ψ_s

$\overline{E}_s$/MPa　　　基底附加压力	2.5	4.0	7.0	15.0	20.0
$p_0 \geq f_{ak}$	1.4	1.3	1.0	0.4	0.2
$p_0 \leq 0.75 f_{ak}$	1.1	1.0	0.7	0.4	0.2

注：f_{ak} 为地基承载力特征值；$\overline{E}_s$ 为变形计算深度范围内压缩模量的当量值，应按下式计算：

$$\overline{E}_s = \frac{\sum A_i}{\sum \dfrac{A_i}{E_{si}}} \tag{2-35}$$

式中：A_i——第 i 层土附加应力系数沿土层厚度的积分值，$A_i = z_i \overline{\alpha}_i - z_{i-1} \overline{\alpha}_{i-1}$。

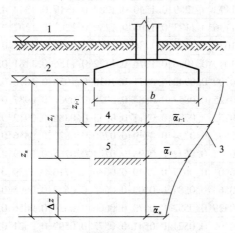

图2-27　基础沉降计算的分层示意

1—天然地面标高；2—基底标高；3—平均附加应力系数 $\overline{\alpha}$ 曲线；4—$i-1$ 层；5—i 层

表 2－9　均布矩形荷载角点下的平均竖向附加应力系数

z/b	l/b												
	1.0	1.2	1.4	1.6	1.8	2.0	2.4	2.8	3.2	3.6	4.0	5.0	10.0
0.0	0.2500	0.2500	0.2500	0.2500	0.2500	0.2500	0.2500	0.2500	0.2500	0.2500	0.2500	0.2500	0.2500
0.2	0.2496	0.2497	0.2497	0.2498	0.2498	0.2498	0.2498	0.2498	0.2498	0.2498	0.2498	0.2498	0.2498
0.4	0.2474	0.2479	0.2481	0.2483	0.2483	0.2484	0.2485	0.2485	0.2485	0.2485	0.2485	0.2485	0.2485
0.6	0.2423	0.2437	0.2444	0.2448	0.2451	0.2452	0.2454	0.2455	0.2455	0.2455	0.2455	0.2455	0.2455
0.8	0.2346	0.2472	0.2387	0.2395	0.2400	0.2403	0.2407	0.2408	0.2409	0.2409	0.2410	0.2410	0.2410
1.0	0.2252	0.2291	0.2313	0.2326	0.2335	0.2340	0.2346	0.2349	0.2351	0.2352	0.2352	0.2353	0.2353
1.2	0.2149	0.2199	0.2229	0.2248	0.2260	0.2268	0.2278	0.2282	0.2285	0.2286	0.2287	0.2288	0.2289
1.4	0.2043	0.2102	0.2140	0.2164	0.2190	0.2191	0.2204	0.2211	0.2215	0.2217	0.2218	0.2220	0.2210
1.6	0.1939	0.2006	0.2049	0.2079	0.2099	0.3113	0.2130	0.2138	0.2143	0.2146	0.2148	0.2150	0.2152
1.8	0.1840	0.1912	0.1960	0.1994	0.2018	0.2034	0.2055	0.2066	0.2073	0.2077	0.2079	0.2082	0.2084
2.0	0.1746	0.1822	0.1875	0.1912	0.1938	0.1958	0.1982	0.2996	0.2004	0.2009	0.2012	0.2015	0.2018
2.2	0.1659	0.1737	0.1793	0.1833	0.1862	0.1883	0.1911	0.1927	0.1937	0.1943	0.1947	0.1952	0.1955
2.4	0.1578	0.1657	0.1715	0.1757	0.1789	0.1812	0.1843	0.1862	0.1873	0.1880	0.1885	0.1890	0.1895
2.6	0.1503	0.1583	0.1642	0.1686	0.1719	0.1745	0.1779	0.1799	0.1812	0.1820	0.1825	0.1832	0.1838
2.8	0.1433	0.1514	0.1574	0.1619	0.1654	0.1680	0.1717	0.1739	0.1753	0.1763	0.1769	0.1777	0.1784
3.0	0.1369	0.1449	0.1510	0.1556	0.1592	0.1619	0.1658	0.1682	0.1698	0.1708	0.1715	0.1725	0.1733
3.2	0.1310	0.1390	0.1450	0.1497	0.1533	0.1562	0.1602	0.1628	0.1645	0.1657	0.1664	0.1675	0.1685
3.4	0.1256	0.1334	0.1394	0.1441	0.1478	0.1508	0.1550	0.1577	0.1595	0.1607	0.1616	0.1628	0.1639
3.6	0.1205	0.1282	0.1342	0.1389	0.1427	0.1456	0.1500	0.1528	0.1548	0.1561	0.1570	0.1583	0.1595
3.8	0.1158	0.1234	0.1293	0.1340	0.1378	0.1408	0.1452	0.1482	0.1502	0.1516	0.1526	0.1541	0.1554
4.0	0.1114	0.1189	0.1248	0.1294	0.1332	0.1362	0.1408	0.1438	0.1459	0.1474	0.1485	0.1500	0.1516
4.2	0.1073	0.1147	0.1205	0.1251	0.1289	0.1319	0.1365	0.1396	0.1418	0.1434	0.1445	0.1462	0.1479
4.4	0.1035	0.1107	0.1164	0.1210	0.1248	0.1279	0.1325	0.1357	0.1379	0.1396	0.1407	0.1425	0.1444
4.6	0.1000	0.1070	0.1127	0.1172	0.1209	0.1240	0.1287	0.1319	0.1342	0.1359	0.1371	0.1390	0.1410
4.8	0.0967	0.1036	0.1091	0.1136	0.1173	0.1204	0.1250	0.1283	0.1307	0.1324	0.1337	0.1357	0.1379
5.2	0.0906	0.0972	0.026	0.1070	0.1106	0.1136	0.1183	0.1217	0.1241	0.1259	0.1273	0.1295	0.1320
5.6	0.0852	0.0916	0.0968	0.1010	0.1046	0.1076	0.1122	0.1156	0.1181	0.1200	0.1215	0.1238	0.1266
6.4	0.0762	0.0820	0.0869	0.0909	0.0942	0.0971	0.1016	0.1050	0.1076	0.1096	0.1111	0.1137	0.1171
7.2	0.0688	0.0742	0.0787	0.0825	0.0857	0.0884	0.0928	0.0962	0.0987	0.1008	0.1023	0.1051	0.1090
8.0	0.0627	0.0678	0.0720	0.0755	0.0785	0.0811	0.0853	0.0886	0.0912	0.0932	0.0948	0.0976	0.1020
8.8	0.0576	0.0623	0.0663	0.0696	0.0724	0.0749	0.0790	0.0821	0.0846	0.0866	0.0882	0.0912	0.0959
9.6	0.0533	0.0577	0.0614	0.0645	0.0672	0.0696	0.0734	0.0765	0.0789	0.0809	0.0825	0.0855	0.0905
10.4	0.0496	0.0537	0.0572	0.0601	0.0627	0.0649	0.0686	0.0716	0.0739	0.0759	0.0775	0.0804	0.0857
11.2	0.0463	0.0502	0.0535	0.0563	0.0587	0.0609	0.0644	0.0672	0.0695	0.0714	0.0730	0.0759	0.0813
12.0	0.0435	0.0471	0.0502	0.0529	0.0552	0.0573	0.0606	0.0634	0.0656	0.0674	0.0690	0.0719	0.0774
12.8	0.0409	0.0444	0.0474	0.0499	0.0521	0.0541	0.0573	0.0599	0.0621	0.0639	0.0654	0.0682	0.0739
13.6	0.0387	0.0420	0.0448	0.0472	0.0493	0.0512	0.0543	0.0568	0.0589	0.0607	0.0621	0.0649	0.0707
14.4	0.0367	0.0398	0.0425	0.0448	0.0468	0.0486	0.0516	0.0540	0.0561	0.0577	0.0592	0.0619	0.0677
16.0	0.0332	0.0361	0.0385	0.0407	0.0425	0.0442	0.0469	0.0492	0.0511	0.0527	0.0540	0.0567	0.0625
18.0	0.0297	0.0323	0.0345	0.0364	0.0381	0.0396	0.0422	0.0442	0.0460	0.0475	0.0487	0.0512	0.0570
20.0	0.0269	0.0292	0.0312	0.0330	0.0345	0.0359	0.0383	0.0402	0.0418	0.0432	0.0444	0.0468	0.0524

注：l 为基础长度，m；b 为基础宽度，m；z 为计算点离基础底面的垂直距离，m。

（2）计算深度

地基变形计算深度 z_n（图 2－27），应符合式（2－36）的规定。当计算深度下部仍有较软土层时，应继续计算。

$$\Delta s'_n \leqslant 0.025 \sum_{i=1}^{n} \Delta s'_i \tag{2-36}$$

式中：$\Delta s'_i$——在计算深度范围内，第 i 层土的计算变形值，mm；

　　　$\Delta s'_n$——在由计算深度向上取厚度为 Δz 的土层计算变形值，mm，Δz 见图 2－27 并按表 2－10 确定。

表 2－10　Δz

b/m	$\leqslant 2$	$2 < b \leqslant 4$	$4 < b \leqslant 8$	$b > 8$
$\Delta z/m$	0.3	0.6	0.8	1.0

当无相邻荷载影响，基础宽度在 1～30 m 范围内时，基础中点的地基变形计算深度也可按简化公式（2－37）进行计算。

$$z_n = b(2.5 - 0.4 \ln b) \tag{2-37}$$

式中：b——基础宽度，m。

在计算深度范围内存在基岩时，z_n 可取至基岩表面；当存在较厚的坚硬黏性土层，其孔隙比小于 0.5、压缩模量大于 50 MPa，或存在较厚的密实砂卵石层，其压缩模量大于 80 MPa 时，z_n 可取至该层土表面。

当存在相邻荷载时，应计算相邻荷载引起的地基变形，其值可按应力叠加原理，采用角点法计算。

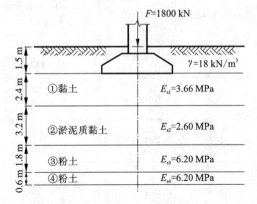

图 2－28　技能训练例题 2－7 的地基与基础剖面示意

【技能训练例题 2－7】　设基础底面尺寸为 $4.8\ m^2 \times 3.2\ m^2$，埋深为 1.5 m，传至地面的中心荷载 $F = 1\,800$ kN，地基的土层分层及各层土的侧限压缩模量（相应于自重应力至自重应力加附加应力段）如图 2－28 所示，持力层的地基承载力为 $f_k = 180$ kPa，用应力面积法（规范法）计算基础中点的最终沉降。

【解】　（1）基底附加压力

$$p_0 = \frac{1800\ kN + 4.8\ m \times 3.2\ m \times 1.5\ m \times 20\ kN/m^3}{4.8\ m \times 3.2\ m} - 18\ kN/m^3 \times 1.5\ m = 120\ kPa$$

（2）取计算深度为 8 m，计算过程见表 2－11，计算沉降量为 123.4 mm。

（3）确定沉降计算深度 z_n

根据 $b = 3.2$ m，查表 2－10 可得 $\Delta z = 0.6$ m。相应于往上取 Δz 厚度范围（即 7.4～8.0 m 深度范围）的土层计算沉降量为 1.3 mm $\leqslant 0.025 \times 123.4$ mm $= 3.08$ mm，满足要求，故沉降计算深度可取为 8 m。

(4)确定修正系数 ψ_s

$$\overline{E}_s = \frac{\sum\limits_1^n A_i}{\sum\limits_1^n A_i/E_{si}}$$

$$= \frac{3.456}{\dfrac{2.024}{3.66} + \dfrac{1.904}{2.6} + \dfrac{0.271}{6.2} + \dfrac{0.067}{6.2}}$$

$$= 3.36(\text{MPa})$$

由于 $p_0 \leqslant 0.75 f_k = 135$ kPa，查表 2-8 得：$\psi_s = 1.04$。

(5)计算基础中点最终沉降量 s

$$s = \psi_s s' = \psi_s \sum_1^4 \frac{p_0}{E_{si}}(z_i\overline{\alpha}_i - z_{i-1}\overline{\alpha}_{i-1}) = 1.04 \times 123.4 = 128.3(\text{mm})$$

表 2-11   应力面积法计算地基最终沉降

z_i /m	l/b	z_i/b	$\overline{\alpha}_i$	$z_i\overline{\alpha}_i$	$z_i\overline{\alpha}_i - z_{i-1}\overline{\alpha}_{i-1}$	E_{si} /MPa	$\Delta s'_i$ /mm	$\sum \Delta s'_i$ /mm
0.0	2.4/1.6 = 1.5	0/1.6 = 0.0	4 × 0.2500 = 1.0000	0.000				
2.4	1.5	2.4/1.6 = 1.5	4 × 0.2108 = 0.8432	2.024	2.204	3.66	66.3	66.3
5.6	1.5	5.6/1.6 = 3.5	4 × 0.1392 = 0.5568	3.118	1.094	2.60	50.5	116.8
7.4	1.5	7.4/1.6 = 4.6	4 × 0.1145 = 0.4580	3.389	0.271	6.20	5.3	122.1
8.0	1.5	8.0/1.6 = 5.0	4 × 0.1080 = 0.4320	3.456	0.067	6.20	1.3 ≤ 0.025 × 123.4	123.4

2.2.3 建筑物的沉降观测

建筑物受地下水位升降、荷载的作用及地震等的影响，会使其产生高程上的位移。一般说来，在没有其他外力作用时，多数呈下沉现象，对它的观测称沉降观测。沉降观测在建筑物的施工、竣工验收以及竣工后的监测等过程中，具有安全预报、科学评价及检验施工质量等作用。通过现场沉降监测数据的反馈信息，可以及时做出较合理的技术决策和现场的应变决定。

建筑沉降观测应测定建筑及地基的沉降量、沉降差及沉降速度，并根据需要计算基础倾斜、局部倾斜、相对弯曲及构件倾斜。目前，关于建筑物沉降观测的主要技术标准有：《工程测量规范》（GB50026—2007）和《建筑变形测量规范》（JGJ 8—2007）。沉降观测通常采取水准测量的方法。沉降观测的高程依据是水准基点，即在水准基点高程不变的前提下，定期地测出变形点相对于水准基点的高差，并求出其高程，将不同周期的高程加以比较，即可得出变形点高程变化的大小及规律。

1. 沉降观测对象及观测精度

《建筑变形测量规范》（JGJ 8—2007）规定，下列建筑在施工和使用期间应进行变形测量：

（1）地基基础设计等级为甲级的建筑；

（2）复合地基或软弱地基上的设计等级为乙级的建筑；

（3）加层、扩建建筑；

（4）受邻近深基坑开挖施工影响或受场地地下水等环境因素变化影响的建筑；

（5）需要积累经验或进行设计反分析的建筑。

建筑变形测量工作开始前，应根据建筑地基基础设计的等级和要求、变形类型、测量目的、任务要求以及测区条件进行施测方案设计，确定变形测量的内容、精度级别、基准点与变形点布设方案、观测周期、仪器设备及检定要求、观测与数据处理方法、提交成果内容等，编写技术设计书或施测方案。建筑变形测量的级别、精度指标及其适用范围应符合表2-12的规定。

表2-12　建筑变形测量的级别、精度指标及其适用范围

变形测量级别	沉降观测 观测点测站高差中误差/mm	位移观测 观测点坐标中误差/mm	主要适用范围
特级	±0.05	±0.3	特高精度要求的特种精密工程的变形测量
一级	±0.15	±1.0	地基基础设计为甲级的建筑的变形测量；重要的古建筑和特大型市政桥梁等变形测量等
二级	±0.5	±3.0	地基基础设计为甲、乙级的建筑的变形测量；场地滑坡测量；重要管线的变形测量；地下工程施工及运营中变形测量；大型市政桥梁变形测量等
三级	±1.5	±10.0	地基基础设计为乙、丙级的建筑的变形测量；地表、道路及一般管线的变形测量；中小型市政桥梁变形测量等

注：①观测点测站高差中误差，系指水准测量的测站高差中误差或静力水准测量、电磁波测距三角高程测量中相邻观测点相应测段间等价的相对高差中误差；②观测点坐标中误差，系指观测点相对测站点（如工作基点）的坐标中误差、坐标差中误差以及等价的观测点相对基准线的偏差值中误差、建筑或构件相对底部固定点的水平位移分量中误差；③观测点点位中误差为观测点坐标中误差$\sqrt{2}$倍；④本规范以中误差作为衡量精度的标准，并以两倍中误差作为极限误差。

2. 水准基点布设

直接用来测定沉降观测点的参考点称为工作基点，工作基点可埋设在变形建筑附近、便于引测和观测沉降观测点的地方。用来定期检查工作基点的稳定的参考点称为基准点，基

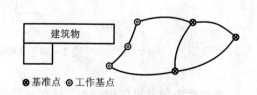

图2-29　基准点和工作基点布置示意

准点应埋设在变形区域以外、地质条件良好的地方，且无论变形区域的大小，基准点不宜少于三个。基准点和工作基点应联成水准路线，构成沉降观测的高程控制网，如图2-29所示。

(1)基准点的布设

基准点是沉降观测的基准。因此，基准点的布设应满足以下要求：

1)要有足够的稳定性：基准点必须设置在沉降影响范围以外，冰冻地区基准点应埋设在冰冻线以下0.5 m;

2)要具备检核条件：为了保证基准点高程的正确性，基准点最少应布设三个，以便相互检核。

3)要满足一定的观测精度：基准点和观测及基点之间的距离应适中，相距太远会影响观测精度，一般应在100 m范围内。

3. 沉降观测点布设

布设在建筑上部结构的敏感位置上、能反映其沉降变形特征的测量点，称为沉降观测点。沉降观测点的布设应能全面反映建筑及地基变形特征，并顾及地质情况及建筑结构特点。点位宜选设在下列位置：

1)建筑的四角、核心筒四角、大转角处及沿外墙每10~20 m处或每隔2~3根柱基上;

2)高低层建筑、新旧建筑、纵横墙等交接处的两侧;

3)建筑裂缝、后浇带和沉降缝两侧、基础埋深相差悬殊处、人工地基与天然地基接壤处、不同结构的分界处及填挖方分界处;

4)对于宽度大于等于15 m或小于15 m而地质复杂以及膨胀土地区的建筑，应在承重内隔墙中部设内墙点，并在室内地面中心及四周设地面点;

5)邻近堆置重物处、受振动有显著影响的部位及基础下的暗浜(沟)处;

6)框架结构建筑的每个或部分柱基上或沿纵横轴线上;

7)筏形基础、箱形基础底板或接近基础的结构部分之四角处及其中部位置，重型设备基础和动力设备基础的四角、基础形式或埋深改变处以及地质条件变化处两侧，对于电视塔、烟囱、水塔、油罐、炼油塔、高炉等高耸建筑，应设在沿周边与基础轴线相交的对称位置上，点数不少于4个。

沉降观测的标志可根据不同的建筑结构类型和建筑材料，采用墙(柱)标志、基础标志和隐蔽式标志等形式，并符合下列规定：

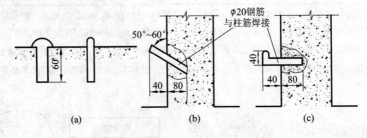

图2-30 几种沉降观测标志示意

1)各类标志的立尺部位应加工成半球形或有明显的突出点，并涂上防腐剂;

2)标志的埋设位置应避开雨水管、窗台线、散热器、暖水管、电气开关等有碍设标与观测的障碍物，并应视立尺需要离开墙(柱)面和地面一定距离。

3)当应用静力水准测量方法进行沉降观测时，观测标志的形式及其埋设，应根据采用的静力水准仪的型号、结构、读数方式以及现场条件确定。标志的规格尺寸设计，应符合仪器安置的要求。

4. 沉降观测

(1)观测周期和观测时间

沉降观测的周期和观测时间应按下列要求并结合实际情况确定。

1)建筑施工阶段的观测

普通建筑可在基础完工后或地下室砌完后开始观测，大型、高层建筑可在基础垫层或基础底部完成后开始观测。

观测次数与间隔时间应视地基与加荷情况而定。民用高层建筑可每加高 1~5 层观测一次，工业建筑可按回填基坑、安装柱子和屋架、砌筑墙体、设备安装等不同施工阶段分别进行观测。若建筑施工均匀增高，应至少在增加荷载的 25%、50%、75% 和 100% 时各测一次。

施工过程中若暂停工，在停工时及重新开工时应各观测一次。停工期间可每隔 2~3 个月观测一次。

2)建筑使用阶段

建筑使用阶段的观测次数，应视地基土类型和沉降速率大小而定。除有特殊要求外，可在第一年观测 3~4 次，第二年观测 2~3 次，第三年后每年观测 1 次，直至稳定为止。

3)观测过程的特殊情况处理

在观测过程中，若有基础附近地面荷载突然增减、基础口周大量积水、长时间连续降雨等情况，均应及时增加观测次数。当建筑突然发生大量沉降、不均匀沉降或严重裂缝时，应立即进行逐日或 2~3 d 一次的连续观测。

4)建筑沉降稳定阶段判断

建筑沉降是否进入稳定阶段，应由沉降量与时间关系曲线判定。当最后 100 d 的沉降速率小于 0.01~0.04 mm/d 时可认为已进入稳定阶段。具体取值宜根据各地区地基土的压缩性能确定。

(2)观测方法

观测时先后视水准基点，接着依次前视各沉降观测点，最后再次后视该水准基点，两次后视读数之差不应超过 ±1 mm。沉降观测的水准路线(从一个水准基点到另一个水准基点)应为闭合水准路线。

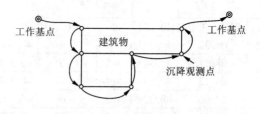

图 2-31 沉降观测方法示意

沉降观测的作业方法和技术要求应符合下列规定：

1)对特级、一级沉降观测，应按《建筑变形测量规范》(JGJ 8—2007)第 4.4 节的规定执行，限于篇幅不陈述；

2)对二级、三级沉降观测，除建筑转角点、交接点、分界点等主要变形特征点外，允许使用间视法进行观测，但视线长度不得大于相应等级规定的长度；

3)观测时，仪器应避免安置在有空压机、搅拌机、卷扬机、起重机等振动影响的范围内；

4)每次观测应记载施工进度、荷载量变动、建筑倾斜裂缝等各种影响沉降变化和异常的情况。

沉降观测是一项长期、连续的工作,为了保证观测成果的正确性,应尽可能做到"四定":固定观测人员、使用固定的水准仪和水准尺、使用固定的水准基点及按固定的实测路线和测站进行。

5. 沉降观测的成果整理

每周期观测后,应及时对观测资料进行整理,计算观测点的沉降量、沉降差以及本周期平均沉降量、沉降速率和累计沉降量。沉降观测应提交下列图表:工程平面位置图及基准点分布图、沉降观测点位分布图、沉降观测成果表、时间-荷载-沉降量曲线图及等沉降曲线图。

(1)整理原始记录

每次观测结束后应检查记录的数据和计算是否正确,精度是否合格,然后调整高差闭合差,推算出各沉降观测点的高程,并填入"沉降观测成果表"中(表2-13)。

(2)计算沉降量

按(2-38)计算各沉降观测点的本次沉降量:

$$沉降观测点的本次沉降量 = 本次观测所得的高程 - 上次观测所得的高程 \quad (2-38)$$

按(2-39)计算累积沉降量:

$$累积沉降量 = 本次沉降量 + 上次累积沉降量 \quad (2-39)$$

将各沉降观测点的本次沉降量、累积沉降量和观测日期、荷载等情况填入"沉降观测成果表"中。

表2-13 沉降观测成果样表

工程名称:某大学教学楼　　　　　　　　　　记录:　　　　计算:

观测次数	观测时间	各观测点的沉降情况						3…	施工进展情况	荷载情况/(t·m^{-2})
		1			2					
		高程/m	本次下沉/mm	累积下沉/mm	高程/m	本次下沉/mm	累积下沉/mm	…		
1	2012.03.10	40.354	0	0	40.373	0	0	…	上一层楼板	
2	04.22	40.350	-4	-4	40.368	-5	-5	…	上三层楼板	45
3	05.17	40.345	-5	-9	40.365	-3	-8	…	上五层楼板	65
4	06.12	40.341	-4	-13	40.361	-4	-12	…	上七层楼板	75
5	07.06	40.338	-3	-16	40.357	-4	-16	…	上九层楼板	85
6	08.31	40.334	-4	-20	40.352	-5	-21	…	主体完	115
7	10.30	40.331	-3	-23	40.348	-4	-25	…	竣工	
8	12.06	40.329	-2	-25	40.347	-1	-26	…	使用	
9	2013.03.16	40.327	-2	-27	40.346	-1	-27	…		
10	05.10	40.326	-1	-28	40.344	-2	-29	…		
11	08.12	40.325	-1	-29	40.343	-1	-30	…		
12	12.20	40.325	0	-29	40.343	0	-30	…		

注:此栏应说明点位草图、水准点号码及高程、其他。

（3）绘制沉降曲线

为了更清楚地表示沉降、荷重、时间三者的关系，还要画出各观测点的时间－荷载－沉降量曲线图及等沉降曲线图。

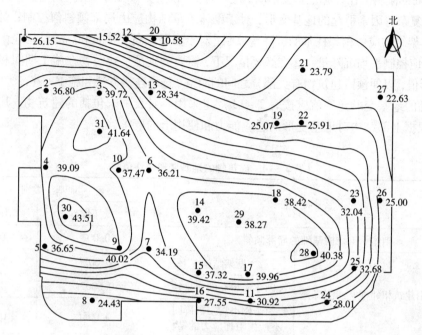

图 2－32　某建筑等沉降曲线图

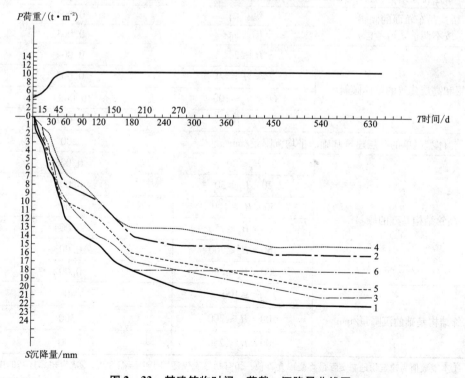

图 2－33　某建筑物时间－荷载－沉降量曲线图

6. 地基变形允许值

建筑物的地基变形计算值，不应大于地基变形允许值。地基变形特征可分为沉降量、沉降差、倾斜、局部倾斜。在计算地基变形时，应符合下列规定：①由于建筑地基不均匀、荷载差异很大、体型复杂等因素引起的地基变形，对于砌体承重结构应由局部倾斜值控制；对于框架结构和单层排架结构应由相邻柱基的沉降差控制；对于多层或高层建筑和高耸结构应由倾斜值控制；必要时应控制平均沉降量。②在必要情况下，需要分别预估建筑物在施工期间和使用期间的地基变形值，以便预留建筑物有关部分之间的净空，选择连接方法和施工顺序。

建筑物的地基变形允许值应按表 2-14 规定采用。对表中未包括的建筑物，其地基变形允许值应根据上部结构对地基变形的适应能力和使用上的要求确定。

表 2-14　建筑物的地基变形允许值

变 形 特 征		地基土类别	
		中、低压缩性土	高压缩性土
砌体承重结构基础的局部倾斜		0.002	0.003
工业与民用建筑相邻柱基的沉降差	框架结构	0.002l	0.003l
	砌体墙填充的边排柱	0.0007l	0.001l
	当基础不均匀沉降时不产生附加应力的结构	0.005l	0.005l
单层排架结构(柱距为 6 m)柱基的沉降量/mm		(120)	200
桥式吊车轨面的倾斜 (按不调整轨道考虑)	纵　向	0.004	
	横　向	0.003	
多层和高层建筑的整体倾斜	$H_g \leq 24$	0.004	
	$24 < H_g \leq 60$	0.003	
	$60 < H_g \leq 100$	0.0025	
	$H_g > 100$	0.002	
体型简单的高层建筑基础的平均沉降量/mm		200	
高耸结构基础的倾斜	$H_g \leq 20$	0.008	
	$20 < H_g \leq 50$	0.006	
	$50 < H_g \leq 100$	0.005	
	$100 < H_g \leq 150$	0.004	
	$150 < H_g \leq 200$	0.003	
	$200 < H_g \leq 250$	0.002	
高耸结构基础的沉降量/mm	$H_g \leq 100$	400	
	$100 < H_g \leq 200$	300	
	$200 < H_g \leq 250$	200	

注：①本表数值为建筑物地基实际最终变形允许值；②有括号者仅适用于中压缩性土；③l 为相邻柱基的中心距离，mm；H_g 为自室外地面起算的建筑物高度，m；④倾斜指基础倾斜方向两端点的沉降差与其距离的比值；⑤局部倾斜指砌体承重结构沿纵向 6~10 m 内基础两点的沉降差与其距离的比值。

2.3　实训项目：土的压缩(固结)试验

1.试验目的

土压缩试验是研究土在有侧限条件下的压缩性能的一种室内试验。测定土样在各级压力作用下的压缩变形，并计算土样在相应压力作用下的孔隙比。根据各级压应力与相应孔隙比，绘出土压缩曲线，并求出压缩系数及压缩模量等压缩指标。

2.仪器设备

压缩(固结)仪：由主机(包括固定于其上的零部件，容器包括护环、导环、环刀、传压板、上下透水石等)及由杠杆部件(包括水平调节、平衡装置等)组成，荷载由四等标准砝码传递；测含水率和密度所用设备；其他设备：主要包括百分表(量程 10 mm，精度 0.01 mm)、秒表、削土刀、天平等。

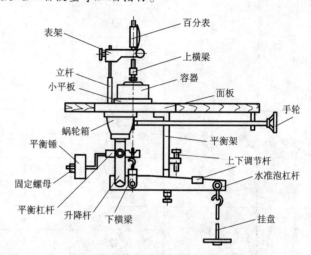

图 2-34　常用压缩(固结)仪构造示意图

3.操作步骤

(1)试验前准备工作

1)试样制备：取代表土样风干、碾碎并过 2 mm 筛，然后称料 0.5 kg，加水拌和并焖料 24 h。

2)击样：用击样法将拌制好的土样制成试样。

3)取样：用环刀切取所制备的扰动土样或原状土样，刀口向下，边削边压，使土体充满环刀并削去多余土样，称取环刀质量 m_1、环刀与土样的总质量 m_2。

4)计算初始密度 $\rho_0 = \dfrac{m_2 - m_1}{V}$，测量剩余土样的初始含水量 w_0。

5)调整仪器平衡锤，使杠杆保持平衡。

(2)试验操作步骤

1)在压缩容器内依次放入护环、透水石乙、定位环、滤纸、透水石甲、传压活塞。

2)拉上加压框架，调节横梁上接触螺钉，使之与传压活塞接触(不要压紧)，装上百分表，并使测杆压缩 5 mm，施加 1.0 kPa 的预压力，使压缩仪各部分紧密接触，将百分表调零。

3)去掉预压荷载，立即加第一级荷载，加砝码时，立即启动秒表。加荷等级一般为 5 级，依次加载。每级荷载加上后，每隔 30 min 记录百分表读数一次(精确至 0.01 mm)。若两次读数变化小于 0.01 mm 时，可认为沉降稳定，允许加下一级荷载。按此步骤逐级加压，直至试验结束。土样加荷顺序可参考表 2-15。

4)试验结束后，迅速卸下砝码，小心拆除仪器并擦净，需要时，测压缩后土样的含水量和密度。

表 2-15 土样加载等级

试样面积/cm²	加压顺序	砝码重量/kg	砝码数量	砝码累计重量/kg	加载等级固结压力/kPa
30	1	0.319	1	0.319	12.5
	2	0.319	1	0.638	25
	3	0.637	1	1.275	50
	4	1.275	1	2.55	100
	5	2.549	1	5.099	200
	6	5.098	1	5.099	200
	7	5.098	2	20.393	800
	8	5.098	4	40.785	1600
50	1	0.319	1	0.531	12.5
		0.212	1		
	2	0.319	1	1.062	25
		0.212	1		
	3	0.637	1	2.124	50
		0.425	1		
	4	1.275	1	4.245	100
		0.846	1		
	5	2.549	1	8.497	200
		1.703	1		
	6	5.098	1	17.001	400
		3.406	1		
	7	5.098	2	34.009	800
		3.406	2		

4. 试验结果整理及分析

(1) 试验前准备工作

1) 计算初始孔隙比 e_0

$$e_0 = \frac{d_s(1+w_0)\rho_w}{\rho_0} - 1 \qquad (2-40)$$

式中：d_s——土粒比重；

ρ_w——水的密度，一般所取 $\rho_w = 1 \text{ g/cm}^3$；

w_0——试验开始时试样的含水量，%；

ρ_0——试验开始时试样的密度，g/cm^3。

2) 计算单位沉降量 s_i

$$s_i = \sum \Delta h_i / h_0 \times 10^3 \tag{2-41}$$

式中：$\sum \Delta h_i$——百分表读数，表示在该级荷载下的仪器变形量；

h_0——试样的起始高度，即环刀高度。

3）计算各级荷载下试样变形稳定后的孔隙比 e_i

$$e_i = e_0 - \frac{(1+e_0)s_i}{1000} \tag{2-42}$$

4）计算某一级荷载范围内的压缩系数 a

$$a = \frac{e_i - e_{i+1}}{p_{i+1} - p_i} \tag{2-43}$$

5）计算某一级荷载压缩范围内的压缩模量 E_s

$$E_s = \frac{1+e_i}{a} \tag{2-44}$$

6）作孔隙比 e_i 和压力 p_i 关系曲线，即压缩曲线。

模块小结

本模块主要介绍了地基土应力和沉降等方面的内容。通过本模块的学习，应掌握地基土应力与沉降计算及建筑物沉降观测的基本知识，能进行地基土自重应力、基底压力和地基附加应力的计算，能运用分层总和法及"规范法"计算一般地基的最终沉降量，并学会利用室内压缩试验和现场试验测定土的压缩指标，学会建筑施工现场沉降观测的基本操作方法。

思考题

1. 说明基底压力、基底附加压力、地基附加应力的含义及它们之间的关系。

2. 说明集中荷载作用下地基中附加应力的分布规律。

3. 地下水位的升、降对土自重应力有何影响？

4. 用所学知识解释抽吸地下水引起地面沉降的原因。

5. 什么是"角点法"？如何应用它计算地基中任意点的附加应力？

6. 土的压缩系数的含义是什么？为什么可以说土的压缩变形实际上是土的孔隙体积的减小？

7. 何谓土压缩模量和变形模量？它们的关系是什么？

8. 计算地基最终沉降量的分层总和法与《规范》法的主要区别有哪些？两者的实用性如何？

9. 建筑物沉降观测的水准基点和沉降观测点如何布设？

习 题

1. 某地基土层物理力学性质指标如图 2-35，试计算下述两种情况下土的自重应力。

(1)没有地下水；(2)地下水在天然地面下1 m位置。

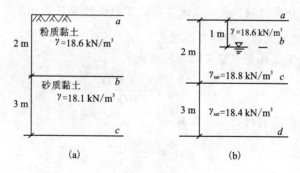

图 2-35 习题 1 附图

(a)无地下水；(b)有地下水

2. 某条形基础(见图 2-36)，宽度为 3 m，求中点下 0.75 m、1.5 m、3.0 m、6.0 m 以及深 0.75 m 处水平线上 A、B、O、B'、A' 点的竖向附加应力 σ_z(均要求列表计算)，并绘出两个方向的竖向附加应力分布图。

3. 已知某均布受荷面积如图 2-37 所示，求地基下深度 10 m 处 A 点与 O 点的竖向附加应力比值。(用符号表示)

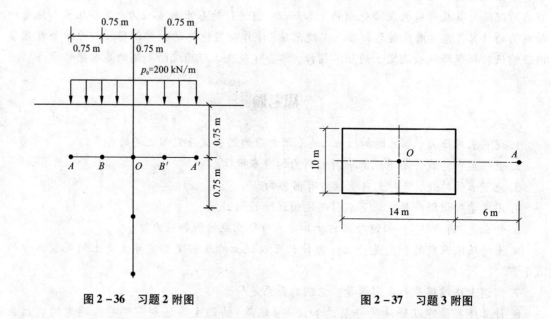

图 2-36 习题 2 附图　　　　　　　图 2-37 习题 3 附图

4. 已知原状土样高 $h=2$ cm，截面积 $A=30$ cm^2，重度 $\gamma=19.1$ kN/m^3，颗粒比重 $d_s=2.72$，含水量 $w=25\%$，进行压缩试验，试验结果见下表。试绘制压缩曲线，并求土的压缩系数 a_{1-2}、压缩模量值，判断其压缩性。

表 2 – 16　习题 4 附表

压力 p/kPa	0	50	100	200	400
稳定时的压缩量 Δh/mm	0	0.480	0.808	1.232	1.735

5. 某厂房柱下单独方形基础，已知基础底面积尺寸为 4 m×4 m，埋深 $d = 1.0$ m，地基为粉质黏土，地下水位距天然地面 3.4 m。上部荷重传至基础顶面 $F = 1440$ kN，土的天然重度 $\gamma = 16.0$ kN/m^3，饱和重度 $\gamma_{sat} = 17.2$ kN/m^3，有关计算资料如图 2 – 38。试分别用分层总和法和规范法计算基础最终沉降(已知 $f_{ak} = 94$ kPa)

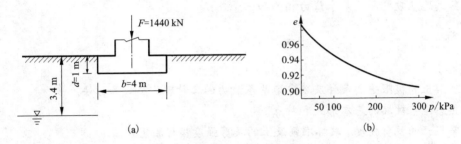

图 2 – 38　习题 5 附图
(a)地基与基础剖面；(b)压缩曲线

6. 某基础底面尺寸 $l = 3$ m，$b = 2$ m，基础顶面作用轴心力 $F_k = 550$ kN，弯矩 $M_k = 250$ kN·m，基础埋深 $d = 1.0$ m，试计算基底压力并绘出分布图。

7. 某轴心受压基础底面尺寸 $l = b = 2$ m，基础顶面作用 $F_k = 400$ kN，基础埋深 $d = 1.2$ m。已知地质剖面第一层为杂填土，厚 0.8 m，$\gamma_1 = 16.8$ kN/m^3；以下为黏土，$\gamma_2 = 18.5$ kN/m^3。试计算基底压力和基底附加应力。

模块三　土的抗剪强度和地基承载力

建筑施工现场专业技术岗位资格考试和技能实践要求

- 掌握土的抗剪强度相关知识，并能测定土的抗剪强度指标。
- 熟悉地基破坏和地基承载力相关知识。

教学目标

【知识目标】

- 理解土的极限平衡条件及确定地基承载力的各种理论公式和方法。
- 熟悉地基破坏的基本形式和特点。
- 掌握土的抗剪强度、破坏准则及土的抗剪强度指标测定方法。

【能力目标】

- 工程实践中能够运用土的极限平衡条件判别地基的受力状态。
- 能够运用实验仪器进行土的抗剪强度试验。
- 能够根据原位试验、室内土工试验和地基基础规范确定地基承载力。

【素质目标】

- 通过本模块的学习，培养学生理论联系实践的工程素质。
- 通过学习土的抗剪强度理论及土的破坏准则，培养学生分析和解决问题的能力。
- 通过学习土的抗剪强度试验，培养学生动手操作能力和团队协作的精神，提高学生的综合素质。

3.1　土的抗剪强度

土的抗剪强度是指土体抵抗剪切破坏的极限能力，是土的重要力学性质之一。用 τ_f 表示，当 $\tau < \tau_f$ 时，土体处于稳定状态；$\tau = \tau_f$ 时，土体处于极限平衡状态；当 $\tau > \tau_f$ 时，土体已被破坏。在工程建设实践中，由于土的抗剪强度不够导致土体失稳的工程实例很多，如路基、道路边坡、建筑物地基等。为了保证工程实践中建筑物或构筑物的稳定，就必须重视对土的抗剪强度和土的极限平衡问题研究。

土体在外荷载作用下，土中将会同时产生法向应力和剪应力，其中法向应力将会使土体密实状态增加，这是有利因素；而外荷载作用下产生剪应力和剪切变形，这是不利因素；土具有抵抗这种剪应力的能力，当这种剪应力达到某一极限值时，土就要发生剪切破坏，这个极限值就是土的抗剪强度。如果土体内某一部分的剪应力达到土的抗剪强度，在该部分就开始出现剪切破坏，随着荷载的增加，剪切破坏的范围逐渐扩大，最终在土体中形成连续的滑动面，地基发生整体剪切破坏而丧失稳定性。

土的抗剪强度主要由黏聚力 c 和内摩擦角 φ 反映，土的黏聚力 c 和内摩擦角 φ 称为土的抗剪强度指标。土的抗剪强度指标主要通过土的直接剪切实验、三轴剪切试验、十字板剪切试验来确定。

3.1.1 土的抗剪强度与极限平衡条件

1. 土的抗剪强度

（1）莫尔－库伦定律

土的强度理论研究早于"土力学"学科的建立，亦即早于太沙基（Terzaghi）1925 年出版其著作《土力学与基础工程》之前。1776 年，库伦（Coulomb）基于砂土剪切试验的基础上提出了著名的库伦公式，即抗剪强度的表达式。

无黏性土（砂土）的抗剪强度 τ_f 与作用在剪切面上的法向压力 σ 成正比，比例系数为内摩擦系数，即：

$$\tau_f = \sigma\tan\varphi \tag{3-1}$$

黏性土的抗剪强度 τ_f 比砂土的抗剪强度增加一项土的黏聚力，即：

$$\tau_f = \sigma\tan\varphi + c \tag{3-2}$$

式中：τ_f——土的抗剪强度，kPa；

σ——破坏面垂直压应力，kPa；

φ——土的内摩擦角，度；

c——土的黏聚力，kPa。

1900 年莫尔（Mohr）提出，在土的破坏面上的抗剪强度是作用在该面上的正应力的单值函数，即：

$$\tau_f = f(\sigma_f) \tag{3-3}$$

式 3－1 与式 3－2 为著名的库伦定律，如图 3－1 所示。实际上，库伦定律是莫尔强度理论的特例。此时莫尔破坏包线为一条直线，即：黏聚力 c 和内摩擦角 φ 为土的主要抗剪强度指标，由库伦定律可以知道，土的抗剪强度除与土体本身强度参数有关外，还与破坏面上正压力有关。

（2）土的抗剪强度影响因素

从式（3－2）可见土的强度由两部分组成，即黏聚力 c 和 $\sigma\tan\varphi$，前者为黏聚强度，

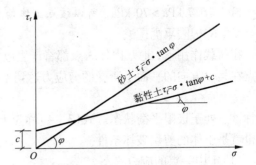

图 3－1 砂土与黏性土的抗剪强度 τ_f
与法向应力 σ 的关系曲线

后者为摩擦强度。这两部分强度大小就决定着土的抗剪强度，然而影响这两部分强度大小的因素很多，具体可从如下几方面分析。

1）土的颗粒级配

土颗粒级配越好，土的内摩擦角 φ 越大，因而土的摩擦强度越大；反之，土颗粒级配不良，土的内摩擦角越小，土的摩擦强度越小。

2）土颗粒的几何性质

当粗粒土孔隙比相同及级配相似时，土颗粒尺寸的大小对土的强度主要存在如下两个方面影响：一方面土颗粒尺寸越大，颗粒之间的咬合能力越强，从而土的抗剪强度越大；另一方面，土颗粒越大，颗粒之间接触面上的应力也越大，颗粒更容易破碎。

3）土的状态

土的孔隙比或者相对密实度是影响土抗剪强度的重要因素。孔隙比小或者相对密实度大的土，抗剪强度较高。

4）土的结构

土的结构对土的抗剪强度存在很大的影响，尤其是对于黏性土，如特殊土，可以认为是控制性因素。一般来说，在相同孔隙比下，絮状结构的黏土抗剪强度较高。

5）含水率

随着土的含水率增加，土的内摩擦角变小，土的抗剪强度降低。在工程实践中，经常发生暴雨导致山体和边坡的失稳，其原因之一就是由土的抗剪强度降低。

6）土的结构受到扰动

黏性土的结构受到扰动，土的黏聚力 c 降低。因此在开挖基础或者基槽时应保持基层的原状土不受扰动。

总之，不同的土抗剪强度指标不同，即便是同一种土在不同条件下，抗剪强度指标也不相同。黏聚力 c 和内摩擦角 φ 并不是常数，而是随土的结构、含水率、孔隙比和土样的排水条件等不同而有较大的差异。

【技能训练例题 3 - 1】 某土体的抗剪强度指标内摩擦角 $\varphi = 15°$，黏聚力 $c = 9.8 \text{ kPa}$，当该土某点的正应力 $\sigma = 250 \text{ kPa}$、剪应力 $\tau = 70 \text{ kPa}$ 时，问该土体是否达到极限平衡状态？

【解】 土的抗剪强度

$\tau_f = c + \sigma \tan\varphi = 9.8 + 250 \tan 15° = 76.7 \text{（kPa）}$

因为 76.7 kPa > 70 kPa，所以该点土体处于弹性平衡状态。

2. 土的极限平衡理论

在荷载作用下，地基内任一点都将产生应力。根据土体抗剪强度的库伦定律，当土中任意点在某一方向的平面上所受的剪应力达到土体的抗剪强度，即：

$$\tau = \tau_f \tag{3-4}$$

就称该点处于极限平衡状态。式（3-4）称为土体的极限平衡条件。所以，土体的极限平衡条件也就是土体的剪切破坏条件。

（1）土中一点的应力状态

在地基土中任意点取出一个微分单元体，其面积为 $dxdz$，设作用在该微元体上的最大主应力为 σ_1 和最小主应力为 σ_3。而且，微元体内与最大主应力 σ_1 作用平面成任意角度 α 的平面 mn 上有正应力 σ 和剪应力 τ［图 3 - 2（a）］。为了建立 σ、τ 与 σ_1、σ_3 之间的关系，取三角形斜面体 abc 为隔离体［图 3 - 2（b）］。将各个应力分别在水平方向和垂直方向上投影，根据静力平衡条件得：

$$\sum x = 0, \quad \sigma_3 \cdot ds \cdot \sin\alpha \cdot 1 - \sigma \cdot ds \cdot \sin\alpha \cdot 1 + \tau ds \cdot \cos\alpha \cdot 1 = 0 \tag{3-5}$$

$$\sum y = 0, \quad \sigma_1 \cdot ds \cdot \cos\alpha \cdot 1 - \sigma \cdot ds \cdot \cos\alpha \cdot 1 - \tau ds \cdot \sin\alpha \cdot 1 = 0 \tag{3-6}$$

联立方程(3-6)、(3-7)求解,即得平面 mn 上的应力为:

$$\begin{cases} \sigma = \dfrac{1}{2}(\sigma_1 + \sigma_3) + \dfrac{1}{2}(\sigma_1 - \sigma_3)\cos2\alpha \\[2mm] \tau = \dfrac{1}{2}(\sigma_1 - \sigma_3)\sin2\alpha \end{cases} \quad (3-7)$$

式中: σ——任一截面 mn 上的法向应力;

τ——任一截面 mn 上的剪应力;

σ_1——最大主应力;

σ_3——最小主应力;

a——截面 mn 与最大主应力作用面的夹角。

由式(3-8)中两式平方和,即可得如下关系式:

$$\left(\sigma - \frac{\sigma_1 + \sigma_3}{2}\right)^2 + \tau^2 = \left(\frac{\sigma_1 - \sigma_3}{2}\right)^2 \quad (3-8)$$

由材料力学可知,以上 σ、τ 与 σ_1、σ_3 之间的关系也可以用莫尔应力圆的图解法表示,见图 3-3,以 σ 为横坐标轴,以 τ 为纵坐标轴,圆心为 $[1/2(\sigma_1 + \sigma_3), 0]$,以 $1/2(\sigma_1 - \sigma_3)$ 为半径,绘制出一个应力圆。并从 O_1C 开始逆时针旋转 2α 角,在圆周上得到点 A。

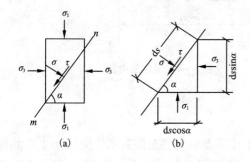
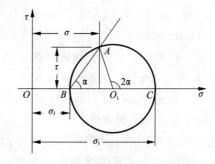

图 3-2　土中任一点的应力

(a)微分体上的应力;(b)隔离体上的应力

图 3-3　用莫尔应力圆求正应力和剪应力

由图 3-3 可得, A 点的横坐标为:

$$\overline{OB} + \overline{BO_1} + \overline{O_1A}\cos2\alpha = \sigma_3 + \frac{1}{2}(\sigma_1 - \sigma_3) + \frac{1}{2}(\sigma_1 - \sigma_3)\cos2\alpha$$

$$= \frac{1}{2}(\sigma_1 + \sigma_3) + \frac{1}{2}(\sigma_1 - \sigma_3)\cos2\alpha = \sigma$$

而 A 点的纵坐标为:

$$\overline{O_1A}\sin2\alpha = \frac{1}{2}(\sigma_1 - \sigma_3)\sin2\alpha = \tau$$

上述用图解法求应力所采用的圆通常称为莫尔应力圆。莫尔应力圆上点的横坐标表示土中某点在相应斜面上的正应力,纵坐标表示该斜面上的剪应力,所以,我们可以用莫尔应力圆来研究土中任一点的应力状态。

【技能训练例题 3-2】 已知土体中某点所受的最大主应力 $\sigma_1 = 500 \text{ kN/m}^2$,最小主应力 $\sigma_3 = 200 \text{ kN/m}^2$。试分别用解析法和图解法计算与最大主应力 σ_1 作用平面成 $30°$ 角的平面上

的正应力 σ 和剪应力 τ。

【解】 1）解析法

由公式（3-7）计算，得：

$$\sigma = \frac{1}{2}(\sigma_1 + \sigma_3) + \frac{1}{2}(\sigma_1 - \sigma_3)\cos 2\alpha$$

$$= \frac{1}{2}(500 + 200) + \frac{1}{2}(500 - 200)\cos 2 \cdot 30° = 425(kN/m^2)$$

$$\tau = \frac{1}{2}(\sigma_1 - \sigma_3)\sin 2\alpha = \frac{1}{2}(500 - 200)\sin 2 \cdot 30° = 130(kN/m^2)$$

2）图解法

按照莫尔应力圆确定其正应力 σ 和剪应力 τ。绘制直角坐标系，在横坐标上标出 $\sigma_1 = 500$ kN/m²，$\sigma_3 = 200$ kN/m²，以 $\sigma_1 - \sigma_3 = 300$ kN/m² 为直径绘圆，从横坐标轴开始，逆时针旋转 $2\alpha = 60°$ 角，在圆周上得到 A 点（图3-4）。以相同的比例尺量得 A 的横坐标，即 $\sigma = 425$ kN/m²，纵坐标即 $\tau = 130$ kN/m²。

可见，两种方法得到了相同的正应力 σ 和剪应力 τ，但用解析法计算较为准确，用图解法计算则较为直观。

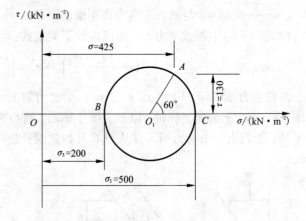

图3-4 莫尔应力圆

（2）土的极限平衡条件

为了建立实用的土体极限平衡条件，将代表土体某点应力状态的莫尔应力圆和土体的抗剪强度与法向应力关系曲线画在同一个直角坐标系中（图3-5），这样，就可以判断土体在这一点上是否达到极限平衡状态。

可知，莫尔应力圆上的每一点的横坐标和纵坐标分别表示土体中某点在相应平面上的正应力 σ 和剪应力 τ，如果莫尔应力圆位于抗剪强度包线的下方（图3-5中半圆Ⅰ），即通过该点任一方向的剪应力 τ 都小于土体的抗剪强度 τ_f，故土不会发生剪切破坏，该点处于弹性平衡状态。若莫尔应力

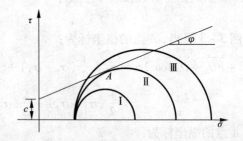

图3-5 莫尔应力圆与土的抗剪强度之间的关系

圆恰好与抗剪强度线相切（图3-5中半圆Ⅱ），切点为 A，则表明切点 A 所代表的平面上的剪应力 τ 与抗剪强度 τ_f 相等，此时，该点土体处于极限平衡状态，与强度线相切的应力圆叫极限应力圆，切点 A 的坐标是代表通过土中一点的某一截面处极限平衡状态时的应力条件。也就是说，通过库伦定律与摩尔应力圆原理结合可以推导出表示土体极限平衡状态时主应力之间的相互关系。

根据莫尔应力圆与抗剪强度线相切的几何关系，就可以建立起土体的极限平衡条件。下面，通过图 3-6 中的几何关系，建立黏性土的极限平衡条件。

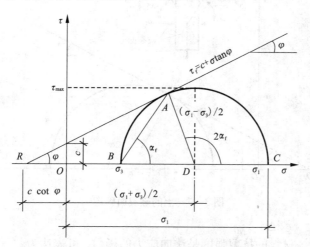

图 3-6　无黏性土极限平衡条件示意图

$$\sin\varphi = \frac{(\sigma_1 - \sigma_3)/2}{c \cdot \cot\varphi + (\sigma_1 + \sigma_3)/2} \tag{3-9}$$

经整理后得：

$$\sigma_1 = \sigma_3 \tan^2\left(45° + \frac{\varphi}{2}\right) + 2c \cdot \tan\left(45° + \frac{\varphi}{2}\right) \tag{3-10a}$$

或

$$\sigma_3 = \sigma_1 \tan^2\left(45° - \frac{\varphi}{2}\right) - 2c \cdot \tan\left(45° - \frac{\varphi}{2}\right) \tag{3-10b}$$

土处于极限平衡状态时，破坏面与大主应力作用面间的夹角为 α_f，则

$$\alpha_f = \frac{1}{2}(90° + \varphi) = 45° + \frac{\varphi}{2}$$

式(3-9)、(3-10)即为土的极限平衡条件。当为无黏性土时，$c = 0$ 则

$$\sigma_1 = \sigma_3 \tan^2\left(45° + \frac{\varphi}{2}\right) \tag{3-11a}$$

或

$$\sigma_3 = \sigma_1 \tan^2\left(45° - \frac{\varphi}{2}\right) \tag{3-11b}$$

由此可见，土与一般连续性材料(如钢、混凝土等)不同，是一种具有内摩擦强度的材料。其剪切破裂面不产生于最大剪应力面，而是与最大剪应力面成 $\varphi/2$ 的夹角。如果土质均匀，且试验中能保证试件内部的应力、应变均匀分布，则试件内将会出现两组完全对称的破裂面(图 3-7 所示)。

式(3-9)至式(3-11)都是表示土单元体达到极限平衡时(破坏时)主应力的关系，这就是莫尔-库伦理论的破坏准则，也是土体达到极限平衡状态的条件，故而，我们也称之为极限平衡条件。

理论分析和试验研究表明，在各种破坏理论中，对土最适合的是莫尔-库伦强度理论。归纳总结莫尔-库伦强度理论，可以表述为如下三个要点：

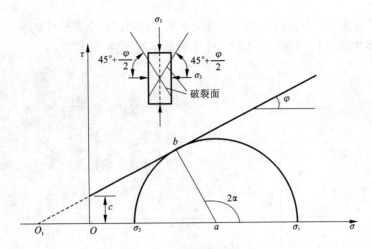

图 3 – 7 土的破裂面确定

1)剪切破裂面上,材料的抗剪强度是法向应力的函数,可表达为:

$$\tau_f = f(\sigma)$$

2)当法向应力不很大时,抗剪强度可以简化为法向应力的线性函数,即表示为库伦公式:

$$\tau_f = c + \sigma\tan\varphi$$

3)土单元体中,任何一个面上的剪应力大于该面上土体的抗剪强度,土单元体即发生剪切破坏,用莫尔－库伦理论的破坏准则表示,即为式(3 – 9)至式(3 – 11)的极限平衡条件。

【技能训练例题 3 – 3】 设砂土地基中一点的最大主应力 $\sigma_1 = 400$ kPa,最小主应力 $\sigma_3 = 200$ kPa,砂土的内摩擦角 $\varphi = 25°$,黏聚力 $c = 0$,试判断该点是否破坏。

【解】 为加深对本节内容的理解,以下用多种方法解题。

(1)按某一平面上的剪应力 τ 和抗剪强度 τ_f 的对比判断:

根据破坏时土单元中可能出现的破裂面与最大主应力 σ_1 作用面的夹角 $\alpha_f = 45° + \dfrac{\varphi}{2}$。因此,作用在与 σ_1 作用面成 $45° + \dfrac{\varphi}{2}$ 平面上的法向应力 σ 和剪应力 τ,可按式(3 – 7)计算;抗剪强度 τ_f 可按式(3 – 1)计算:

$$\sigma = \frac{1}{2}(\sigma_1 + \sigma_3) + \frac{1}{2}(\sigma_1 - \sigma_3)\cos 2\left(45° + \frac{\varphi}{2}\right)$$

$$= \frac{1}{2}(400 + 200) + \frac{1}{2}(400 - 200)\cos 2\left(45° + \frac{25°}{2}\right) = 257.7(\text{kPa})$$

$$\tau = \frac{1}{2}(\sigma_1 - \sigma_3)\sin 2\left(45° + \frac{\varphi}{2}\right)$$

$$= \frac{1}{2}(400 - 200)\sin 2\left(45° + \frac{25°}{2}\right) = 90.6(\text{kPa})$$

$$\tau_f = \sigma\tan\varphi = 257.7 \times \tan 25° = 120.2(\text{kPa}) > \tau = 90.6 \text{ kPa}$$

故可判断该点未发生剪切破坏。

(2)按式(3 – 9)判断:

$$\sigma_{1f} = \sigma_{3m}\tan^2\left(45° + \frac{\varphi}{2}\right) = 200 \cdot \tan^2\left(45° + \frac{25°}{2}\right) = 492.8(\text{kPa})$$

由于 $\sigma_{1f} = 492.8$ kPa $> \sigma_{1m} = 400$ kPa，

故该点未发生剪切破坏。

（3）按式（3-11）判断：

$$\sigma_{3f} = \sigma_{1m}\tan^2\left(45° - \frac{\varphi}{2}\right) = 400 \cdot \tan^2\left(45° - \frac{25°}{2}\right) = 162.8\ (\text{kPa})$$

由于 $\sigma_{3f} = 162.8$ kPa $< \sigma_{3m} = 200$ kPa，

故该点未发生剪切破坏。

另外，还可以用图解法，比较莫尔应力圆与抗剪切强度包线的相对位置关系来判断，可以得出同样的结论。

3.1.2　抗剪强度指标的测定方法

抗剪强度指标 c、φ 值，是土体的重要力学性质指标，在确定地基土的承载力、挡土墙的土压力以及验算土坡稳定性等工程问题中，都要用到土体的抗剪强度指标。因此，正确地测定和选择土的抗剪强度指标是土工计算中十分重要的问题。土体的抗剪强度指标是通过土工试验确定的。室内试验常用方法有直接剪切试验、三轴剪切试验和无侧限抗压强度试验。现场原位测试的方法有十字板剪切试验和大型直剪试验。

1. 直接剪切试验

直接剪切试验是室内测定土的抗剪强度指标最常用和简便的方法，所用的仪器是直剪仪，直剪仪构造简单，试验试样制备简单，试验步骤容易掌握，所以在工程中被广泛应用。直剪仪分应变控制式直剪仪和应力控制式直剪仪两种。图 3-8 为应变控制式直剪仪的示意图。

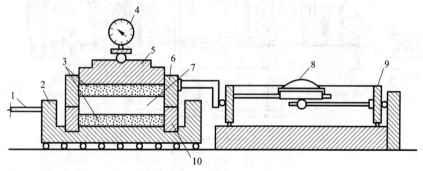

图 3-8　应变控制式直剪仪

1—轮轴；2—底座；3—透水石；4—垂直变形量表；5—活塞；

6—上盒；7—土样；8—水平位移量表；9—量力环；10—下盒

垂直压力由杠杆系统通过加压活塞和透水石传给土样，水平剪应力则由轮轴推动活动的下盒施加给土样。土体的抗剪强度可由量力环测定，剪切变形由百分表测定。在施加每一级法向应力后，匀速增加剪切面上的剪应力，直至试件剪切破坏。通常取四个试样，分别在不同竖向应力 σ（一般取 100 kPa、200 kPa、300 kPa、400 kPa）下进行剪切，求得剪切应力为 τ_f，绘制 $\tau_f - \sigma$ 曲线，如图 3-9 所示。$\tau_f - \sigma$ 曲线与横坐标的夹角为土的内摩擦角 φ，在纵坐标上的截距为黏聚力 c。曲线即为土的抗剪强度曲线，也就是莫尔-库伦破坏包线，如图 3-9

所示。

直剪试验虽然直剪仪构造简单,操作方便。但也存在一下主要缺点:①剪切面限定在上下盒之间的平面,而不是沿土样最薄弱面剪切破坏;②剪切面上剪应力分布不均匀,土样剪切破坏先从边缘开始,在边缘发生应力集中现象;③剪切过程中,土样剪切面逐渐缩小,而计算抗剪强度时却按土样的原截面积计算的;④试验时不能严格控制排水条件,不能测量孔隙水压力。因此,直剪试验所得

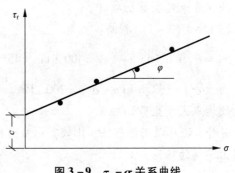

图 3-9 $\tau_f - \sigma$ 关系曲线

的抗剪强度指标通常偏大,对高等级建筑物安全无法保证,只适用于二、三级建筑物地基可塑状态黏性土及饱和度不大于50%的粉土。

2. 三轴剪切试验

三轴剪切试验是测定土抗剪强度的一种较为完善的方法。三轴剪切仪由压力室、轴向加荷系统,周围压力控制系统,孔隙水压力量测系统及试样体积变化量测系统等组成,如图(3-10)所示。

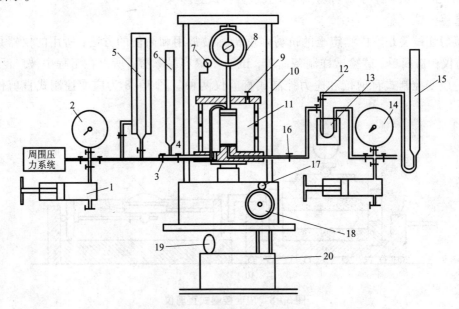

图 3-10 应变控制式三轴剪切仪

1—调压筒;2—周围压力表;3—周围压力阀;4—排水阀;5—体变管;6—排水管;7—变形量表;
8—量力环;9—排气孔;10—轴向加压设备;11—压力室;12—量管阀;13—零位指示器;14—孔隙压力表;
15—量管;16—孔隙压力阀;17—离合器;18—手轮;19—马达;20—变速箱

试验时,将圆柱体土样用乳胶膜包裹,固定在压力室内的底座上。先向压力室内注入液体(一般为水),使试样受到周围压力 σ_3 ,并使 σ_3 在试验过程中保持不变。然后在压力室上端的活塞杆上施加垂直压力直至土样受剪破坏。设土样破坏时由活塞杆加在土样上的垂直压力为 $\Delta\sigma_1$,则土样上的最大主应力为 $\sigma_{1f} = \sigma_3 + \Delta\sigma_1$,而最小主应力为 σ_{3f} 。由 σ_{3f} 和 σ_{3f} 可绘制

出一个莫尔圆。用同一种土制成 3~4 个土样，按上述方法进行试验，对每个土样施加不同的周围压力 σ_3，可分别求得剪切破坏时对应的最大主应力 σ_1，将这些结果绘成一组莫尔圆。根据土的极限平衡条件可知，通过这些莫尔圆的切点的直线就是土的抗剪强度线，由此可得抗剪强度指标 c、φ 值（图 3-11）。

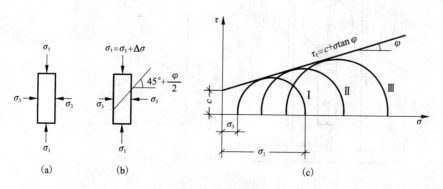

图 3-11 三轴压缩试验原理

（a）试件受周围压力；（b）破坏时试件上的主应力；（c）摩尔破坏包线

对应于直接剪切试验的快剪、固结快剪和慢剪试验，三轴剪切试验按剪切前的固结程度和剪切时的排水条件，分为以下三种试验方法：

（1）不固结不排水试验 UU

试样在施加周围压力后，随后施加竖向压力直至剪切破坏的整个过程中都不允许排水，使土样含水率不变的试验方法，又称不排水剪。

（2）固结不排水试验 CU

试样在施加周围压应力 σ_3 打开排水阀门，允许排水固结，待固结稳定后，关闭阀门，再施加竖向压力，使试样在不排水的条件下剪切破坏。

（3）固结排水试验 CD

试样在施加周围压应力 σ_3 时允许排水固结，待固结稳定后，再在排水条件下施加竖向压力至试件剪切破坏。

三轴剪切的突出优点是能较为严格地控制排水条件以及可以量测试件中孔隙水压力的变化。此外，试件中的应力状态也比较明确，破裂面是在最弱处，而不象直接剪切仪那样限定在上下盒之间。一般说来，三轴剪切试验的结果比较可靠，三轴剪切仪还用以测定土的其他力学性质，因此，它是土工试验不可缺少的设备。三轴剪切试验的缺点是试件的中主应力 $\sigma_2 = \sigma_3$，而实际上土体的受力状态未必都属于这类轴对称情况。已经问世的真三轴仪中的试件可在不同的三个主应力（$\sigma_1 \neq \sigma_2 \neq \sigma_3$）作用下进行试验。

3. 无侧限抗压强度试验

无侧限抗压强度试验是测定饱和土黏性土的不排水抗剪强度、测定土灵敏度的试验。所用仪器为无侧限抗压试验仪，仪器构造简单，操作方便，可代替三轴试验测定饱和黏性土的不排水强度。

三轴试验时，如果对土样不施加周围压力，而只施加轴向压力，则土样剪切破坏的最小主应力 $\sigma_{3f} = 0$，最大主应力 $\sigma_{3f} = q_u$，此时绘出的莫尔极限应力圆如图 3-12 所示。q_u 称为土的无侧限抗压强度。对于饱和软黏土，可以认为 $\varphi = 0$，此时其抗剪强度线与 σ 轴平行，且有 $c_u = q_u/2$。所以，可用无侧限抗压试验测定饱和软黏土的强度，该试验多在无侧限抗压仪上进行。

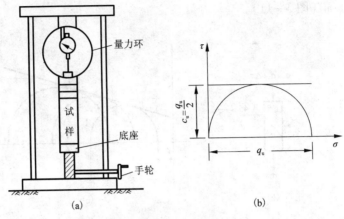

图 3 – 12　无侧限试验极限应力圆

4. 十字板剪切试验

十字板剪切仪如图 3 – 13 所示。在现场试验时，先钻孔至需要试验的土层深度以上 750 mm 处，然后将装有十字板的钻杆放入钻孔底部，并插入土中 750 mm，施加扭矩使钻杆旋转直至土体剪切破坏。土体的剪切破坏面为十字板旋转所形成的圆柱面。土的抗剪强度可按下式计算：

$$\tau_f = k_c(p_c - f_c) \qquad (3-12)$$

式中：k_c——十字板常数，按下式计算：

$$k_c = \frac{2R}{\pi D^2 h\left(1 + \dfrac{D}{3h}\right)} \qquad (3-13)$$

式中：p_c——土发生剪切破坏时的总作用力，由弹簧秤读数求得，N；

　　f_c——轴杆及设备的机械阻力，在空载时由弹簧秤事先测得，N；

　　h、D——十字板的高度和直径，mm；

　　R——转盘的半径，mm。

十字板剪切试验的优点是不需钻取原状土样，对土的结构扰动较小。它适用于软塑状态的黏性土。

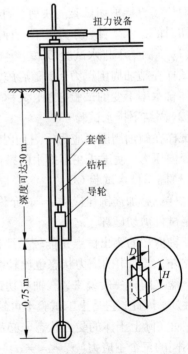

图 3 – 13　十字板剪切仪示意图

1—转盘；2—摇柄；3—滑轮；4—弹簧秤；
5—槽钢；6—套管；7—钻杆；8—十字板

90

5. 大型直剪试验

该试验方法适用于测定边坡和滑坡的岩体软弱结合面、岩石和土的接触面、滑动面和黏性土、砂土、碎石土的混合层及其他粗颗粒土层的抗剪强度。由于大型直剪试验土样的剪切面面积较室内试验大得多，又在现场测试，因此它更能符合实际情况。有关大型直剪试验的设备及试验方法可参见有关土工试验专著。

3.1.3 实训项目：直接剪切试验

1. 试验目的

测定土的抗剪强度指标。

2. 试验方法及适应范围

由于土体在固结过程中孔隙水压力的消散，荷载在土中产生的附加应力最后全部转化为有效应力，其实质是土体强度不断增长的过程。为了模拟现场土体的剪切条件，根据土的固结程度、剪切时的排水条件以及加荷速率，把剪切试验分为三种：

（1）快剪试验(不排水剪)：土样施加法向应力后，立即施加水平剪切力，在 3~5 min 内将试样剪切破坏。在整个试验过程中孔隙水压力保持不变。这种方法只适用于模拟现场土体较厚、透水性较差、施工速度较快，土体基本上来不及固结就被剪切破坏的情况。

（2）固结快剪(固结不排水剪)：先将土样在法向应力作用下达到完全固结，然后施加水平剪切力，直至使土样剪切破坏。此方法适用于模拟现场土体在自重或正常荷载条件下已达到完全固结状态，随后，又遇到突然增加荷载或因土层较薄、透水性较差、施工速度快的情况。

（3）慢剪试验(固结排水剪)：先将土样在法向应力作用下，达到完全固结。随后施加慢速剪切(剪切速度应小于 0.02 mm/min)，剪切过程中使土中水能充分排出，使孔隙水压力消散，直至土样剪切破坏。

3. 仪器设备

应变控制式直接剪切仪、百分表、切土刀、环刀、秒表、蜡纸、钢丝锯等。

4. 操作步骤

（1）切取土样：用标准环刀，切取原状土或制备的扰动试样，方法同密度试验，每组试验不少于四个试样，并分别测定其密度及含水量。密度差值不得超过 0.03 g/cm³。

（2）仪器检查：

1）将调整平衡的手轮逆时针旋转，使中心轴上升至顶端，以便加荷过程中调整杠杆水平；

2）调整平衡锤使水平杠杆水平；

3）检查仪器各部分接触是否紧密转动、是否灵敏；

4）安装百分表于量力环中，并检查百分表是否接触良好。

（3）安装试样：对准上、下剪切盒并插入固定销钉。在下盒内放入透水石一块，其上放不透水蜡纸一张。将切取土样的环刀刀口向上对准上剪切盒口，在土样上面放上蜡纸一张，用推土器堆入剪切盒中，移去环刀，并在蜡纸上放块透水石，然后依次加上传压盖板、钢珠及加压框架，并调整加压框，使钢珠与框架之间的缝隙为 1~3 mm。

（4）垂直加荷：每组试验需要剪切不少于 4 个试样，分别在不同的垂直压力下剪切，垂直压力由现场情况估计出的最大压力决定,对一般的黏性土、砂土,宜采用 50 kPa、100 kPa、200 kPa、300 kPa 或 100 kPa、200 kPa、300 kPa、400 kPa 的垂直应力。对高含水量,低密度的土样可选用 20 kPa、50 kPa、100 kPa、200 kPa 的应力。

(5)水平剪切:

1)先转动手轮,使上盒前端钢铰与量力环接触,调整百分表计数为零;

2)拔出固定销钉、开动秒表,以 1 转/10 s 的速率旋转手轮,使试样在 3~5 min 内剪切破坏;

3)剪切过程中,手轮应匀速不间断地旋转,并保持杠杆水平;

4)剪切过程中,百分表指针不再上升,或有明显后退时,表示试样已剪切破坏。若变形继续增加,上下盖错开达到 4 mm 时,也认为试样已剪切破坏;

5)记录手轮转数 n 以及量力环中百分表的读为 R。

(6)拆除容器:剪切结束,依次卸除百分表、垂直荷载和上盒等。重新装上另一试样进行下一级剪切试验,直至所有试样剪切试验全部结束。

5.计算及绘图

(1)根据百分表读数,计算土样的剪切位移和剪应力。

1)剪切位移: $\Delta L = 20n - R$

2)剪切应力: $\tau = \zeta R$

式中: ΔL——剪切位移, 0.01 mm;

　　　n——手轮转数;

　　　R——量力环百分表读数, 0.01 mm;

　　　τ——剪应力, kPa;

　　　ζ——量力环系数, kPa/0.01 mm。

(2)以剪应力 τ 为纵坐标,剪切位移为横坐标绘制剪应力和剪切位移关系曲线 $\tau - \Delta L$,如图所 3-15 示。取 $\tau - \Delta L$ 曲线的峰值为该垂直压力作用下土的抗剪强度 τ_f,无峰值时,取剪切位移 4 mm 所对应的剪应力为土的抗剪强度 τ_f。

(3)以抗剪强度 τ_f 为纵坐标,垂直压力 σ 为横坐标绘制曲线,如图 3-16 所示。将图上各点连成直线,并延长与纵坐标相交,则直线的倾角为土的内摩擦角,直线在纵坐标上的截距为土的内聚力 $c(x = c)$。

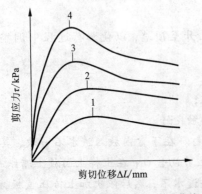

图 3-15　剪应力和剪切位移关系曲线

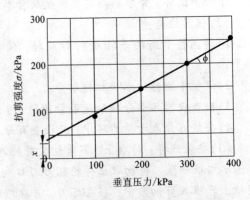

图 3-16　抗剪强度与垂直压力关系曲线

6.记录格式

表 3 - 1　直接剪切试验

试验方法

试样编号:				固结时间:			h
仪器编号:				压缩量:			mm
手轮转速:		转/min		剪切历时:			min
垂直压力:		kPa		量力环系数:			kPa/0.01 mm
抗剪强度:		kPa					

手轮转数 n	量力环百分表读数 R /0.01 mm	剪切位移 $\Delta L(=20n-R)$ /0.01 mm	剪应力 $\tau(=\zeta R)$ /kPa	手轮转数 n	量力环百分表读数 R /0.01 mm	剪切位移 $\Delta L(=20n-R)$ /0.01 mm	剪应力 $\tau(=\zeta R)$ /kPa

7.注意事项

(1)对于一般黏性土采用应力 – 应变曲线峰值应变作为破坏应变。但对高含水量、低密度的软黏土,峰值应变不明显,应采用剪切位移为 4 mm 对应的应变。

(2)同组试样应在同台仪器上试验,以消除仪器误差。

(3)施加水平剪切力时,手轮务必要均匀连续转动,不得停顿间歇,以免引起受力不均匀。

(4)量力环应定期校正。

3.2　地基承载力

3.2.1　地基的常见破坏形式

天然地基在外荷载作用下,土的内部应力将发生变化,主要表现在两个方面:一方面是作用在地基土上的外荷载超过了基础下持力层所能承受的荷载能力而使地基产生滑动破坏,另一方面是由于地基土在外荷载的作用下使地基土产生压缩变形,引起基础的沉降量过大或者不均匀沉降而造成地基的失稳。

1. 地基破坏形态

在竖向荷载作用下，建筑物地基的破坏通常是由于承载力不足而引起的剪切破坏，地基剪切破坏的形式可分为整体剪切破坏、局部剪切破坏和冲剪破坏三种。

（1）整体剪切破坏

整体剪切破坏的特征是随着荷载增加，基础下塑性区发展到地面，形成连续滑动面，两侧挤出并隆起，有明显的两个拐点（如图3-17）。

（2）局部剪切破坏

局部剪切破坏的特征是随着荷载增加，基础下塑性区仅发展到地基某一范围内，土中滑动面并不延伸到地面，基础两侧地面微微隆起，没有出现明显的裂缝（如图3-18）。

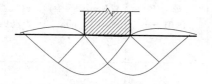

图3-17　整体剪切破坏

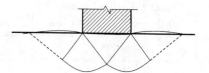

图3-18　局部剪切破坏

（3）冲切破坏

冲切破坏又称刺入剪切破坏，其特征是随着荷载的增加，基础下土层发生压缩变形，基础随之下沉，当荷载继续增加，基础周围附近土体发生竖向剪切破坏，使基础刺入土中，而基础两边的土体并没有明显移动（如图3-19）。

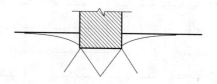

图3-19　冲切破坏

一般来说，密实砂土和坚硬黏土将出现整体剪切破坏；而压缩性比较大的松砂和软黏土，将可能出现局部剪切或冲剪破坏。当基础埋深较浅、荷载为缓慢施工的恒载时，将趋向发生整体剪切破坏；若基础埋深较大，荷载为快速施加的或是冲击荷载，则可能形成局部剪切或冲剪破坏。实际工程中，浅地基础（包括独立基础、条形基础、筏基、箱形基础等）的地基一般为较好的土层，荷载也是根据施工缓慢施加的，所以工程中的地基破坏一般均为整体剪切破坏。

2. 地基变形阶段

发生整体剪切破坏的地基，从开始承受荷载到破坏经历一个变形发展过程，这个过程一般可分为三个阶段。

（1）线性变形阶段（压密阶段）

当基底压力 $p \leqslant p_{cr}$，压力与变形近似于直线关系（图3-20中的 oa 段）。在 oa 段，地基中的剪应力较小，小于地基土的抗剪强度，地基土处于稳定状态，地基土仅有小量的弹性压缩变形，地基处于弹性平衡状态。把地基土中即将出现剪切破坏（塑性变形）时的基底压力称为临塑压力 p_{cr}。

（2）弹塑性变形阶段（局部剪切阶段）

当 $p_{cr} < p < p_u$（图3-20中的 ab 段），地基变形不再是线形变化，地基土的变形速率随着荷载的增加而增大，$p-S$ 曲线逐渐向下弯曲。在 ab 段，地基土的局部区域（一般从基础边缘

开始)发生剪切破坏,该区为塑性变形区,随着荷载的增加,塑性变形区的范围逐渐扩大,直至剪切破坏,ab 阶段是地基由稳定状态逐步向不稳定状态过度的阶段。

(3)破坏阶段(失稳阶段)

当 $p \geqslant p_u$(图 3-20 中的 bc 段),随着基底压力少许增加,地基变形将急剧增大,塑性区扩大,形成连续的滑动面,地基土向基础的一侧或者两侧挤出,地面隆起,地基整体失稳,基础也随之下沉。将地基刚出现整体滑裂破坏面时的基底压力称为极限荷载 p_u。

从以上地基破坏过程可知,在地基变形过程中,作用在地基上的荷载有两个特征点。一是地基开始出现剪切破坏(即弹性变形阶段转变为弹塑性变形阶段)时,地基所承受的基底压力称为临塑荷载 p_{cr};另一个是地基濒临破坏(即弹塑性变形阶段转变为破坏阶段)时,地基所

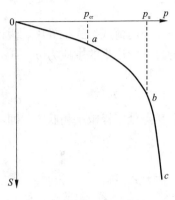

图 3-20　地基载荷试验 $p-S$ 曲线

承受的基底压力称为极限荷载 p_u。总之,以极限荷载作为地基承载力设计是不安全的,然而以临塑荷载作为地基承载力又过于保守。所以地基的容许承载力应该比极限荷载小、比临塑荷载大。

3.2.2　地基承载力的确定

地基承载力是指地基单位面积上承受荷载的能力,确定地基承载力是工程实践中需要解决的基本问题之一。在不同的状态下,地基承载力具有不同的承载力值,如极限承载力、临塑承载力等。为了保证建筑物的安全和正常使用,既保证地基稳定性不受破坏,而且具有一定的安全度,同时还满足建筑物的变形要求,常将基底压力限制在某一特定的范围之内,该容许值即地基的容许承载力,常以 $[P]$ 表示。现行《建筑地基基础设计规范(GB 5007-2011)》采用地基承载力特征值 f_{ak} 表示,即在保证地基稳定条件下,地基单位面积上所能承受的最大应力。

地基承载力的大小不仅取决于地基土的性质,还受到诸多因素的影响,如基础的形状与尺寸,地基土覆盖层的抗剪强度,地下水位,持力层下的软卧层,地基土的压缩性,临近构筑物的基础以及加载的速率等因素都对地基的承载力有不同程度的影响。

地基承载力的确定方法,目前常用的有理论计算、现场原位测试及承载力经验数据表等三大类。地基承载力直接影响建筑物的安全和正常使用。因而在选用确定地基承载力方法时,应本着准确而又合理的方法综合确定,做到既安全可靠,又经济合理。

1. 理论计算公式确定地基承载力

(1)临塑荷载计算公式

目前,临塑荷载公式是基于条形基础受均布荷载和均质地基而得到。如图 3-21,在均布条形荷载作用下,利用材料力学中的主

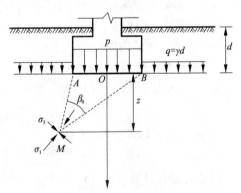

图 3-21　条形均布荷载作用下地基中的主应力

应力公式可求得地表下任一深度点 M 处产生的大、小主应力：

$$\left.\begin{array}{c}\sigma_1\\\sigma_3\end{array}\right\}=\frac{p_0}{\pi}(\beta_0\pm\sin\beta_0)\tag{3-14}$$

在竖向荷载公式推导中，假设土的自重应力各向相等。地基土下任一点 M 由外荷载及土的自重所产生的主应力 σ_1 和 σ_3 可以用下式表示：

$$\left.\begin{array}{c}\sigma_1\\\sigma_3\end{array}\right\}=\frac{p-\gamma d}{\pi}(\beta_0\pm\sin\beta_0)+\gamma_0 d+\gamma z\tag{3-15}$$

M 点处于极限平衡状态，即：

$$\sin\varphi=\frac{\sigma_1-\sigma_3}{\sigma_1+\sigma_3+2c\cot\varphi}\tag{3-16}$$

由上式可得：

$$z=\frac{p-\gamma_0 d}{\pi\gamma}\left(\frac{\sin\beta_0}{\sin\varphi_0}-\beta_0\right)-\frac{c}{\gamma\tan\varphi}-\frac{\gamma_0}{\gamma}d\tag{3-17}$$

塑性区最大深度 $z_{\max}$ 由 $\dfrac{\mathrm{d}z}{\mathrm{d}\beta_0}=0$ 条件可得：

$$\cos\beta_0=\sin\varphi\tag{3-18}$$

即：

$$\beta_0=\frac{\pi}{2}-\varphi\tag{3-19}$$

将 β_0 代入式(3-18)可得 $z_{\max}$ 的表达式如下：

$$z_{\max}=\frac{p-\gamma_0 d}{\pi\gamma}\left[\cot\varphi-\left(\frac{\pi}{2}-\varphi\right)\right]-\frac{c}{\gamma\tan\varphi}-\frac{\gamma_0}{\gamma}d\tag{3-20}$$

当塑性变形区最大深度 $z_{\max}=0$ 时，则地基土处于恰要出现塑性变形区的状态，此时作用在地基上的荷载，成为临塑荷载 p_{cr}，即临塑荷载的表达式：

$$p_{\mathrm{cr}}=\frac{\cot\varphi+\dfrac{\pi}{2}+\varphi}{\cot\varphi-\dfrac{\pi}{2}+\varphi}\gamma_0 d+\frac{\pi\cot\varphi}{\cot\varphi-\dfrac{\pi}{2}+\varphi}c=A\gamma_0 d+Bc\tag{3-21}$$

式中：p——条形均布荷载；

  h——基础的埋深；

  r——基地土的重度；

  φ——地基土的内摩擦角；

  c——地基土的黏聚力；

  γ_0——基底标高以上土的加权平均重度；

  A、B——承载力系数，$A=\dfrac{\cot\varphi+\dfrac{\pi}{2}+\varphi}{\cot\varphi-\dfrac{\pi}{2}+\varphi}$，$B=\dfrac{\pi\cot\varphi}{\cot\varphi-\dfrac{\pi}{2}+\varphi}$。

(2)临界荷载计算公式

地基是一个体积无限的土体，当地基在临塑荷载作用时，只有基础底面的两边达到极限平衡，即在基础两边一定范围和一定大小的塑性变形区，此时大部分土体还是处于稳定状态，地基基本还是处于稳定状态。大量工程实践表明，地基中塑性变形区的深度为基础宽度 $1/4 \sim 1/3$ 时，地基仍然处于稳定状态，此时对应的荷载为临界荷载，记为 $p_{1/4}$ 和 $p_{1/3}$，作为地基的容许承载力。

将 $z_{max} = 1/4b$ 代入(3-14)式可得 $p_{1/4}$ 的计算公式为：

$$p_{1/4} = \frac{\pi(\gamma_0 d + c\cot\varphi + \gamma b/4)}{\cot\varphi + \varphi - \frac{\pi}{2}} + \gamma_0 d \tag{3-22}$$

式(3-22)也可以用下式表示：

$$p_{1/4} = N_b \gamma b + N_d \gamma_0 d + N_c c \tag{3-23}$$

式中：b，d——分别为基底宽及埋深，m；

c——土的黏聚力，kPa；

N_b、N_d、N_c——承载力系数，只与土的内摩擦角有关，即：

$$N_b = \frac{\pi}{4\left(\cot\varphi - \frac{\pi}{2} + \varphi\right)}; \quad N_d = \frac{\cot\varphi + \frac{\pi}{2} + \varphi}{\cot\varphi - \frac{\pi}{2} + \varphi}; \quad N_c = \frac{\pi\cot\varphi}{\cot\varphi - \frac{\pi}{2} + \varphi}$$

对于偏心荷载作用的基础，把 $z_{max} = 1/3b$ 代入(3-15)式可得 $p_{1/3}$ 的计算公式为：

$$p_{1/3} = \frac{\pi(\gamma_0 d + c\cot\varphi + \gamma b/3)}{\cot\varphi + \varphi - \frac{\pi}{2}} + \gamma_0 d \tag{3-24}$$

式(3-22)和式(3-24)都是在均布条形荷载作用下导出的，对于圆形和矩形基础，其结果偏于安全。

(3)极限荷载计算公式

地基极限荷载即地基受基础荷载的极限压力。其求解方法一般有如下两种方法。方法一：依据土的极限平衡理论和已知的边界条件，求解出地基中各点达到极限平衡时应力及滑动方向，从而求出基底极限承载力；方法二：通过模型试验，研究地基滑动面形状并进行简化，再根据滑动土体的静力平衡条件求解极限承载力，下面是几种常见的地基极限承载力公式。

1)太沙基公式

太沙基(K. Terzaghi)提出条形基础极限荷载公式。太沙基假定基础是条形基础，均布荷载作用，而且基础底面是粗糙的。当地基发生滑动时，滑动面形状如图3-22，将基底以上的

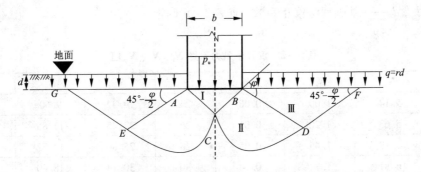

图3-22 条形均布荷载作用下太沙基公式地基滑动面形状

地基土看作均布荷载 $q = \gamma d$，不考虑其强度，地基破坏时沿着 CDF 曲面滑动，出现连续的滑动面。滑动面 DF 面与水平面的夹角为 $45° - \varphi/2$。

条形基础极限荷载的太沙基公式如下：

$$p_u = \frac{1}{2}\gamma b N_\gamma + \gamma d N_q + c N_c \qquad (3-25)$$

式中：N_γ、N_q、N_c——太沙基地基承载力系数，只与土的内摩察角有关，可查图 3-23 中的地基承载力系数图确定。

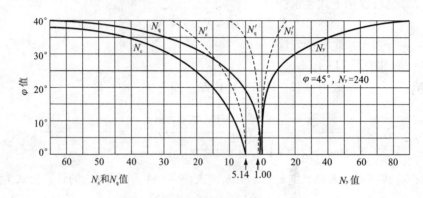

图 3-23　太沙基极限承载力系数图

2）汉森（Hansen J. B.）极限承载力公式

汉森（Hansen J. B.）在地基极限承载力计算方面的主要成果是对太沙基承载力公式进行了几方面的修正：条形荷载的基础形状修正；埋深范围内考虑土抗剪强度的修正；基底存在水平荷载时倾斜修正；地面有倾角时地面修正，每项修正只需在承载力系数前乘上一个相应的修正系数。

修正后的汉森极限承载力公式为：

$$p_u = \frac{1}{2}\gamma b N_\gamma S_\gamma d_\gamma i_\gamma + \gamma d N_q S_q d_q i_q + c N_c S_c d_c i_c \qquad (3-26)$$

式中：N_γ、N_q、N_c——汉森承载力系数，查表 3-2 确定；

S_γ、S_q、S_c——基础形状修正系数，查表 3-3 确定；

i_γ、i_q、i_c——荷载倾斜修正系数，查表 3-4 确定；

d_γ、d_q、d_c——基础埋深修正系数，查表 3-5 确定。

表 3-2　汉森承载力系数 N_c、N_q、N_r 值

φ	N_c	N_q	N_r	φ	N_c	N_q	N_r
0	5.14	1.00	0.00	24	19.32	9.60	6.90
2	5.63	1.20	0.01	26	22.25	11.85	9.53
4	6.19	1.43	0.05	28	25.80	14.72	13.13
6	6.81	1.72	0.14	30	30.14	18.40	18.09
8	7.53	2.06	0.27	32	35.49	23.18	24.95

续表 3 - 2

φ	N_c	N_q	N_r	φ	N_c	N_q	N_r
10	8.35	2.47	0.47	34	42.16	29.44	34.54
12	9.28	2.97	0.76	36	50.59	37.75	48.06
14	10.37	3.59	1.16	38	61.35	48.93	67.40
16	11.63	4.34	1.72	40	75.31	64.20	95.51
18	13.10	5.26	2.49	42	93.71	85.38	136.76
20	14.83	6.40	3.54	44	118.37	115.31	198.70
22	16.88	7.82	4.96	46	152.10	158.51	224.64

表 3 - 3　基础形状系数 S_c，S_q，S_r 值

基础形状	S_c	S_q	S_r
条形	1.00	1.00	1.00
圆形和方形	$1 + N_q/N_c$	$1 + \tan\varphi$	0.60
矩形（长为 L，宽为 b）	$1 + b/L \times N_q/N_c$	$1 + b/L\tan\varphi$	$1 - 0.4b/L$

表 3 - 4　荷载倾斜系数

i_c	i_q	i_r
$\left(1 - \dfrac{H}{V + F \cdot c \cdot \cot\varphi}\right)^3$	$\left(1 - \dfrac{H}{V + F \cdot c \cdot \cot\varphi}\right)^2$	$i_q - \dfrac{1 - i_q}{N_c\tan\varphi}$

注：H、V——倾斜荷载的水平分力，垂直分力，kN；

　　F——基础有效面积，$F = bL$，m^2；

　　当偏心荷载的偏心矩为 e_c 和 e_b，则有效底长度：$L' = L - 2e_c$；有效底宽度：$b' = b - 2e_b$。

表 3 - 5　基础埋深系数 d_c、d_q、d_r

d/b	埋深系数		
	d_c	d_q	d_r
≤1.0	$d_q - \dfrac{1 - d_q}{N_c \cdot \tan\varphi}$	$1 + 2\tan\varphi(1 - \sin\varphi)^2 \dfrac{d}{b}$	1.0
>1.0	$d_q - \dfrac{1 - d_q}{N_c \cdot \tan\varphi}$	$1 + 2\tan\varphi(1 - \sin\varphi)^2\arctan\left(\dfrac{d}{b}\right)$	1.0

（4）由规范公式法确定地基承载力特征值

《建筑地基基础设计规范（GB 50007—2011）》规定，当基础底面偏心距小于或等于 0.033 倍基础底面宽度时，可根据土的抗剪强度指标确定地基承载力，按下式计算：

$$f_a = M_b\gamma b + M_d\gamma_m d + M_c c_k \tag{3 - 27}$$

式中：f_a——由土的抗剪强度指标确定的地基承载力特征值，kPa；

b——基础宽度，m，大于 6 m 时按 6 m 取值，对于砂土小于 3 m 时按 3 m 取值；

M_b、M_d、M_c——承载力系数，按内摩擦角标准值 φ_k 查表 3-6；

c_k——基底下一倍短边宽度的深度范围内土的黏聚力标准值，kPa；

γ_m——基础底面以上土的加权平均重度，kN/m³；

γ——土的重度，kN/m³。

表 3-6　承载力系数 M_b、M_d、M_c

土的内摩擦角标准值 φ_k/(°)	M_b	M_d	M_c	土的内摩擦角标准值 φ_k/(°)	M_b	M_d	M_c
0	0	1.00	3.14	22	0.61	3.44	6.04
2	0.03	1.12	3.32	24	0.80	3.87	6.45
4	0.06	1.25	3.51	26	1.10	4.37	6.90
6	0.10	1.39	3.71	28	1.40	4.93	7.40
8	0.14	1.55	3.93	30	1.90	5.59	7.95
10	0.18	1.73	4.17	32	2.60	6.35	8.55
12	0.23	1.94	4.42	34	3.40	7.21	9.22
14	0.29	2.17	4.69	36	4.20	8.25	9.97
16	0.36	2.43	5.00	38	5.00	9.44	10.80
18	0.43	2.72	5.31	40	5.80	10.84	11.73
20	0.51	3.06	5.66				

注：φ_k——基底下一倍短边宽度的深度范围内土的内摩擦角标准值(°)。

2. 现场原位测试确定地基承载力

主要有载荷试验、标准贯入试验、静力触探试验、十字板剪切试验和旁压试验等原位测试方法确定地基承载力。

（1）现场平板载荷试验

载荷试验又分为浅层平板载荷试验、深层平板载荷试验、螺旋板载荷试验三种。其中浅层平板载荷试验适用于地下水位以上浅层地基土，深层平板载荷试验适用于埋深大于或等于 3 m 和地下水位以上的地基土，螺旋板载荷试验适用于深层地基土或地下水位以下的地基土。下面以浅层平板载荷试验要点为例说明。

现场载荷试验时，在拟建建筑物场地上将一定尺寸和几何形状（圆形或方形）的刚性板，安放在被测的地基持力层上，逐级增加荷载，并测得每一级荷载下的稳定沉降，直至达到地基破坏标准，由此可得到荷载(p)-沉降(s)曲线（即 $p-s$ 曲线）。由现场平板荷载试验得到的 $p-s$ 曲线，可推断地基的极限荷载和承载力特征值。

《建筑地基基础设计规范》(GB 50007—2011)规定，达到下列情况之一时，认为土已达到极限状态，即地基土破坏，现场平板载荷应终止加载。包括：①承载板周围的土明显侧向挤出（砂土）或发生裂缝（黏性土和粉土）；②沉降 s 急骤增大，$p-s$ 曲线出现陡降阶段；③在某级荷载下，24 h 内沉降速率不能达到稳定；④沉降量与承压板宽度或直径之比 $s/b \geqslant 0.06$。当满足前三种情况之一时，其对应前一级荷载定位极限荷载。

浅层平板载荷试验地基承载力特征值按如下原则确定:

1)当 $p-s$ 曲线上有比例界限(临塑荷载)时,取该比例界限所对应的荷载值;

2)当极限荷载小于对应比例界限荷载值的 2 倍时,取极限荷载值的一半;

3)当不能满足上述二点时,按下述方法确定:如承压板面积为 $0.25 \sim 0.50 \text{ m}^2$,可取 $s/b = 0.01 \sim 0.015$(b 承压板宽度或直径)所对应的荷载,但其值不应大于最大加载量的一半;

4)同一土层参加统计的试验点不应少于 3 点,当试验实测值的极差不超过其平均值的 30% 时,取此平均值作为该土层的地基承载力特征值 f_{ak}。

(2)标准贯入试验

标准贯入试验是一种在现场用 63.5 kg 的穿心锤,以 76 cm 的落距自由落下,将一定规格的带有小型取土筒的标准贯入器打入土中,记录打入 30 cm 的锤击数(即标准贯入击数 N),并以此评价土的工程性质的原位试验。标准贯入试验的设备和技术要点详见《岩土工程勘察设计规范》(GB 50021—2009)。

对标准锤击数经过杆长修正值后,可与载荷试验结果对比分析建立经验关系,间接确定地基土的承载力。标准贯入试验确定地基承载力的适用土层为砂性土、粉土和一般黏性土,不适用于碎石类土及岩层。试验操作简单、使用方便,地层适用性较广。但试验数据离散性较大,精度较低,对于饱和软黏土,远不及十字板剪切试验及静力触探等方法精度高。

(3)静力触探试验

静力触探试验适用于软土、一般黏土、粉土、砂土和含少量碎石的土,其试验设备和技术要点详见《岩土工程勘察设计规范》(GB 50021—2009)。由地基土的静力触探试验所测得的数据,可作地基土层厚 z—贯入阻力 p 的关系曲线,按此曲线可以间接确定地基承载力。

原位测试方法除载荷试验、静力触探、标准贯入试验外,还有十字板强度试验和旁压试验等原位试验,这些方法确定地基承载力特征值经济方便,在实际工程中也得到了较多应用。

3. 经验数据方法

有些设计规范或勘察规范中常给出了一些土类的地基承载力表,使用时可根据地基勘察成果,从这些经验数据表格中查得相应地基承载力。例如《建筑地基基础设计规范》(GBJ7—1989)中就推荐采用地基承载力表确定地基承载力,并提供了具体的操作方法和相关要求。但应注意这些表格在新版地基基础规范《建筑地基基础设计规范》(GB 50007—2011)已被删除。因此,可以在本地区得到验证的条件下,将《建筑地基基础设计规范》(GB J7—1989)中推荐采用的地基承载力表作为一种经验方法使用,但应慎用。

4. 地基承载力特征修正值

在工程实践中,当基础宽度大于 3 m 或埋深大于 0.5 m 时,从现场载荷试验或其他原位测试、经验值等方法确定的地基承载力特征值 f_{ak},尚应按下式进行基础宽度和深度修正:

$$f_a = f_{ak} + \eta_b \gamma (b-3) + \eta_d \gamma_m (d-0.5) \tag{3-28}$$

式中:f_a——修正后的地基承载力特征值(设计值);

f_{ak}——由载荷试验或其他原位测试、经验等方法确定的地基承载力特征值,kPa。

η_b、η_d——基础宽度和埋深的地基承载力修正系数,按基底下土的类别查表 3-7 取值;

γ——基础底面以下土的重度,kN/m^3,地下水位以下取浮重度;

b——基础底面宽度，m，当基础底面宽度小于 3 m 时按 3 m 取值，大于 6 m 时按 6 m 取值；

γ_{m}——基础底面以上土的加权平均重度，kN/m^3，位于地下水位以下的土层取有效重度；

d——基础埋置深度，m，宜自室外地面标高算起。在填方整平地区，可自填土地面标高算起，但填土在上部结构施工后完成时，应从天然地面标高算起。对于地下室，如采用箱形基础或筏基时，基础埋置深度自室外地面标高算起；当采用独立基础或条形基础时，应从室内地面标高算起。

表 3-7　承载力修正系数

土 的 类 别		η_{b}	η_{d}
淤泥和淤泥质土		0	1.0
人工填土 e 或 I_{L} 大于等于 0.85 的黏性土		0	1.0
红黏土	含水比 $\alpha_{\mathrm{w}} > 0.8$	0	1.2
	含水比 $\alpha_{\mathrm{w}} \leqslant 0.8$	0.15	1.4
大面积 压实填土	压实系数大于 0.95、黏粒含量 $\rho_{\mathrm{c}} \geqslant 10\%$ 的粉土	0	1.5
	最大干密度大于 2100 kg/m^3 的级配砂石	0	2.0
粉　土	黏粒含量 $\rho_{\mathrm{c}} \geqslant 10\%$ 的粉土	0.3	1.5
	黏粒含量 $\rho_{\mathrm{c}} < 10\%$ 的粉土	0.5	2.0
e 及 I_{L} 均小于 0.85 的黏性土		0.3	1.6
粉砂、细砂(不包括很湿与饱和时的稍密状态)		2.0	3.0
中砂、粗砂、砾砂和碎石土		3.0	4.4

注：①强风化和全风化的岩石，可参照所风化成的相应土类取值，其他状态下的岩石不修正；②地基承载力特征值按本规范附录 D 深层平板载荷试验确定时 η_{d} 取 0；③含水比是指土的天然含水量与液限的比值；④大面积压实填土是指填土范围大于两倍基础宽度的填土。

模块小结

(1) 土的抗剪强度由摩擦力和黏聚力两部分构成。砂土是一种散粒结构，其黏性力可以忽略。黏性土的抗剪强度指标 φ 和 c 不是一个常数，它与土的结构和性质有关。

(2) 土的极限平衡理论表示土体达到极限平衡条件时，土体中某点的两个主应力大小与土的抗剪强度指标的关系。

(3) 土的抗剪强度试验方法很多。室内试验主要有直接剪切试验、三轴剪试验和无侧限抗压强度试验。现场试验主要有十字板剪切试验和旁压试验等。

(4) 临塑荷载、临界荷载、极限荷载都属于地基承载力问题，是土的抗剪强度在工程实践中的运用。

(5) 地基承载力特征值可由载荷试验或其他原位测试、公式计算、并结合工程实践经验等方法综合确定。

思考题

1. 何谓土的抗剪强度？黏性土和砂土的抗剪强度各有什么特点？

2. 为什么说土的抗剪强度不是一个定值？影响抗剪强度的因素有哪些？

3. 土体发生剪切破坏的平面是不是剪应力最大的平面？破裂面与大主应力作用面成什么角度？

4. 直接剪切试验与三轴剪切试验各有什么优缺点？

5. 为什么说无侧限抗压强度试验是三轴剪切试验的特例？

6. 剪切试验成果整理中总应力法和有效应力法有何不同？为什么说排水剪成果就相当于有效应力法成果？

7. 饱和黏性土的不排水剪试验得到的强度包线有什么特点？

8. 什么是地基承载力特征值？如何确定？

习　题

1. 对某砂土试样进行三轴固结排水剪切试验，测得试样破坏时的主应力差 $\sigma_1 - \sigma_3 = 400$ kPa，周围压力 $\sigma_3 = 100$ kPa，试求该砂土的抗剪强度指标。

2. 已知地基中某点的大主应力 $\sigma_1 = 700$ kPa、小主应力 $\sigma_3 = 200$ kPa，试求：(1)最大剪应力值及最大剪应力作用面与大主应力面的夹角；(2)作用在与小主应力面成30°角的面上的法向应力和剪应力。

3. 一组土样直接剪切试验结果如下表：

σ/kPa	100	200	300	400
$\tau_\mathrm{f}/\mathrm{kPa}$	67	119	161	215

①试用作图法求土的抗剪强度指标 c、φ 值。

②如作用在土样中某平面的正应力和剪应力分别为220 kPa和100 kPa，是否会发生剪切破坏？

4. 某地基内摩擦角为35°，黏聚力 $c = 12$ kPa，$\sigma_3 = 160$ kPa，求剪切破坏时的大主应力。

5. 对某砂土土样进行直剪试验，$\sigma = 300$ kPa，$\tau_\mathrm{f} = 200$ kPa，求：

①该砂土样的内摩擦角；

②破坏时的大、小主应力；

③大主应力作用面与剪切面所成夹角。

6. 某住宅楼为6层，经岩土工程勘察得地基承载力特征值 $f_{ak} = 170$ kPa，基础宽度为1.5 m，埋深4.2 m，已知基底以上土的加权平均重度 $\gamma_\mathrm{m} = 15.3$ kN/m³，试求修正后的地基承载力特征值 f_a。

模块四　挡土墙与边坡工程

建筑施工现场专业技术岗位资格考试和技能实践要求

- 掌握朗肯土压力理论和库伦土压力理论的基本知识，并能将其应用于一般工程问题。
- 学会重力式挡土墙设计的基本知识。

教学目标

【知识目标】

- 掌握静止土压力、主动土压力、被动土压力的基本概念。
- 掌握朗肯土压力理论和库伦土压力理论的基本知识。
- 熟悉有超载、成层土、有地下水情况等实际工程中的挡土墙土压力计算。
- 掌握重力式挡土墙计算的基本内容。

【能力目标】

- 能正确计算挡土墙的土压力；
- 能进行简单重力式挡土墙的设计，并指导施工。

【素质目标】

- 通过本模块的学习，培养学生理论联系实践的工程素质。
- 通过本模块的学习，培养学生良好的组织、团队协作和沟通能力。

4.1　挡土墙的认知与设计

挡土墙是一种用来侧向支撑土体或防止土体下滑的构筑物，在房屋建筑、铁路桥梁以及水利工程等土木工程中应用很广（如图4－1），例如，边坡挡土墙、地下室侧墙、重力式码头的岸壁、桥台、散料仓库、板桩墙及地下洞室的侧墙等。

4.1.1　挡土墙的形式及在工程中的应用

按挡墙结构形式，挡土墙可分为：重力式挡土墙、悬壁式及扶壁式挡土墙、锚杆挡土墙、锚定板挡土墙、加筋土挡土墙及土钉挡土墙等。按墙体结构材料，挡土墙可分为：石砌挡土墙、混凝土挡土墙、钢筋混凝土挡土墙、钢板挡土墙等。

1. 重力式挡土墙

重力式挡土墙依靠墙身自重平衡墙后填土的土压力来维持墙体稳定，一般用块（片）石、砖或素混凝土筑成［如图4－2(a)］。

重力式挡土墙结构型式简单，易于施工，施工工期短，能就地取材，适应性较强，应用广

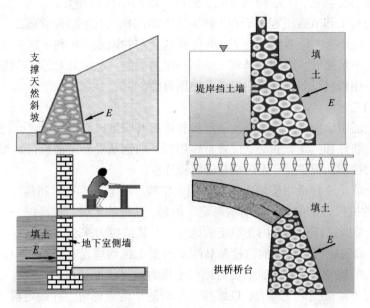

图4-1　挡土墙在土木工程中的应用举例

泛。适用于一般地区、浸水地区、地震地区等地区的边坡支挡工程。但其工程量大,对地基承载要求高,当地基承载力较低时或地质条件复杂时适当控制墙高。

2. 悬臂式及扶壁式挡土墙

悬臂式挡土墙多用钢筋混凝土做成,悬臂式挡土墙由立臂、墙趾板、墙踵板三部分组成[如图4-2(b)]。它的稳定性主要靠墙踵悬臂以上的土所受重力维持。当墙身较高(超过6 m)时,沿墙长每隔一定距离设置一道扶壁连接墙面板及踵板,以减小立臂下部的弯矩,称为扶壁式挡土墙[如图4-2(c)]。

它们的共同特点是:墙身断面较小,结构的稳定性不是依靠本身的重量,而主要依靠踵板上的填土重量来保证。它们自重轻,圬工省。适用于墙高较大的情况,由于它的悬臂部分的拉应力由钢筋来承受,需使用一定数量的钢材。宜在石料缺乏、地基承载力较低的填方地段使用。

3. 锚杆挡土墙

锚杆挡土墙是一种轻型挡土墙,主要由预制的钢筋泥凝土立柱、挡土板构成墙面,与水平或倾斜的钢锚杆联合组成。锚杆挡土墙适用于墙高较大、石料缺乏或挖基困难地区,且具备锚固条件的一般岩质边坡加固工程。

按墙面构造的不同,分为柱板式和壁板式两种。柱板式锚杆挡土墙是由挡土板、肋柱和锚杆组成[如图4-2(d)],肋柱是挡土板的支座,锚杆是肋柱的支座,墙后的侧向土压力作用于挡土板上,并通过挡土板传递给肋柱,再由肋柱传递给锚杆,由锚杆与周围地层之间的锚固力即锚杆抗拔力使之平衡,以维持墙身及墙后土体的稳定。壁板式锚杆挡土墙是由墙面板和锚杆组成[如图4-2(e)],墙面板直接与锚杆连接,并以锚杆为支撑,土压力通过墙面板传给锚杆,依靠锚杆与周围地层之间的锚固力(即抗拔力)抵抗土压力,以维持挡土墙的平衡与稳定。

锚杆挡土墙的特点是：①结构质量轻，使挡土墙的结构轻型化，与重力式挡土墙相比，可以节约大量的圬工和节省工程投资；②利于挡土墙的机械化、装配化施工，可以提高劳动生产率；③不需要开挖大量基坑，能克服不良地基开挖的困难，并利于施工安全。但是锚杆挡土墙也有一些不足之处，使设计和施工受到一定的限制，如施工工艺要求较高，要有钻孔、灌浆等配套的专用机械设备，且要耗用一定的钢材。

4. 锚定板挡土墙

锚定板挡土墙由墙面系、钢拉杆及锚定板和填料共同组成[如图 4-2(f)]。墙面系由预制的钢筋混凝土肋柱和挡土板拼装，或者直接用预制的钢筋混凝土面板拼装而成。钢拉杆外端与墙面系的肋柱或面板连接，而内端与锚定板连接。

锚定板挡土墙是一种适用于填土的轻型挡土结构，锚定板挡土墙和锚杆挡土墙一样，也是依靠"拉杆"的抗拔力来保持挡土墙的稳定。但是，这种挡土墙与锚杆挡土墙又有着明显的区别，锚杆挡土墙的锚杆必须锚固在稳定的地层中，其抗拔力来源于锚杆与砂浆、孔壁地层之间的摩阻力；而锚定板挡土墙的拉杆及其端部的锚定板均埋设在回填土中，其抗拔力来源于锚定板前填土的被动抗力。因此，墙后侧向土压力通过墙面传给拉杆，后者则依靠锚定板在填土中的抗拔力抵抗侧向土压力，以维持挡土墙的平衡与稳定。在锚定板挡土墙中，一方面填土对墙面产生主动土压力，填土愈高，主动土压力愈大；另一方面填土又对锚定板的移动产生被动的土抗力，填土愈高，锚定板的抗拔力也愈大。

从防锈、节省钢材和适应各种填料三个方面比较，锚定板挡土结构都有较大的优越性，但施工程序较为复杂。

5. 加筋挡土墙

加筋土挡土墙[如图 4-2(g)]是由填土、填土中布置的拉筋条以及墙面板部分组成，在垂直于墙面的方向，按一定间隔和高度水平地放置拉筋材料，然后填上压实，通过填土与拉筋间的摩擦作用，把土的侧压力传给拉筋，从而稳定土体。拉筋材料通常为镀锌薄钢带、铝合金、高强塑料及合成纤维等。墙面板一般用混凝土预制，也可采用半圆形铝板。

加筋土挡土墙属柔性结构，对地基变形适应性大，建筑高度大，通用于填方挡土墙。它结构简单，圬工量少，与其他类型的挡土墙相比，可省投资30%~70%，经济效益大。

6. 土钉挡土墙

土钉挡土墙[如图 4-2(h)]是由土体、土钉和护面板三部分组成，利用土钉对天然土体实施加固，并与喷射混凝土护面板相结合，形成类似重力式挡土墙的加强体。土钉挡土墙适用性强、工艺简单、材料用量与工程量较少，常用于稳定挖方边坡或基坑开挖边坡的临时支护。

土钉墙与加筋土墙均是通过土体的微小变形使拉筋受力而工作，通过土体与拉筋之间的黏结、摩擦作用提供抗拔力，从而使加筋区的土体稳定，并承受其后的侧向土压力，起重力式挡土墙的作用。两者的主要差异有：

（1）施工顺序不同，加筋土挡土墙自下而上依次安装墙面板、铺设拉筋、回填压实逐层施工，而土钉墙则是随着边坡的开挖自上而下分级施工。

（2）土钉用于原状土中的挖方工程，所以对土体的性质无法选择，也不能控制；而加筋土用于填方工程中，在一般情况下，对填土的类型是可以选择的，对填土的工程性质也是可以控制的。

（3）加筋筋材多用土工合成材料或钢筋混凝土，筋材直接同土接触而起作用；而土钉多用金属杆件，通过砂浆同土接触而起作用（有时采用直接打入钢筋或角钢到土中而起作用）。

（4）设置形式不同，土钉垂直于潜在破裂面时将会较充分地发挥其抗剪强度，因而应尽可能地垂直于潜在破裂面设置；而加筋条一般水平设置。

总之，土钉墙是由设置于天然边坡或开挖形成的边坡中的加筋杆件及护面板形成的挡土体系，用以改良原位土体的性能，并与原位土体共同工作形成重力挡土墙式的轻型支挡结构，从而提高整个边坡的稳定性。

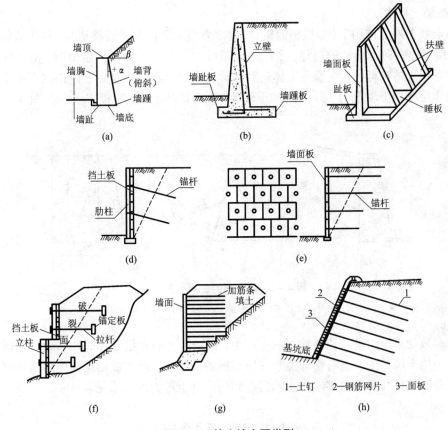

图 4-2 挡土墙主要类型

（a）重力式挡土墙；（b）悬臂式挡土墙；（c）扶壁式挡土墙；（d）柱板式锚杆挡土墙；
（e）壁板式锚杆挡土墙；（f）锚定板挡土墙；（g）加筋挡土墙；（h）土钉挡土墙

4.1.2 土压力计算

挡土墙后的被支撑土体作用于挡土墙上的侧向压力，称为土压力。

1. 土压力的类型

作用在挡土墙结构上的土压力，根据受到土压力后挡土墙发生位移的方向，分为以下三种。

（1）静止土压力

挡土墙在土压力作用下，墙后土体没有破坏，处于弹性平衡状态，不向任何方向发生位移和转动时，作用在墙背上的土压力称为静止土压力，以 E_0 表示[图 4-3c)]。

（2）主动土压力

当挡土墙沿墙趾向离开填土方向转动或平行移动时，墙后土压力逐渐减小。这是因为墙后土体有随墙的运动而下滑的趋势，为阻止其下滑，土内沿潜在滑动面上的剪应力增加，从而使墙背上的土压力减小。当位移达到一定量时，滑动面上的剪应力等于土的抗剪强度，墙后土体达到主动极限平衡状态，填土中开始出现滑动面，这时作用在挡土墙上的土压力减至最小，称为主动土压力，以 E_a 表示[图 4-3(a)]。

（3）被动土压力

当挡土墙在外力作用下（如拱桥的桥台）向墙背填土方向转动或移动时，挡土墙挤压墙背土体，墙后土体有向上滑动的趋势，土压力逐渐增大。当位移达到一定值时，潜在滑动面上的剪应力等于土的抗剪强度，墙后土体达到被动极限平衡状态，墙后土体内也开始出现滑动面。这时作用在挡土墙上的土压力增加至最大，称为被动土压力，以 E_p 表示[图 4-3(b)]。

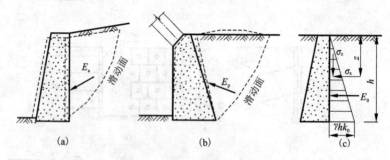

图 4-3　挡土墙的三种土压力
（a）主动土压力；（b）被动土压力；（c）静止土压力

主动和被动土压力是特定条件下的土压力，仅当挡土墙有足够大的位移或转动时才能产生。对同一挡土墙，在填土的物理力学性质相同的条件下，产生被动土压力所需位移比产生主动土压力所需位移要大得多。挡土墙所受到的三种土压力的关系见表 4-1。

表 4-1　三种土压力的关系

土压力类型	墙位移方向	墙后土体状态	三种土压力大小关系
静止土压力	不向任何方向发生位移和转动	弹性平衡状态	
主动土压力	沿墙趾向离开填土方向转动或平行移动时	主动极限平衡状态	$E_a < E_0 < E_p$
被动土压力	在外力作用下（如拱桥的桥台）向墙背填土方向转动或移动时	被动极限平衡状态	

同时，理论分析和试验均证明，挡土墙的土压力不是一个常量，其土压力的性质、大小及沿墙高的分布规律与很多因素有关，其中主要因素有：①挡土墙的位移方向和位移量；

②挡土墙的性质、墙背的光滑程度和结构形式；③墙后填土的性质，包括填土的重度、含水量、内摩擦角和黏聚力的大小及填土面的倾斜程度。

2. 静止土压力计算

静止土压力强度(σ_0)可按半空间线性变形体在土的自重作用下无侧向变形时的水平侧向应力来计算，即作用于挡土墙背面的静止土压力可看作土体自重应力的水平分量。建筑物地下室的外墙、地下水池的侧壁、涵洞的侧壁以及不产生任何位移的挡土构筑物，其侧壁所受到的土压力可按静止土压力计算。

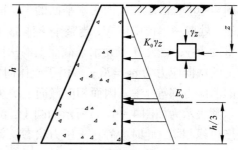

图 4-4　墙背竖直时的静止土压力

设在墙后填土表面下任意深度 z 处取一微小单元体(图 4-4)，其上的竖向土自重应力为 γz，则该处的静止土压力强度可按下式计算：

$$\sigma_0 = K_0 \gamma z \tag{4-1}$$

式中：K_0——土的侧压力系数或称为静止土压力系数，可近似按 $K_0 = 1 - \sin\varphi'$（φ' 为土的有效内摩擦角）计算；

γ——墙后填土重度(kN/m^3)。

由式(4-1)可知，静止土压力沿墙高为三角形分布。如果取单位墙长作为土压力计算单元，则作用在墙上的静止土压力合力为：

$$E_0 = \frac{1}{2} \gamma h^2 K_0 \tag{4-2}$$

式中：h——挡土墙高度(m)。

E_0——单位墙长上受到的静止土压力(kN/m)，其作用点在距墙底 $h/3$ 处。

【技能训练例题 4-1】　已知某挡土墙高 4.0 m，墙背垂直光滑，墙后填土面水平，填土重力密度为 $\gamma = 18.0\ kN/m^3$，静止土压力系数 $K_0 = 0.65$。试计算作用在墙背的静止土压力大小及其作用点，并绘出土压力沿墙高的分布图。

【解】　按静止土压力计算公式，墙顶处($z=0$)静止土压力强度为：

$\sigma_{01} = \gamma z K_0 = 18.0 \times 0 \times 0.65 = 0(kPa)$

墙底处($z = 4\ m$)静止土压力强度为：

$\sigma_{02} = \gamma z K_0 = 18.0 \times 4 \times 0.65 = 46.8\ kPa$

土压力沿墙高分布图如图 4-5 所示，土压力合力 E_0 的大小可通过三角形面积求得：

$$E_0 = \frac{1}{2} \times 46.8 \times 4 = 93.6(kN/m)$$

静止土压力 E_0 的作用点离墙底的距离为：

$$\frac{h}{3} = \frac{4}{3} = 1.33(m)。$$

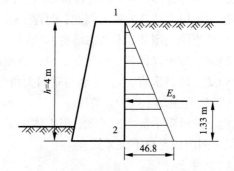

图 4-5　技能训练例题 4-1 附图

3. 朗肯(Rankine)土压力计算

1857 年英国学者朗肯(Rankine)从研究弹性半空间体内的应力状态，根据土的极限平衡理论，得出计算土压力的方法，又称极限应力法。

(1)朗肯土压力基本原理

图 4 –6(a)表示一表面为水平面的半空间，即土体向下和沿水平方向都伸展至无穷，在离地表 z 处取一单位微体 M，当整个土体都处于静止状态时，各点都处于弹性平衡状态。设土的重度为 γ，显然 M 单元水平截面上的法向应力等于该处土的自重应力为 $\sigma_z = \gamma z$，而竖直截面上的法向应力为 $\sigma_x = K_0 \gamma z$。由于土体内每一竖直面都是对称面，因此竖直截面和水平截面上的剪应力都等于零，因而相应截面上的法向应力 σ_z 和 σ_x 都是主应力，此时的应力状态用莫尔圆表示为如图 4 –6(b)所示的圆 I，由于该点处于弹性平衡状态，故莫尔圆没有和抗剪强度包线相切，此时为静止土压力状态。

设想由于某种原因将使整个土体在水平方向均匀地伸展或压缩，使土体由弹性平衡状态转为塑性平衡状态。如果土体在水平方向伸展，则 M 单元在水平截面上的法向应力 σ_z 不变，而竖直截面上的法向应力 σ_x 却逐渐减少，直至满足极限平衡条件为止，σ_x 达最低限值 σ_a。因此，σ_a 是小主应力，而 σ_z 是大主应力，莫尔圆与抗剪强度包线相切，如图 4 –6(b)圆 II 所示，此时称为主动朗肯状态。

若土体继续伸展，则只能造成塑性流动，而不致改变其应力状态。反之，如果土体在水平方向压缩，那末 σ_x 不断增加而 σ_z 却仍保持不变，直到满足极限平衡条件时，σ_x 达最大限值 σ_p。这时，σ_p 是大主应力，而 σ_z 是小主应力，莫尔圆与抗剪强度包线相切，如图 4 –6(b)中的圆 III，此时称为被动朗肯状态。

由于土体处于主动朗肯状态时，大主应力所作用的面是水平面，故剪切破坏面与竖直面的夹角为 $\left(45° - \dfrac{\varphi}{2}\right)$。当土体处于被动朗肯状态时，大主应力所作用的面是竖直面，故剪切破坏面与水平面的夹角为 $\left(45° - \dfrac{\varphi}{2}\right)$。因此，整个土体由互相平行的两簇剪切面组成。

朗肯将上述原理应用于挡土墙土压力计算中，设想用墙背直立的挡土墙代替半空间左侧的土体。如果墙背与土的接触面上满足剪应力为零的边界应力条件，以及产生主动或被动朗肯状态的边界变形条件，则可保持墙后土体的原应力状态。由此可以推导出挡土墙受到的主动和被动土压力计算公式。因此，朗肯土压力理论的基本假设为：

1)挡土墙为刚体，不考虑墙身的变形；

2)墙后填土延伸到无限远处，填土表面水平($\beta = 0$)；

3)挡土墙背垂直、光滑(墙与垂向夹角等于0，墙与土的摩擦角 $\delta = 0$)。

(2)朗肯主动土压力计算

由土的极限平衡理论可知，当土体中某点处于极限平衡状态时，大主应力 σ_1 和小主应力 σ_3 之间应满足以下关系式：

1)黏性土：

$$\sigma_1 = \sigma_3 \tan^2\left(45° + \frac{\varphi}{2}\right) + 2c\tan\left(45° + \frac{\varphi}{2}\right)$$

或

$$\sigma_3 = \sigma_1 \tan^2\left(45° - \frac{\varphi}{2}\right) - 2c\tan\left(45° - \frac{\varphi}{2}\right)$$

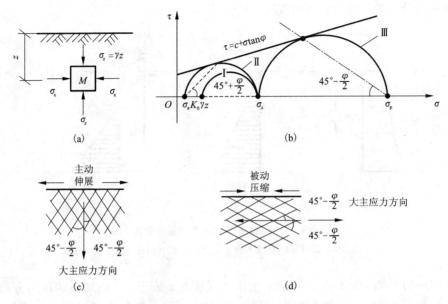

图4－6 半无限土体的极限平衡状态

(a)单元土体；(b)主动、被动朗肯状态的莫尔应力圆表示；

(c)主动朗肯状态；(d)被动朗肯状态

2)无黏性土：

$$\sigma_1 = \sigma_3 \tan^2\left(45° + \frac{\varphi}{2}\right)$$

或

$$\sigma_3 = \sigma_1 \tan^2\left(45° - \frac{\varphi}{2}\right)$$

设挡土墙墙背光滑、直立、填土面水平(图4－7)。当挡土墙墙后土体处于主动朗肯状态时，$\sigma_x = \sigma_3$ 为最小主应力，而 σ_z 则是大主应力。由土体极限平衡条件得朗肯主动土压力的计算公式为：

$$\begin{cases} 无黏性土：\sigma_x = \sigma_3 = \gamma z \tan^2\left(45° - \frac{\varphi}{2}\right) \\ 黏性土：\sigma_x = \sigma_3 = \gamma z \tan^2\left(45° - \frac{\varphi}{2}\right) - 2c\tan\left(45° - \frac{\varphi}{2}\right) \end{cases} \tag{4-3}$$

令 $\sigma_a = \sigma_x$，$K_a = \tan^2\left(45° - \dfrac{\varphi}{2}\right)$，则公式(4－3)可写成：

$$\begin{cases} 无黏性土：\sigma_a = \gamma z K_a \\ 黏性土：\sigma_a = \gamma z K_a - 2c\sqrt{K_a} \end{cases} \tag{4-4}$$

式中：σ_a——朗肯主动土压力强度，kPa；

K_a——主动土压力系数；

γ——墙后填土的重度，kN/m³，地下水位以下用有效重度；

c——填土的黏聚力，kPa；

φ——填土的内摩擦角，（°）；

z——所计算的点离填土面的深度，m。

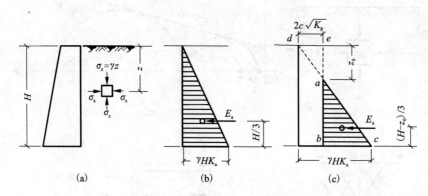

图 4 - 7　郎肯主动土压力计算示意图

(a)主动土压力的计算；(b)无黏性土土压力分布；(c)黏性土土压力分布

由式(4-4)可知：无黏性土的主动土压力强度与 z 成正比，沿墙高的压力分布为三角形，如图 4-7(b)所示。如取单位墙长计算，则主动土压力合力 E_a 为主动土压力强度 σ_a 分布图形的面积，即：

$$E_a = \frac{1}{2}\gamma H^2 K_a \tag{4-5}$$

由式(4-4)可知，黏性土的主动土压力强度包括两部分：一部分是由土自重引起的土压力 $\gamma z K_a$，另一部分是由黏聚力 c 引起的负侧压力 $2c\sqrt{K_a}$。这两部分土压力叠加的结果如图 4-7(c)所示，其中 ade 部分是负侧压力，对墙背是拉力，但实际上墙与土在很小的拉力作用下就会分离，故在计算土压力时，这部分应略去不计。因此，黏性土的土压力分布仅是图 4-7(c)中 abc 部分。如取单位墙长计算，则黏性土主动土压力 E_a 为：

$$E_a = \frac{1}{2}(H-z_0)(\gamma H K_a - 2c\sqrt{K_a}) = \frac{1}{2}\gamma H^2 K_a - 2cH\sqrt{K_a} + \frac{2c^2}{\gamma} \tag{4-6}$$

式中：Z_0——σ_a 为零的点离填土顶面的深度，常称为临界深度，$Z_0 = \dfrac{2c}{\gamma\sqrt{K_a}}$；

E_a——主动土压力，通过主动土压力强度分布三角形的形心，作用方向垂直指向墙背。

对于无黏性土，作用在离墙底 $H/3$ 处；对于黏性土，作用在离墙底 $(H-Z_0)/3$ 处。

【技能训练例题 4-2】　有一挡土墙高 6 m，墙背竖直、光滑，墙后填土表面水平，填土的物理力学指标 $c=15$ kPa，$\varphi=15°$，$\gamma=18$ kN/m³。求主动土压力并绘出主动土压力分布图。

【解】　1)计算主动土压力系数

$$K_a = \tan^2\left(45° - \frac{\varphi}{2}\right) = \tan^2\left(45° - \frac{15°}{2}\right) = 0.59$$

$$\sqrt{K_a} = 0.77$$

2)计算主动土压力强度

$z=0$ m，$\sigma_{a1} = \gamma z K_a - 2c\sqrt{K_a} = 18 \times 0 \times 0.59 - 2 \times 15 \times 0.77 = -23.1(\text{kPa})$

$z=6$ m，$\sigma_{a2} = \gamma z K_a - 2c\sqrt{K_a} = 18 \times 6 \times 0.59 - 2 \times 15 \times 0.77 = 40.6(\text{kPa})$

3)计算临界深度 z_0

$$z_0 = \frac{2c}{\gamma \sqrt{K_a}} = \frac{2 \times 15}{18 \times 0.77} = 2.16(\text{m})$$

4)计算总主动土压力 E_a

$$E_a = \frac{1}{2}(H - z_0)(\gamma H K_a - 2c\sqrt{K_a})$$

$$= \frac{1}{2} \times 40.6 \times (6 - 2.16) = 78(\text{kN/m})$$

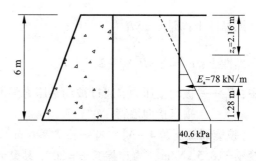

图4-8　技能训练例题4-2附图

E_a 的作用方向水平,作用点距离墙底

高度为:$\dfrac{6 - 2.16}{3} = 1.28(\text{m})$。

5)主动土压力分布如图4-8所示。

(3)朗肯被动土压力计算

当挡土墙墙后土体处于被动朗肯状态时(图4-9),$\sigma_x = \sigma_1$ 为最大主应力,而 σ_z 则是小主应力。由土体极限平衡条件得朗肯被动土压力的计算公式为:

无黏性土:$\sigma_x = \sigma_1 = \gamma z \tan^2\left(45° + \dfrac{\varphi}{2}\right)$

黏性土:$\sigma_x = \sigma_1 = \gamma z \tan^2\left(45° + \dfrac{\varphi}{2}\right) + 2c\tan\left(45° + \dfrac{\varphi}{2}\right)$

$$(4-7)$$

令 $\sigma_p = \sigma_x$,$K_p = \tan^2\left(45° + \dfrac{\varphi}{2}\right)$,则公式(4-7)可写成:

无黏性土:$\sigma_p = \gamma z K_p$

黏性土:$\sigma_p = \gamma z K_p + 2c\sqrt{K_p}$

$$(4-8)$$

式中:σ_p——被动土压力强度(kPa);

$\quad\quad K_p$——被动土压力系数。

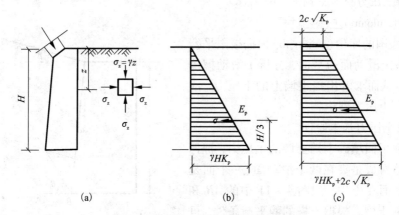

图4-9　朗肯被动土压力计算示意图

(a)被动土压力的计算;(b)无黏性土;(c)黏性土

由式(4-7)可知,无黏性土的被动土压力强度呈三角形分布[图4-9(b)],黏性土的被动土压力强度则呈梯形分布[图4-9(c)]。取单位墙长计算,则被动土压力可按下式计算:

无黏性土：$E_p = \dfrac{1}{2}\gamma H^2 K_p$

$$(4-9)$$

黏性土：$E_p = \dfrac{1}{2}\gamma H^2 K_p + 2cH\sqrt{K_p}$

式中：E_p——被动土压力，通过被动土压力强度分布图形（三角形或梯形）的形心，作用方向垂直指向墙背。

【技能训练例题 4 - 3】 有一挡墙高 6 m，墙背竖直、光滑，墙后填土表面水平，填土的重度 $\gamma = 18.5\ \text{kN/m}^3$，内摩擦角 $\varphi = 20°$，黏聚力 $c = 19\ \text{kPa}$。求被动土压力并绘出被动土压力分布图。

【解】 （1）计算被动土压力系数

$$K_p = \tan^2\left(45° + \frac{20°}{2}\right) = 2.04$$

$$\sqrt{K_p} = 1.43$$

（2）计算被动土压力强度

$z = 0$ m，$\sigma_p = \gamma z K_p + 2c\sqrt{K_p} = 18.5 \times 0 \times 2.04$
$+ 2 \times 19 \times 1.43 = 54.34\,(\text{kPa})$

$z = 6$ m，$\sigma_p = \gamma z K_p + 2c\sqrt{K_p} = 18.5 \times 6 \times 2.04$
$+ 2 \times 19 \times 1.43 = 280.78\,(\text{kPa})$

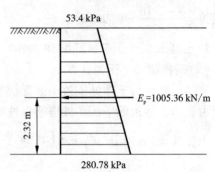

图 4 - 10　技能训练例题 4 - 3 附图

（3）计算总被动土压力

$$E_p = \frac{1}{2}\gamma H^2 K_p + 2cH\sqrt{K_p} = \frac{1}{2}(54.34 + 280.78) \times 6 = 1005.36\,(\text{kN/m})$$

E_p 的作用方向水平，作用点距墙基为 z，则：

$$z_p = \frac{1}{1005.36}\left[\frac{6}{2} \times 54.34 \times 6 + \frac{6}{3} \times \frac{1}{2}(280.78 - 54.34) \times 6\right] = 2.32\,(\text{m})$$

（4）被动土压力分布如图 4 - 10 所示。

4. 库伦（Coulomb）土压力计算

1776 年法国的库伦（Coulomb）根据极限平衡的概念，并假定滑动面为平面，分析了滑动楔体的力系平衡，从而求解出挡土墙上的土压力，成为著名的库伦土压力理论。

（1）库伦土压力基本原理

库伦研究了回填砂土挡土墙的土压力，把挡土墙后的土体看成是夹在两个滑动面（一个面是墙背，另一个面在土中，如图 4 - 11 中的 AB 和 BC 面）之间的土楔。根据土楔的静平衡条件，可以求解出挡土墙对滑动土楔的支撑反力，从而可

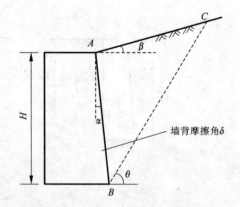

图 4 - 11　库伦土压力理论的研究对象

求解出作用于墙背的总土压力。这种计算方法又称为滑动土楔平衡法。应该指出，应用库伦土压力理论时，要试算不同的滑动面，只有最危险滑动面 AB 对应的土压力才是土楔作用于墙背的主动力压力 E_a（或被动力压力 E_p）。

库伦理论认为：①挡土墙向前(或向后)移动(或转动)；②墙后填土沿墙背 *AB* 和填土中某一平面 *BC* 同时向下(或向上)滑动，形成土楔体△*ABC*；③土楔体处于极限平衡状态，不计本身压缩变形；④土楔体△*ABC* 对墙背的推力即为主动力压力 E_a(或被动力压力 E_p)。

库伦理论的基本假设：

1)墙后填土为均匀的无黏性土($c=0$)，填土表面倾斜($\beta>0$)；

2)挡土墙是刚性的，墙背倾斜，倾角为 ε；

3)墙面粗糙，墙背与土体之间存在摩擦力(摩擦角 $\delta>0$)；

4)滑动破裂面为通过墙踵的平面。

(2)库伦主动土压力计算

一般挡土墙的计算均属于平面问题，故在下述分析中均沿墙的长度方向取 1 m 进行分析。当墙向前移动或转动而使墙后土体沿某一破坏面 $\overline{BC}$ 破坏时，土楔 *ABC* 向下滑动而处于主动极限平衡状态。此时，作用于土楔 *ABC* 上的力有[图 4-12(a)]：

1)土楔体的自重 $W=\gamma\cdot V_{\triangle ABC}$，$\gamma$ 为墙后土体的重度。只要破坏面 $\overline{BC}$ 的位置一确定，W 的大小就是已知值，其方向向下；

2)破坏面 $\overline{BC}$ 上的反力 R，其大小是未知的，但其方向则是已知的。反力 R 与破坏面 $\overline{BC}$ 的法线 N_1 之间的夹角等于土的内摩擦角 φ，并位于 N_1 的下侧；

3)墙背对土楔体的反力 E，与它大小相等、方向相反的作用力就是墙背上的主动土压力。反力 E 的方向与墙背的法线 N_2 成 δ 角，δ 角为墙背与填土之间的摩擦角，称为外摩擦角。当土楔下滑时，墙对土楔的阻力是向上的，故反力 E 在 N_2 的下侧。

土楔体 *ABC* 在 W、R 和 E 三力作用下处于静力极限平衡状态，因此，构成一闭合的力矢三角形[图 4-12(b)]。由三角形正弦定律，可得：

$$E=W\frac{\sin(\theta-\varphi)}{\sin[\pi-(\theta-\varphi+\psi)]}=W\frac{\sin(\theta-\varphi)}{\sin(\theta-\varphi+\psi)} \tag{4-10}$$

式中：$\psi=90°-\alpha-\delta$，其余符号如图 4-12 所示。

由式(4-10)可知，滑动面 $\overline{BC}$ 与水平面的倾角 θ 则是任意假定的，不同的倾角 θ 可求出不同的 E。因此，假定不同的滑动面可以得出一系列相应的土压力 E，即 E 是滑裂面倾角 θ 的函数，E 的最大值 E_{max} 即为墙背的主动土压力 E_a。由 $\frac{dE}{d\theta}=0$ 可求出 E_{max} 相应的倾角 θ_{cr}，其所对应的滑动面即为土楔最危险的滑动面。将 θ_{cr} 代入式(4-10)，整理后可得库伦主动土压力的一般表达式：

$$E_a=\frac{1}{2}\gamma H^2 K_a \tag{4-11}$$

式中：H——挡土墙高度(m)；

γ——墙后填土的重度(kN/m^3)；

K_a——库伦主动土压力系数，按下式确定：

$$K_a=\frac{\cos^2(\varphi-\alpha)}{\cos^2\alpha\cdot\cos(\delta+\alpha)\left[1+\sqrt{\frac{\sin(\delta+\varphi)\cdot\sin(\varphi-\beta)}{\cos(\delta+\alpha)\cdot\cos(\alpha-\beta)}}\right]^2} \tag{4-12}$$

式中：φ——墙后填土的内摩擦角，(°)；

α——墙背的倾斜角，(°)，俯斜时取正号，仰斜为负号；

β——墙后填土面的倾角，(°)；

δ——土对挡土墙背的摩擦角，(°)。

当墙背垂直($\alpha=0$)、光滑($\delta=0$)，填土面水平($\beta=0$)时，式(4-11)可写为：

$$E_a = \frac{1}{2}\gamma H^2 \tan^2\left(45° - \frac{\varphi}{2}\right) \qquad (4-13)$$

可见，在上述条件下，库伦公式和朗肯公式相同。

由式(4-11)可知，库伦主动土压力 E_a 与墙高的平方成正比，为求得离墙顶为任意深度 z 处的主动土压力强度 σ_a，可将 E_a 对 z 取导数而得，即：

$$\sigma_a = \frac{dE_a}{dz} = \gamma z K_a \qquad (4-14)$$

由上式可见，库伦主动土压力强度沿墙高成三角形分布[图4-12(c)]，其合力的作用点在离墙底 $H/3$ 处，方向与墙背法线的夹角为 δ。必须注意，在图中所示的土压力分布图只表示其大小，而不代表其作用方向。

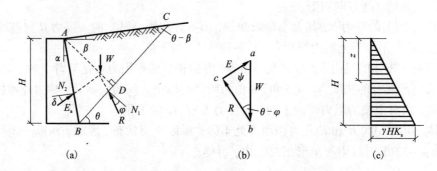

图4-12　按库伦理论求解主动土压力示意图

(a)土楔 ABC 上的作用力；(b)力矢三角形；(c)主动土压力分布图

(3)库伦被动土压力计算

如图4-13，墙背 AB 在外力作用下向后移动或转动，迫使土体体积收缩。当达到极限平衡状态时，出现滑裂面 BC，此时土楔体 ABC 向上滑动。土楔体 ABC 在 W、R 和 E 三力作用下处于静力极限平衡状态，R 和 E 的方向分别在 BC 和 AB 法线的上侧。按求主动土压力同样的原理，可求得被动土压力的库伦公式为：

$$E_p = \frac{1}{2}\gamma H^2 K_p \qquad (4-15)$$

式中：K_p——库伦主动土压力系数，按下式确定：

$$K_p = \frac{\cos^2(\varphi + \alpha)}{\cos^2\alpha \cdot \cos(\alpha - \delta)\left[1 - \sqrt{\dfrac{\sin(\varphi + \delta) \cdot \sin(\varphi + \beta)}{\mathrm{con}(\alpha - \delta) \cdot \mathrm{con}(\alpha - \beta)}}\right]^2} \qquad (4-16)$$

当墙背垂直($\alpha=0$)、光滑($\delta=0$)，填土面水平($\beta=0$)时，式(4-15)可写为：

$$E_p = \frac{1}{2}\gamma H^2 \tan^2\left(45° + \frac{\varphi}{2}\right) \qquad (4-17)$$

可见，在上述条件下，库伦公式和朗肯公式相同。

库伦被动土压力强度为$\sigma_p = \gamma z K_p$，沿墙高成三角形分布[图4-13(c)]，其合力的作用点在离墙底$H/3$处。

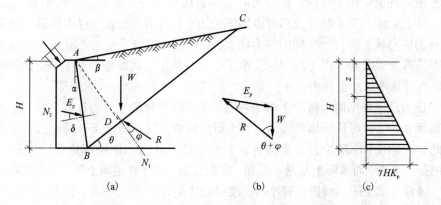

图4-13　按库伦理论求解被动土压力示意图

(a)土楔ABC上的作用力；(b)力矢三角形；(c)被动土压力分布图

【技能训练例题4-4】　挡土墙高6 m，墙背俯斜$\alpha = 10°$，填土面直角$\beta = 20°$，填土重度$\gamma = 18\ \text{kN/m}^3$，$\varphi = 30°$，$c = 0$，填土与墙背的摩擦角$\delta = 10°$。按库伦土压力理论计算主动土压力。

【解】　由$\alpha = 10°$，$\beta = 20°$，$\delta = 10°$，$\varphi = 30°$，根据库伦理论求主动土压力系数：

$$K_a = \frac{\cos^2(\varphi - \alpha)}{\cos^2\alpha \cdot \cos(\delta + \alpha)\left[1 + \sqrt{\dfrac{\sin(\delta + \varphi) \cdot \sin(\varphi - \beta)}{\cos(\delta + \alpha) \cdot \cos(\alpha - \beta)}}\right]^2}$$

$$= \frac{\cos^2(30° - 10°)}{\cos^2 10° \cdot \cos(10° + 10°)\left[1 + \sqrt{\dfrac{\sin(10° + 30°) \cdot \sin(30° - 20°)}{\cos(10° + 10°) \cdot \cos(10° - 20°)}}\right]^2} = 0.534$$

主动土压力强度为：

$Z = 0\ \text{m}$，$\sigma_{a1} = \gamma z K_a = 18 \times 0 \times 0.534 = 0$

$Z = 6\ \text{m}$，$\sigma_{a2} = \gamma z K_a = 18 \times 6 \times 0.534 = 57.67(\text{kPa})$

总主动土压力为：

$$E_a = \frac{1}{2} \times 57.67 \times 6 = 173.02(\text{kN/m})$$

E_a作用方向与墙背法线成10°夹角，E_a的作用点距墙基$\dfrac{6}{3} = 2.0$ m 处。

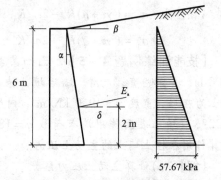

图4-14　技能训练例题4-4附图

5. 朗肯理论与库伦理论比较

朗肯理论和库伦理论都是研究土压力问题的简化方法。朗肯理论和库伦理论均属于极限状态土压力理论，用这两种理论计算出的土压力均为墙后土体处于极限平衡状态下的主动土压力和被动土压力。朗肯理论从土体中一点的极限平衡状态出发，由处于极限平衡状态时的大小主应力关系求解（极限应力法）；库伦理论根据墙背与滑裂面之间的土楔处于极限平衡，用静力平衡条件求解（滑动楔体法）。

朗肯土压力理论和库伦土压力理论分别根据不同的假设，以不同的分析方法计算土压力，只有在最简单的情况下($\alpha=0$、$\delta=0$、$\beta=0$)，用这两种理论计算结果才相同，否则便得出不同的结果。

朗肯土压力理论应用半空间中的应力状态和极限平衡理论的概念比较明确，公式简单，便于记忆，对于黏性土和无黏性土都可以用该公式直接计算，故在工程中得到广泛应用。但为了使墙后的应力状态符合半空间的应力状态，必须假设墙背直立、光滑且墙后填土表面水平，使应用范围受到限制。由于该理论忽略了墙背与填土之间摩擦的影响，使计算的主动土压力偏大，而计算的被动土压力偏小。

库伦土压力理论根据墙后滑动土楔的静力平衡条件推导的土压力计算公式，考虑了墙背与土之间的摩擦力，并可用于墙背倾斜，填土面倾斜的情况。但由于该理论假设填土是无黏性土，因此，不能用库伦理论公式直接计算黏性土的土压力。库伦理论假设墙后填土破坏时，破裂面是一平面，而实际上却是一曲面，实验证明，在计算主动土压力时，只有当墙背的斜度不大，墙背与填土间的摩擦角较小时，破裂面才接近于一个平面。因此，计算结果与按曲线滑动面计算的有出入。在通常情况下，这种偏差在计算主动土压力时约为2%～10%，可以认为已满足实际工程所要求的精度，但在计算被动土压力时，由于破裂面接近于对数螺线，计算结果误差较大，有时可达2～3倍，甚至更大。

6. 几种常见情况的土压力计算

(1)填土表面作用均布荷载

当墙后土体表面有连续均布荷载 q 作用时，均布荷载 q 在土中产生的上覆压力沿墙体方向呈矩形分布，分布强度 q，填土深度 z 处的竖向压应力增加为 $\gamma z + q$。因此，土压力强度表达式如下：

$$\begin{cases} \text{无黏性土：} \sigma_a = (\gamma z + q)K_a \\ \quad\quad \sigma_p = (\gamma z + q)K_p \\ \text{黏性土：} \sigma_a = (\gamma z + q)K_a - 2c\sqrt{K_a} \\ \quad\quad \sigma_p = (\gamma z + q)K_p + 2c\sqrt{K_p} \end{cases} \quad (4-18)$$

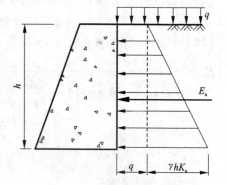

图 4 - 15　墙后土体表面有均布超载 q 作用下的土压力计算

【技能训练例题 4 - 5】　已知某挡土墙高 6.00 m，墙背竖直、光滑、墙后填土表面水平。填土为粗砂，重度 $\gamma = 19.0$ kN/m^3，内摩擦角 $\varphi = 32°$，在填土表面作用均布荷载 $q = 18.0$ kPa。计算作用在挡土墙上的主动土压力。

【解】　1)计算主动土压力系数

$$\sigma_a = \tan^2\left(45° - \frac{32°}{2}\right) = 0.307$$

2)计算主动土压力

$z = 0$ m，$\sigma_{a1} = (\gamma z + q)K_a$

$\quad\quad\quad = (19 \times 0 + 18) \times 0.307$

$\quad\quad\quad = 5.53(\text{kPa})$

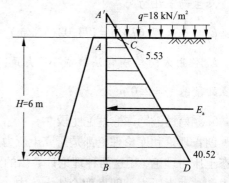

图 4 - 16　技能训练例题 4 - 5 附图

$z = 6$ m，$\sigma_{a2} = (\gamma z + q)K_a = (19 \times 6 + 18) \times 0.307 = 40.52(\text{kPa})$

3)计算总主动土压力

$$E_a = 5.53 \times 6 + \frac{1}{2}(40.52 - 5.53) \times 6 = 33.18 + 104.97 = 138.15(\text{kN/m})$$

E_a 作用方向水平,作用点距墙基为 z,则:

$$z = \frac{1}{138.15}\left(33.18 \times \frac{6}{2} + 104.97 \times \frac{6}{3}\right) = 2.24(\text{m})$$

4)主动土压力分布如图 4-16 所示。

(2)墙后填土分层

挡土墙后土体由几种性质不同的土层组成时,计算挡土墙上的土压力,需分层计算。计算时,先求墙后土体竖向自重应力,然后乘以各土层的土压力系数,得到相应的土压力强度。以墙后为无黏性分层土的土压力计算为例说明,如图 4-17 所示:$\sigma_{a1上} = 0$;$\sigma_{a1下} = \gamma_1 h_1 K_{a1}$;$\sigma_{a2上} = \gamma_1 h_1 K_{a2}$;$\sigma_{a2下} = (\gamma_1 h_1 + \gamma_2 h_2)K_{a2}$;$\sigma_{a3上} = (\gamma_1 h_1 + \gamma_2 h_2)K_{a3}$;$\sigma_{a3下} = (\gamma_1 h_1 + \gamma_2 h_2 + \gamma_3 h_3)K_{a3}$。

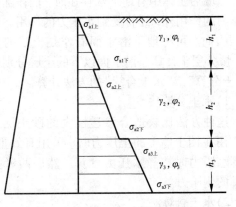

图 4-17 墙后分层土体的土压力计算

【技能训练例题 4-6】 挡土墙高 5 m,墙背直立、光滑,墙后填土水平,共分两层,各土层的物理力学指标如图 4-12 所示,试求主动土压力并绘出土压力分布图。

【解】 1)计算主动土压力系数

$$K_{a1} = \tan^2\left(45° - \frac{32°}{2}\right) = 0.31$$

$$K_{a2} = \tan^2\left(45° - \frac{16°}{2}\right) = 0.57$$

$$\sqrt{K_{a2}} = 0.75$$

2)计算第一层的土压力

顶面:$\sigma_{a0} = \gamma_1 z K_{a1} = 17 \times 0 \times 0.31 = 0$

底面:$\sigma_{a1} = \gamma_1 z K_{a1} = 17 \times 2 \times 0.31 = 10.5(\text{kPa})$

3)计算第二层的土压力

顶面:$\sigma_{a1} = \gamma_1 h_1 K_{a2} - 2c\sqrt{K_{a2}} = 17 \times 2 \times 0.57 - 2 \times 10 \times 0.75 = 4.4(\text{kPa})$

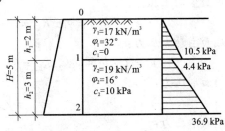

底面:$\sigma_{a2} = (\gamma_1 h_1 + \gamma_2 h_2)K_{a2} - 2C\sqrt{K_{a2}}$
$= (17 \times 2 + 19 \times 3) \times 0.57 - 2 \times 10 \times 0.75$
$= 36.9(\text{kPa})$

图 4-18 技能训练例题 4-6 附图

4)计算主动土压力 E_a

$$E_a = \frac{1}{2} \times 10.5 \times 2 + 4.4 \times 3 + \frac{1}{2}(36.9 - 4.4) \times 3$$

$$= 10.5 + 13.2 + 48.75 = 72.5 (\text{kN/m})$$

E_a 作用方向水平，作用点距墙基为 z，则：

$$z = \frac{1}{72.5}\left[10.5 \times \left(3 + \frac{2}{3}\right) + 13.2 \times \frac{3}{2} + 48.75 \times \frac{3}{3}\right] = 1.5(\text{m})$$

5) 挡土墙上主动土压力分布如图 4-18 所示。

（3）填土中有地下水

当墙后土体中有地下水存在时，墙体除受到
土压力的作用外，还将受到水压力的作用。计算
土压力时，可将地下潜水面看作是土层的分界
面，按分层土计算。潜水面以下的土层分别采用
"水土分算"或"水土合算"的方法计算。

1）水土分算法

这种方法比较适合渗透性大的砂土层。计
算作用在挡土墙上的土压力时，采用有效重度。
计算水压力时按静水压力计算。然后两者叠加
为总的侧压力。

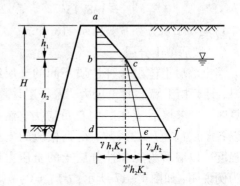

图 4-19　墙后土体有地下水时的土压力计算

2）水土合算法

这种方法比较适合渗透性小的黏性土层。计算作用在挡土墙上的土压力时，采用饱和重
度，水压力不再单独计算叠加。

【技能训练例题 4-7】　用水土分算法计算图 4-20 所示挡土墙的主动土压力、水压力
及其合力。

【解】　1）计算主动土压力系数

$$K_{a1} = \tan^2\left(45° - \frac{30°}{2}\right) = 0.333$$

2）计算地下水位以上土层的主动土压力

顶面：$\sigma_{a0} = \gamma_1 h K_{a1} = 18 \times 0 \times 0.333 = 0$

$$\sigma_{a1} = \gamma_1 h_1 K_{a1} = 18 \times 6 \times 0.333 = 36.0(\text{kPa})$$

3）计算地下水位以下土层的主动土压力及水压力

因水下土为砂土，采用水土分算法。

顶面主动土压力：

$$\sigma_{a1} = \gamma_1 h_1 K_{a2} = 18 \times 6 \times 0.333 = 36.0(\text{kPa})$$

底面主动土压力：

$$\sigma_{a2} = (\gamma_1 h_1 + \gamma_2 h_2)K_{a2} = (18 \times 6 + 9 \times 4) \times 0.333 = 48.0(\text{kPa})$$

顶面水压力：

$$\sigma_{w1} = \gamma_w z = 9.8 \times 0 = 0$$

底面水压力：

$$\sigma_{w2} = \gamma_w z = 9.8 \times 4 = 39.2(\text{kPa})$$

4）计算总主动土压力和总水压力

总主动土压力 E_a 为：

$$E_a = \frac{1}{2} \times 36 \times 6 + 36 \times 4 + \frac{1}{2} \times (48 - 36) \times 4 = 108 + 144 + 24 = 276(\text{kN/m})$$

E_a 作用方向水平,作用点距墙基为 z,则:

$$z = \frac{1}{276}\left[108 \times \left(4 + \frac{6}{3}\right) + 144 \times \frac{4}{2} + 24 \times \frac{4}{3}\right] = 3.51\,(\text{m})$$

总水压力 E_w 为:

$$E_w = \frac{1}{2} \times 39.2 \times 4 = 78.4\,(\text{kN/m})$$

E_w 作用方向水平,作用点距墙基 $4/3 = 1.33$ m。

5)挡土墙上主动土压力及水压力分布如图 4 – 20 所示。

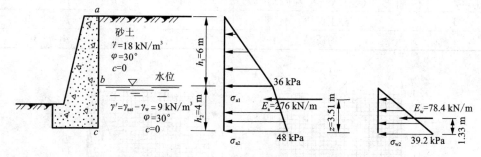

图 4 – 20　技能训练例题 4 – 7 附图

7.《规范》法计算土压力

《建筑地基基础设计规范》(GB 50007—2011)规定,对土质边坡,边坡主动土压力应按式(4 – 19)进行计算。当填土为无黏性土时,主动土压力系数可按库伦土压力理论确定。当支挡结构满足朗肯条件时,主动土压力系数可按朗肯土压力理论确定。黏性土或粉土的主动土压力也可采用楔体试算法图解求得。

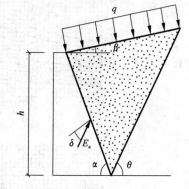

$$E_a = \frac{1}{2}\psi_a \gamma h^2 K_a \qquad (4 – 19)$$

图 4 – 21　《规范》主动土压力计算简图

式中:E_a——主动土压力,kN;

ψ_a——主动土压力增大系数,挡土墙高度小于 5 m 时宜取 1.0,高度 5 ~ 8 m 时宜取 1.1,高度大于 8 m 时宜取 1.2;

γ——填土的重度,kPa;

h——挡土结构的高度,m;

K_a——主动土压力系数,按下列公式计算:

$$K_a = \frac{\sin(\alpha + \beta)}{\sin^2\alpha\sin^2(\alpha + \beta - \varphi - \delta)}\{k_q[\sin(\alpha + \beta)\sin(\alpha - \delta) + \sin(\varphi + \delta)\sin(\varphi - \beta)]$$
$$+ 2\eta\sin\alpha\cos\phi\cos(\alpha + \beta - \varphi - \delta) - 2[(k_q\sin(\alpha + \beta)\sin(\varphi - \beta) + \eta\sin\alpha\cos\varphi)$$
$$(k_q\sin(\alpha - \delta)\sin(\varphi + \delta) + \eta\sin\alpha\cos\phi)]^{1/2}\} \qquad (4 – 20)$$

式中:q——地表均布荷载(以单位水平投影面上的荷载强度计);

k_q——计算式为 $k_q = 1 + \frac{2q}{\gamma h} \cdot \frac{\sin\alpha\cos\beta}{\sin(\alpha + \beta)}$;

η——计算式为 $\eta = \frac{2c}{\gamma h}$。

《建筑地基基础设计规范》(GB 5007—2011)推荐的公式具有普遍性，但计算 K_a 繁琐。对于高度小于或等于 5 m 的挡土墙，排水条件良好(或按规定设计了排水措施)。填土符合表 4 –2 的质量要求时，其主动土压力系数可按图 4 –22 查得。

表 4 –2　查主动土压力系数图的填土质量要求

类　　别	填土名称	密度	干密度/(t·m^{-3})
1	碎石土	中密	$\rho_d \geqslant 2.0$
2	砂土(包括砾砂、粒砂、中砂)	中密	$\rho_d \geqslant 1.65$
3	黏土夹块石土		$\rho_d \geqslant 1.90$
4	粉质黏土		$\rho_d \geqslant 1.65$

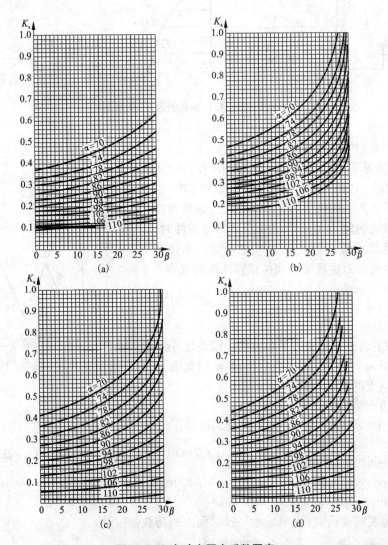

图 4 –22　主动土压力系数图表

(a)第一类土土压力系数($\delta = 0.5\varphi$、$q = 0$)；(b)第二类土土压力系数($\delta = 0.5\varphi$、$q = 0$)；

(c)第三类土土压力系数($\delta = 0.5\varphi$、$q = 0$、$H = 5$ m)；(d)第四类土土压力系数($\delta = 0.5\varphi$、$q = 0$、$H = 5$ m)

【技能训练例题 4 – 8】 某挡土墙高度 5 m，墙背倾斜 $\alpha = 20°$，墙后填土为粉质黏土，$\gamma_d = 17$ kN/m³，$w = 10\%$，$\varphi = 30°$，$\delta = 15°$，$\beta = 10°$，$c = 5$ kPa。挡土墙的排水措施齐全。按《规范》方法计算作用在该挡土墙上的主动土压力。

【解】 1）由 $\gamma_d = 17$ kN/m³，$w = 10\%$，可求得土的天然重度 γ：

$$\gamma = \gamma_d(1 + w) = 17(1 + 10\%) = 18.7\,(kN/m^3)$$

2）又已知 $h = 5$ m，$\gamma_d = 17$ kN/m³，排水条件良好，因此，可查图 4 – 22（d），求得主动土压力系数 $K_a = 0.52$。

3）按《规范》公式求主动土压力：

$$E_a = \psi_c \frac{1}{2} \gamma h^2 K_a = 1.1 \times \frac{1}{2} \times 18.7 \times 5^2 \times 0.52 = 133.7\,(kN/m)$$

E_a 作用方向与墙背法线成 15°角，其作用点距墙基 $\frac{5}{3} = 1.67$ m 处。

4.1.3 挡土墙的计算与构造

1. 挡土墙形式的选择

在 4.1.1 节中介绍了重力式挡土墙、悬壁式及扶壁式挡土墙、锚杆挡土墙、锚定板挡土墙、加筋土挡土墙及土钉挡土墙等工程中常用挡土墙结构型式。挡土墙选型主要从以下原则上考虑：

1）挡土墙的用途、高度与重要性；

2）建筑场地的地形与地质条件；

3）尽量就地取材，因地制宜；

4）挡墙结构型式安全而经济。

2. 重力式挡土墙设计

（1）重力式挡土墙截面尺寸设计

挡土墙的截面尺寸一般按试算法确定，即先根据挡土墙所处的工程地质条件、填土性质、荷载情况以及墙身材料、施工条件等，凭经验初步拟定截面尺寸。然后逐项进行验算。如不满足要求，修改截面尺寸，或采取其他措施。挡土墙截面尺寸一般包括：

1）挡土墙高度

挡土墙高度一般由任务要求确定，即考虑墙后被支挡的填土呈水平时墙顶的高度。有时，对长度很大的挡土墙，也可使墙顶低于填土顶面，而用斜坡连接，以节省工程量。重力式挡土墙适用于高度小于 8 m、地层稳定、开挖土石方时不会危及相邻建筑物的地段。

2）挡土墙的顶宽和底宽

挡土墙墙顶宽度，毛石挡土墙的墙顶宽度不宜小于 400 mm；混凝土挡土墙的墙顶宽度不宜小于 200 mm。底宽由整体稳定性确定，初步设计时一般取为 0.5 ~ 0.7 倍的墙高。

（2）重力式挡土墙的计算

重力式挡土墙的计算内容包括稳定性验算、墙身强度验算和地基承载力验算。

1）抗滑移稳定性验算

基底倾斜的挡土墙［图 4 – 23（a）］在主动土压力作用下，挡土墙有可能在基础底面发生滑移。抗滑力与滑动力之比称为抗滑移安全系数 K_s，挡土墙的抗滑稳定性应按下式计算：

$$K_s = \frac{(G_n + E_{an})\mu}{E_{at} - G_t} \geqslant 1.3 \qquad (4-21)$$

式中：$G_n = G\cos\alpha_0$；$G_t = G\sin\alpha_0$；

　　$E_{an} = E_a\cos(\alpha - \alpha_0 - \delta)$；$E_{at} = E_a\sin(\alpha - \alpha_0 - \delta)$；

其中：G——挡土墙每延米自重，kN；

　　α_0——挡土墙基底的倾角，(°)；

　　α——挡土墙墙背的倾角，(°)；

　　δ——土对挡土墙的摩擦角，(°)，可按表4-3选用；

　　μ——土对挡土墙基底的摩擦系数，由试验确定，也可按表4-4选用。

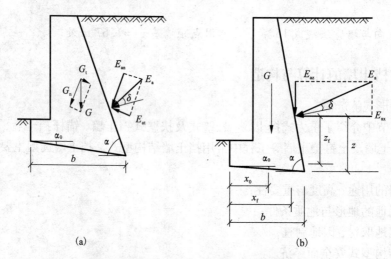

(a)　　　　　　　　　(b)

图4-23　挡土墙稳定性验算模型

(a)挡土墙抗滑稳定验算示意；(b)挡土墙抗倾覆稳定验算示意

表4-3　土对挡土墙墙背的摩擦角 δ

挡土墙情况	摩擦角 δ
墙背平滑、排水不良	$(0 \sim 0.33)\varphi_k$
墙背粗糙、排水良好	$(0.33 \sim 0.50)\varphi_k$
墙背很粗糙、排水良好	$(0.50 \sim 0.67)\varphi_k$
墙背与填土间不可能滑动	$(0.67 \sim 1.00)\varphi_k$

注：φ_k 为墙背填土的内摩擦角。

表4-4　土对挡土墙基底的摩擦系数 μ

土的类别		摩擦系数 μ
黏性土	可塑	$0.25 \sim 0.30$
	硬塑	$0.30 \sim 0.35$
	坚硬	$0.35 \sim 0.45$

续表 4-4

土的类别	摩擦系数 μ
粉土	0.30 ~ 0.40
中砂、粗砂、砾砂	0.40 ~ 0.50
碎石土	0.40 ~ 0.60
软质岩	0.40 ~ 0.60
表面粗糙的硬质岩	0.65 ~ 0.75

注：①对易风化的软质岩和塑性指数 I_p 大于22的黏性土，基底摩擦系数应通过试验确定。②对碎石土，可根据其密实程度、填充物状况、风化程度等确定。

若验算结果不满足要求，可选用以下措施来解决：
①修改挡土墙的尺寸，增加自重以增大抗滑力；
②在挡土墙基底铺砂或碎石垫层，提高摩擦系数，增大抗滑力；
③增大墙背倾角或做卸荷平台，以减小土对墙背的土压力，减小滑动力；
④加大墙底面逆坡，增加抗滑力；
⑤在软土地基上，抗滑稳定安全系数较小，采取其他方法无效或不经济时，可在挡土墙踵后加钢筋混凝土拖板，利用拖板上的填土重量增大抗滑力；

2）抗倾覆稳定性验算

基底倾斜的挡土墙[图4-23(b)]在主动土压力作用下可能绕墙趾向外倾覆，抗倾覆力距与倾覆力矩之比称为倾覆安全系数 K_t，K_t 按满足式（4-22）。

$$K_t = \frac{Gx_0 + E_{az}x_f}{E_{ax}z_f} \geqslant 1.6 \qquad (4-22)$$

式中：$E_{ax} = E_a\sin(\alpha-\delta)$；$E_{az} = E_a\cos(\alpha-\delta)$；$x_f = b - z\cot\alpha$；$z_f = z - b\tan\alpha_0$；

　　z——土压力作用点与墙踵的高度，m；

　　x_0——挡土墙重心与墙趾的水平距离，m；

　　b——基底的水平投影宽度，m。

挡土墙抗滑验算能满足要求，抗倾覆验算一般也能满足要求。若抗倾覆验算结果不能满足要求，可伸长墙前趾，增加抗倾覆力臂，以增大挡土墙的抗倾覆稳定性。

3）整体滑动稳定性验算

可采用圆弧滑动方法，详见4.2小节。

4）地基承载力验算

地基承载力验算，除应参考模块五的相关计算要求外，基底合力的偏心距不应大于0.25倍基础的宽度。当基底下有软弱下卧层时，尚应进行软弱下卧层的承载力验算。

5）墙身材料强度验算

参见相应的结构设计规范。

（3）重力式挡土墙的构造

在设计重力式挡土墙时，为了保证其安全合理、经济，除进行验算外，还需采取必要的构造措施。主要从基础埋深、墙背的倾斜形式、墙面坡度选择、基底坡度、墙趾台阶、伸缩缝、墙后排水措施及填土质量要求等几个方面考虑。

1）基础埋深

重力式挡墙的基础埋置深度，应根据地基承载力、水流冲刷、岩石裂隙发育及风化程度等因素进行确定。在特强冻胀、强冻胀地区应考虑冻胀的影响。在土质地基中，基础埋置深度不宜小于0.5 m；在软质岩地基中，基础埋置深度不宜小于0.3 m。

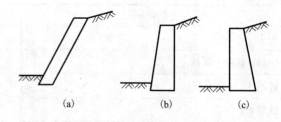

图4-24 墙背构造形式
(a)仰斜；(b)垂直；(c)俯斜

2）墙背的倾斜形式

当采用相同的计算指标和计算方法时，挡土墙背以仰斜时主动土压力最小，垂直居中，俯斜最大。墙背倾斜形式应根据使用要求、地形和施工条件等因素综合考虑确定。如对于支挡挖方工程的边坡，挡墙宜采用仰斜墙背；对于支挡填方工程的边坡，挡墙宜采用俯斜或垂直墙背，以便夯实填土。

3）墙面坡度选择

当墙前地面陡时，墙面可取1:0.05~1:0.2的仰斜坡度，亦采用直立墙面。当墙前地形较为平坦时，对中、高挡土墙，墙面坡度可较缓，但不宜缓于1:0.4。

4）基底坡度

为增加挡土墙身的抗滑稳定性，重力式挡土墙可在基底设置逆坡，但逆坡坡度不宜过大，以免墙身与基底下的三角形土体一起滑动。对于土质地基，基底逆坡坡度不宜大于1:10；对于岩质地基，基底逆坡坡度不宜大于1:5。

5）墙趾台阶

当墙高较大时，为了提高挡土墙抗倾覆能力，可加设墙趾台阶（图4-25）。墙趾台阶的高宽比可取$h:a=2:1$，$a \geqslant 20$ cm。

6）设置伸缩缝

重力式挡土墙应每间隔10~20 m设置一道伸缩缝。当地基有变化时宜加设沉降缝。在挡土结构的拐角处，应采取加强的构造措施。

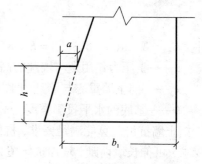

图4-25 墙趾台阶尺寸

7）墙后排水措施

挡土墙因排水不良，雨水渗入墙后填土，使得填土的抗剪强度降低，对产生挡土墙的稳定不利的影响。当墙后积水时，还会产生静水压力和渗流压力，使作用于挡土墙上的总压力增加，对挡土墙的稳定性更不利。因此，在挡土墙设计时，必须采取排水措施。

①截水沟：凡挡土墙后有较大面积的山坡，则应在填土顶面，离挡土墙适当的距离设置截水沟，把坡上径流截断排除。截水沟的剖面尺寸要根据暴雨集水面积计算确定，并应用混凝土衬砌。截水沟出口应远离挡土墙，如图4-26(a)所示。

②泄水孔：已渗入墙后填土中的水，则应将其迅速排出。通常在挡土墙设置排水孔，排水孔应沿横竖两个方向设置，其间距一般取2~3 m，排水孔外斜坡度宜为5%，孔眼尺寸不宜小于100 mm。泄水孔应高于墙前水位，以免倒灌。在泄水孔入口处，应用易渗的粗粒材料

做滤水层[图4-26(b)],必要时作排水暗沟,并在泄水孔入口下方铺设黏土夯实层,防止积水渗入地基不利墙体的稳定。墙前也要设置排水沟,在墙顶坡后地面宜铺设防水层,如图4-26(c)所示。

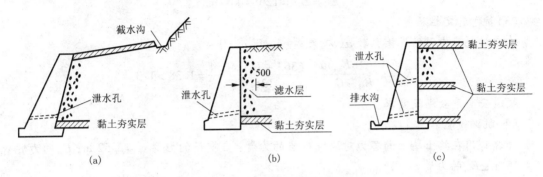

| (a) | (b) | (c) |

图4-26 挡土墙的排水措施

8)填土质量要求

挡土墙后填土应尽量选择透水性较强的填料,如砂、碎石、砾石等。因这类土的抗剪强度较稳定,易于排水。当采用黏性作填料时,应掺入适当的碎石。在季节性冻土地区,应选择炉碴、碎石、粗砂等非冻结填料。不宜采用淤泥、耕植土或膨胀土等作为填料。

4.1.4 实训项目:某工程挡土墙设计

已知某块石挡土墙高6 m,墙背倾斜$\varepsilon = 10°$,填土表面倾斜$\beta = 10°$,土与墙的摩擦角$\delta = 20°$,墙后填土为中砂,内摩擦角$\varphi = 30°$,重度$\gamma = 18.5$ kN/m³。地基承载力设计值$f_a = 160$ kPa。设计挡土墙尺寸(砂浆块石的重度取22 km/m³)。

【解】 (1)初定挡土墙断面尺寸

设计挡土墙顶宽1.0 m,底宽4.5 m,如图4-27所示,沿墙长方向取1 m作为计算单元。墙的自重为:

$$G = \frac{(1.0 + 4.5) \times 6 \times 22}{2} = 363 \text{ (kN/m)}$$

因$\alpha_0 = 0$,$G_n = 363$ kN/m,$G_t = 0$ kN/m。

(2)土压力计算

由$\varphi = 30°$、$\delta = 20°$、$\varepsilon = 10°$、$\beta = 10°$,应用库伦土压力理论,可得土压力系数$K_a = 0.438$。并计算得主动土压力E_a:

$$E_a = \frac{1}{2}rh^2K_a = \frac{1}{2} \times 18.5 \times 6^2 \times 0.438$$

$$= 145.9 \text{ (kN/m)}$$

图4-27 挡土墙计算简图

E_a的方向与水平方向成30°角,作用点距离墙基2 m处。

$$E_{ax} = E_a\cos(\delta + \varepsilon) = 145.9 \times \cos(20° + 10°) = 126.4 \text{ (kN/m)}$$

$$E_{az} = E_a \sin(\delta + \varepsilon) = 145.9 \times \sin(20° + 10°) = 73 \text{ kN/m}$$

因 $\alpha_0 = 0$，所以：

$$E_{an} = E_{az} = 73 \text{ kN/m}$$
$$E_{at} = E_{ax} = 126.4 \text{ kN/m}$$

（3）抗滑稳定性验算

墙底对地基中砂的摩擦系数 μ，查表 4-4，得 $\mu = 0.4$。

$$K_s = \frac{(G_n + E_{an})\mu}{E_{at} - G_t} = \frac{(363 + 73) \times 0.4}{126.4} = 1.38 > 1.3$$

抗滑安全系数满足要求。

（4）抗倾覆验算

计算作用在挡土墙上的各力对墙趾 O 点的力臂：自重 G 的力臂 $x_0 = 2.52$ m；E_{az} 的力臂 x_f $= 4.15$ m；E_{ax} 的力臂 $z_f = 2$ m。

$$K_t = \frac{Gx_0 + E_{az} \cdot x_f}{E_{ax} \cdot z_f} = \frac{363 \times 2.52 + 73 \times 4.15}{126.4 \times 2} = 4.8 > 1.6$$

抗倾覆验算满足要求。

（5）地基承载力验算

作用在基础底面上总的竖向力 N：

$$N = G_n + E_{az} = 363 + 73 = 436(\text{kN/m})$$

合力作用点与墙前趾 O 点的距离 x：

$$x = \frac{363 \times 2.52 + 73 \times 4.15 - 126.4 \times 2}{436} = 2.21(\text{m})$$

偏心距 $e = \dfrac{4.5}{2} - 2.21 = 0.04(\text{m}) < \dfrac{l}{6} = \dfrac{4.5}{6} = 0.75(\text{m})$

基底边缘 $\begin{matrix} P_{\max} \\ P_{\min} \end{matrix} = \dfrac{436}{4.5}\left(1 \pm \dfrac{6 \times 0.04}{4.5}\right) = \begin{matrix} 102.0(\text{kPa}) \\ 91.8(\text{kPa}) \end{matrix}$

$$\frac{1}{2}(P_{\max} + P_{\min}) = \frac{1}{2}(102 + 91.8) = 96.9(\text{kPa}) < f_a = 160 \text{ kPa}$$

$$P_{\max} = 102 \text{ kPa} < 1.2f_a = 1.2 \times 160 = 196(\text{kPa})$$

地基承载力满足要求。

因此，该块石挡土墙的断面尺寸可定为：顶宽 1.0 m，底面 4.5 m，高 6.0 m。

4.2 边坡稳定性计算

边坡就是由土体构成、具有倾斜坡面的土体，它的简单外形如图 4-28 所示。当土质均匀，坡顶和坡底都是水平且坡面为同一坡度时，称为简单土坡。一般而言，边坡分为天然土坡和人工土（边）坡。

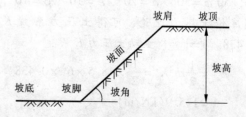

图 4-28　简单土坡示意

4.2.1　边坡稳定的意义与影响因素

由于土坡表面倾斜，它在自身重力或外部荷载作用下，有从高处向低处滑动的趋势。一旦由于设计、施工或管理不当，或者由于地震、暴雨等不可预估的外部因素，都将可能使土体内部某个面上的剪应力达到并超过该面上的抗剪强度，稳定平衡遭到破坏，造成土坡中的一部分土体相对于另一部分土体向下滑动，这种现象称为滑坡。

根据滑动的诱因，可分为推动式滑坡和牵引式滑坡，推动式滑坡是由于坡顶超载或地震等因素导致下滑力大于抗滑力而失稳，牵引式滑坡主要是由于坡脚受到切割导致抗滑力减小而破坏。

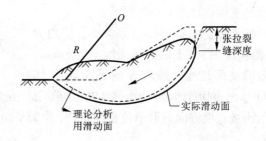

图 4 – 29　简单土坡滑坡示意

根据滑动面形状的不同，滑坡破坏通常有以下两种形式：

（1）滑动面为平面的滑坡，常发生在匀质的和成层的非均质的无黏性土构成的土坡中；

（2）滑动面为近似圆弧面的滑坡，常发生在黏性土坡中。

影响土坡稳定的因素有多种，包括土坡的边界条件、土质条件和外界条件。

（1）土坡坡度

土坡坡度可用坡度角的大小来表示，也可用土坡高度与水平尺度之比来表示。坡度角越小，土坡的稳定性越好。

（2）土坡高度

土坡高度指坡脚至坡顶之间的垂直距离。在其他条件相同时，坡高越小，土坡的稳定性越好。

（3）土的性质

土体抗剪强度越高，土的性质越好，土坡的稳定性越好。

（4）气象条件

天气晴朗时土坡处于干燥状态，土的强度大，土坡稳定性好。若连续大雨使大量雨水入渗，土的强度降低，可能导致土坡滑动。

（5）地下水渗透

当土坡中存在于滑动方向一致的渗透力时，对土坡的稳定性不利。

（6）强烈地震

强烈地震产生的地震力或孔隙水压力等，对土坡的稳定性不利。

（7）坡顶荷载变化

在坡顶堆放材料或建造建筑物等使坡顶荷载增加，或由于打桩、车辆行驶等引起振动，都会使土坡原有的稳定性平衡遭到破坏，导致土坡滑动。

4.2.2 简单土坡稳定分析

1. 无黏性土坡的稳定性分析

无黏性土坡即是由粗颗粒土所堆筑的土坡。无黏性土坡的滑动一般为浅层平面型滑动，其稳定性分析比较简单。

根据实际观测，无黏性土坡破坏时的滑动面往往接近于一个平面。因此，在分析无黏性土坡稳定时，为计算简化，一般均假定滑动面是平面，如图 4 - 30 所示。

已知土坡（如图 4 - 30）高为 H，坡角为 β，土的重度为 γ，土的抗剪强度 $\tau_f = \sigma \tan \varphi$。若假定滑动面是通过坡脚 A 的平面 AC，AC

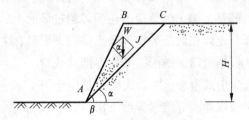

图 4 - 30　无黏性土坡稳定分析模型

的倾角为 α，则可计算滑动土体 ABC 沿 AC 面上滑动的稳定安全系数 K 值。

沿土坡长度方向截取单位长度土坡，作为平面应变问题分析。已知滑动土体 ABC 的重力为 W：

$$W = \gamma \cdot S_{\triangle ABC} \qquad (4 - 23)$$

W 在滑动面 AC 上的平均法向分力 N 及由此产生的抗滑力 T_f 为：

$$\begin{cases} N = W\cos\alpha \\ T_f = N\tan\varphi = W\cos\alpha\tan\varphi \end{cases} \qquad (4 - 24)$$

W 在滑动面 AC 上产生的平均下滑力 T 为：

$$T = W\sin\alpha \qquad (4 - 25)$$

土坡的滑动稳定安全系数 K 为：

$$K = \frac{T_f}{T} = \frac{W\cos\alpha\tan\varphi}{W\sin\alpha} = \frac{\tan\varphi}{\tan\alpha} \qquad (4 - 26)$$

安全系数 K 随倾角 α 的增大而减小。当 $\alpha = \beta$ 时滑动稳定安全系数最小，即土坡面上的一层土是最容易滑动的。无黏性土坡的滑动稳定安全系数可取为：

$$K = \frac{\tan\varphi}{\tan\beta} \qquad (4 - 27)$$

当坡角 β 等于土的内摩擦角 φ 时，即稳定安全系数 $K = 1$ 时，土坡处于极限平衡状态。因此，无黏性土土坡的极限坡角等于土的内摩擦角 φ，此坡角称为土坡自然休止角。只要坡角 $\beta < \varphi(K > 1)$，土坡就是稳定的。可以看出，无黏性土坡的稳定性与坡高无关，与坡体材料的重量无关，仅取决于 β 和 φ。为了保证土坡具有足够的安全储备，工程中一般要求 $K \geqslant 1.25 \sim 1.30$。

2. 黏性土坡的稳定性分析

黏性土坡发生滑坡时，其滑动面形状多为一曲面。在理论分析中，一般将此曲面简化为圆弧面，并按平面问题处理。圆弧滑动面的形式有以下三种：圆弧滑动面通过坡脚 B 点[图 4 - 31(a)]，称为坡脚圆；圆弧滑动面通过坡面上 E 点[图 4 - 31(b)]，称为坡面圆；圆弧滑动面发生在坡角以外的 A 点[图 4 - 31(c)]，且圆心位于坡面中点的垂直线上，称为中点圆。

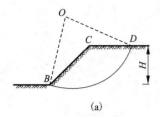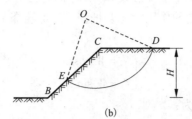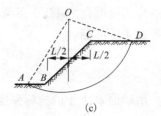

图 4 – 31　黏土土坡的滑动面形式

(a) 坡脚圆；(b) 坡面圆；(c) 中点圆

土坡稳定分析时采用圆弧滑动面首先由彼德森 (K. E. Petterson，1916) 提出，此后费伦纽斯 (W. Fellernius，1927) 和泰勒 (D. W. Taylor，1948) 做了研究和改进。他们提出的分析方法可以分为两类：土坡圆弧滑动按整体稳定分析法，主要适用于均质简单土坡；用条分法分析土坡稳定，对非均质土坡、土坡外形复杂及土坡部分在水下时均适用。

由于整体分析法对于非均质的土坡或比较复杂的土坡 (如土坡形状比较复杂、或土坡上有荷载作用、或土坡中有水渗流时等) 均不适用，费伦纽斯 (W. Fellenius. 1927) 提出了黏性土土坡稳定分析的条分法。由于此法最先在瑞典使用，又称为瑞典条分法。毕肖普 (A. W. Bishop，1955) 对此法进行改进，提高了条分法的计算精度。下面简要介绍瑞典条分法的基本知识。

(1) 瑞典条分法的基本原理

如图 4 – 32 所示土坡，取单位长度土坡按平面问题计算。设可能的滑动面是一圆弧 AD，其圆心为 O，半径为 R。将滑动土体 $ABCDA$ 分成许多竖向土条，土条宽度一般可取 $b = 0.1R$。

任一土条 i 上的作用力包括：土条的重力 W_i，其大小、作用点位置及方向均已知。滑动面 ef 上的法向反力 N_i 及切向反力 T_i，假定 N_i、T_i 作用在滑动面 ef 的中点，它们的大小均未知。土条两侧的法向力 E_i、E_{i+1} 及竖向剪切力 X_i、X_{i+1}，其中 E_i 和 X_i 可由前一个土条的平衡条件求得，而 E_{i+1} 和 X_{i+1} 的大小未知，E_{i+1} 的作用点位置也未知。

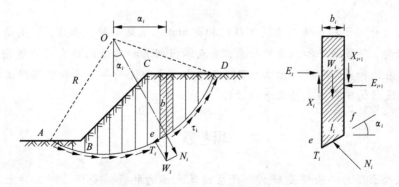

图 4 – 32　土坡稳定分析的瑞典条分法

由此看到，土条 i 的作用力中有 5 个未知数，但只能建立 3 个平衡条件方程，故为非静定问题。为了求得 N_i 和 T_i 值，必须对土条两侧作用力的大小和位置作适当假定。瑞典条分法假设不考虑土条两侧的作用力，也即假设 E_i 和 X_i 的合力等于 E_{i+1} 和 X_{i+1} 的合力，同时，它们的作用线重合，因此土条两侧的作用力相互抵消。这时土条 i 仅有作用力 W_i，N_i 及 T_i，根据平衡条件可得：

$$\begin{cases} N_i = W_i \cos\alpha_i \\ T_i = W_i \sin\alpha_i \end{cases} \tag{4-28}$$

滑动面 ef 上土的抗剪强度为：

$$\tau_{\mathrm{fi}} = \sigma_i \tan\varphi_i + c_i = \frac{1}{l_i}(N_i \tan\varphi_i + c_i l_i) = \frac{1}{l_i}(W_i \cos\alpha_i \tan\varphi_i + c_i l_i) \tag{4-29}$$

式中：α_i——土条 i 滑动面的法线与竖直线的夹角，(°)；

$\quad l_i$——土条 i 滑动面 ef 的弧长，m；

$\quad c_i$，φ_i——滑动面上土的黏聚力及内摩擦角，kPa，(°)。

土条 i 上的作用力对圆心 O 产生的滑动力矩 M_s 及抗滑力矩 M_r 分别为：

$$\begin{cases} M_s = T_i R = W_i \sin\alpha_i R \\ M_r = \tau_{\mathrm{fi}} l_i R = (W_i \cos\alpha_i \tan\varphi_i + c_i l_i) R \end{cases} \tag{4-30}$$

整个土坡相应于滑动面 AD 时的稳定安全系数为：

$$K = \frac{M_r}{M_s} = \frac{\displaystyle\sum_{i=1}^{n}(W_i \cos\alpha_i \tan\varphi_i + c_i l_i)}{\displaystyle\sum_{i=1}^{n} W_i \sin\alpha_i} \tag{4-31}$$

（2）最危险滑动面圆心位置的确定

上述稳定安全系数 K 是对于某一个假定滑动面求得的。因此，需要试算许多个可能的滑动面，相应于最小安全系数 $K_{\min}$ 的滑动面即为最危险滑动面。工程中，若 $K_{\min} \geqslant 1.2$，则一般认为黏性土边坡为稳定的。

瑞典条分法实际上是一种试算法，由于计算工作量大，一般利用计算机完成。

模块小结

本模块主要介绍了挡土墙与边坡工程的相关知识。应理解静止土压力、主动土压力和被动土压力的概念、形成条件和三者的关系，重点掌握朗肯和库伦两种土压力理论的基础、假设条件、适用条件和具体的计算方法，理解两种土压力理论的异同点和在实际工程中的应用范围，并应能进行简单重力式挡土墙的设计。

思考题

1. 产生主动土压力的条件是什么？产生被动土压力的条件是什么？三种土压力的大小关系？

2. 朗肯土压力理论和库伦土压力理论的相同点是什么？朗肯土压力理论和库伦土压力理论的不同点主要是什么？

3. 挡土墙主要有哪些类型？各类型有何适用性？

4. 砂土类边坡和黏性土边坡稳定的条件是什么？

5. 土坡稳定性与哪些因素有关？

6. 墙后填土积水对挡土墙的稳定性有无影响？

7. 重力式挡土墙有哪些主要设计内容？

习　题

1. 某挡土墙墙高为 5 m，墙背直立光滑。墙顶宽 $b_1 = 0.5$ m，墙底宽为 $b_2 = 2$ m。填土为砂土，内摩擦角为 $\varphi = 10$，$\gamma = 16$ kN/m³。试用库伦土压力理论计算主动土压力 E_a 的大小和位置。

2. 某重力式挡土墙高 5 m（图 4-33），墙后填土面水平，作用在填土面上的大面积均布荷载 25 kPa，墙后填土 $c = 0$ kPa，$\varphi = 36°$，$\gamma = 16.0$ kN/m³。求挡土墙超载情况下的被动土压力及分布（用朗肯公式）。

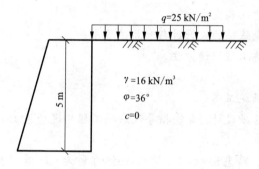

$q = 25$ kN/m²

$\gamma = 16$ kN/m³
$\varphi = 36°$
$c = 0$

5 m

图 4-33　习题 2 附图

3. 某重力式挡土墙高 6 m，墙后填土面水平，作用在填土面上的大面积均布荷载 20 kPa，墙后填土有两层，上层为黏性土并夹带部分砂、砾石，厚 3 m，$c = 10$ kPa，$\varphi = 30°$，$\gamma = 18.0$ kN/m³；下层为粉质黏土，厚 3 m，$c = 11$ kPa，$\varphi = 28°$，$\gamma = 17.2$ kN/m³。地下水位在墙顶以下 4 m，试求作用在墙背的主动土压力、水压力和总压力，并绘图表示其分布。

4. 已知挡土墙高 $H = 10$ m，墙后填土为中砂，$\gamma = 18$ kN/m³，$\varphi = 30°$，墙背垂直、光滑，填土面水平。计算总静止土压力 E_0，总主动土压力 E_a。当地下水位上升至离墙顶 6 m 时，$\gamma_{sat} = 19$ kN/m³，计算墙所受的 E_a 与水压力 E_w。

技能训练题

在指导教师和工程现场技术人员指导下，参观各种形式的已建挡土墙工程。并以一个待建挡土墙工程为工作任务，通过查阅地质勘察文件、设计任务书等资料，分析挡土墙工程的现场条件，设计重力式挡土墙。主要完成以下设计任务：1）结合工程现场实际情况，选择墙后填料；2）设计挡土墙的尺寸、计算土压力，验算挡土墙地基承载力；3）试验算挡土墙的抗倾覆稳定性、抗滑稳定性；4）提出稳定性不满足要求时的处理措施，指导施工；5）结合施工项目部的实际技术水平和相关技术标准，编制该工程挡土墙的专项施工方案。

模块五　浅基础工程

建筑施工现场专业技术岗位资格考试和技能实践要求

- 熟悉浅基础工程的基本知识，能识读浅基础施工图，指导基础工程的现场施工。

教学目标

【知识目标】
- 熟悉浅基础的类型及适用条件；
- 掌握基础底面尺寸的确定方法；
- 熟悉天然地基上浅基础的设计过程和构造要求；
- 掌握浅基础结构施工图识读方法。

【能力目标】
- 能识读各类浅基础施工图；
- 能进行简单的浅基础设计，并能指导浅基础工程的现场施工。

【素质目标】
- 通过本模块学习，熟悉影响基础结构安全的要素，培养学生理论联系实践的工程素质；
- 通过本模块的学习，锻炼学生动手能力和解决实际问题能力，培养学生的团队协作精神。

5.1　浅基础工程的认知

地基基础设计是建筑结构设计的重要内容之一，基础施工是施工现场技术人员的重要工作内容之一，直接关系到建筑物的安全和正常使用。所有建筑物都建造在一定地层上，如果建筑物基础直接建造在未经加固的天然地层上，这种地基称为天然地基。若天然地层不足以承受建筑物上部结构传来的荷载，而需要经过人工加固，才能在其上建造地基，这种地基称为人工地基。在工程实践中，一般埋深 5 m 以内且用常规方法施工的基础称为浅基础，当基础埋置在较深的土层上时，通常称为深基础。本模块主要介绍天然地基上的浅基础设计相关内容。

5.1.1　浅基础的分类

根据基础的材料、受力性能及构造特点，可将浅基础分类如下。

1.刚性基础

刚性基础又称为无筋扩展基础，主要指由砖、毛石、混凝土或毛石混凝土、灰土和三合土等材料组成的,且不需配置钢筋的墙下条形基础或柱下独立基础。常用于层数较少的民用建筑。

（1）砖基础

以砖为砌筑材料,形成的建筑物基础(图5-1)。砖基础是我国传统的砖木结构砌筑方法,现代常与混凝土结构配合修建住宅、校舍、办公等低层建筑。常见的砌筑方法为"一皮一收"或"一皮一收与两皮一收相间"。砌筑时为保证基础最底层的整体性良好,底层采用"全丁法"砌筑。"一皮"即一层砖,标志尺寸为60 mm。

砖基础的特点是抗压性能好,整体性、抗拉、抗弯、抗剪性能较差,材料易得,施工操作简便,造价较低。适用于地基坚实、均匀,上部荷载较小,六层和六层以下的一般民用建筑和墙承重的轻型厂房基础工程。

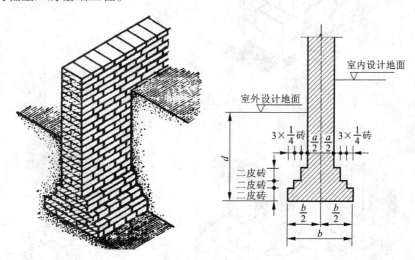

图5-1　砖基础

（2）毛石基础

毛石基础(图5-2)是用强度等级不低于 MU30 的毛石,不低于 M5 的砂浆砌筑而形成。为保证砌筑质量,毛石基础每台阶高度和基础的宽度不宜小于 400 mm,每阶两边各伸出宽度不宜大于 200 mm。石块应错缝搭砌,缝内砂浆应饱满,且每步台阶不应少于两匹毛石,石块上下皮竖缝必须错开(不少于 10 cm,角石不少于 15 cm),做到丁顺交错排列。

毛石基础的抗冻性较好,在寒冷潮湿地区可用于 6 层以下建筑物基础。整体性欠佳,故有振动的建筑很少采用。

（3）混凝土和毛石混凝土基础

混凝土基础(图5-3)的强度、耐久性和抗冻性均较好,其混凝土强度等级一般采用C15以上,常用于荷载较大的墙柱基础。

毛石混凝土基础是在混凝土基础中加入一定比例的毛石而形成的基础(图5-3)。如毛石混凝土带形基础、毛石混凝土垫层等。也有用在大体积混凝土浇筑,为了减少水泥用量、减少发热量对结构产生的病害,在浇筑混凝土时加入一定量毛石。浇筑混凝土墙体较厚时,也掺入一定量的毛石,如毛石混凝土挡土墙等。掺入的毛石一般为体积的 25% 左右,毛石的粒径控制在 200 mm 以下。具体操作为分层浇筑混凝土浆,再分层投入毛石、保证浆体充分包裹住毛石,毛石在结构体空间中应保证其布置均匀。

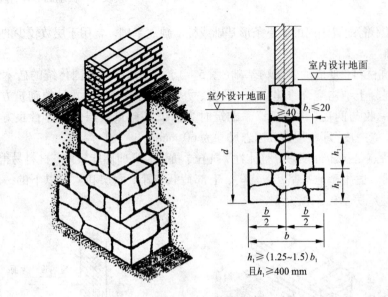

图 5 – 2　毛石基础

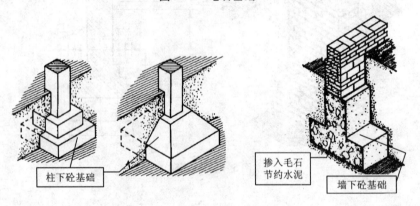

图 5 – 3　混凝土和毛石混凝土基础

（4）三合土基础

三合土基础（图 5 – 4）是石灰、砂、骨料（矿渣、碎砖或碎石）等三种材料，按 1∶2∶4 ~ 1∶3∶6 的体积比进行配合，然后在基槽内分层夯实，每层夯实前虚铺 220 mm，夯实后净剩 150 mm。三合土铺筑至设计标高后，在最后一遍夯打时，宜浇注石灰浆，待表面灰浆略为风干后，再铺上一层砂子，最后整平夯实。

这种基础在我国南方地区应用很广。它的造价低廉，施工简单，但强度较低，所以一般只用于四层以下的民用建筑基础。

（5）灰土基础

灰土基础是由石灰、土和水按比例配合，经分层夯实而成的基础。灰土强度在一定范围内随含灰量的增加而增加。但超过限度后，灰土的强度反而会降低。

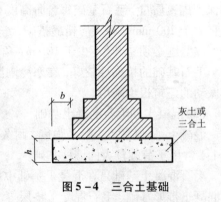

图 5 – 4　三合土基础

灰土基础的优点是施工简便，造价较低，就地取材，可以节省水泥、砖石等材料。缺点是它的抗冻、耐水性能差，在地下水位线以下或很潮湿的地基上不宜采用。多用于五层以下的民用建筑基础。

2.钢筋混凝土扩展基础

扩展基础又称为柔性基础，为扩散上部结构传来的荷载，使作用在基底的压应力满足地基承载力的设计要求，且基础内部的应力满足材料强度的设计要求，通过向侧边扩展一定底面积的基础。主要包括柱下钢筋混凝土独立基础(图5－6)和钢筋混凝土条形基础(图5－5)。

这类基础的抗压、抗弯和抗剪性能良好，在设计中广泛使用，相同条件下比刚性基础的基础高度小，适于荷载大或土质软的情况下采用，特别适用于宽基浅埋的场所。

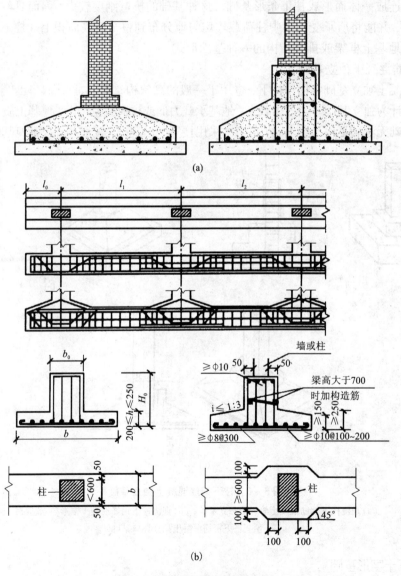

图5－5　钢筋混凝土条形基础

(a)墙下钢筋混凝土条形基础；(b)柱下钢筋混凝土条形基础

（1）钢筋混凝土条形基础

条形基础是指基础长度远远大于宽度的一种基础形式。按上部结构分为墙下条形基础和柱下条形基础。基础的长度大于或等于10倍基础的宽度。

1）墙下钢筋混凝土条形基础

墙下钢筋混凝土条形基础广泛应用于砌体结构，常有不带肋与带肋两种形式。如果地基土质分布较不均匀，在水平方向压缩性差异较大，为了减小基础不均匀沉降和增强基础的整体性，可做成带肋条形基础。

2）柱下钢筋混凝土条形基础

当地基较为软弱、柱荷载或地基压缩性分布不均匀，常将同一方向（或同一轴线）上若干柱子的基础连成一体而形成柱下条形基础。这种基础的抗弯刚度较大，因而具有调整不均匀沉降的能力，并能将所承受的集中柱荷载较均匀地分布到整个基底面积上。柱下条形基础是常用于软弱地基上框架或排架结构的一种基础形式。

（2）钢筋混凝土独立基础

钢筋混凝土独立基础常用于柱下，也用于一般的高耸构筑物，如水塔、烟囱等。柱下基础首先考虑设计为独立基础。当柱荷载大、地基承载力低或柱荷载差过大、地基土质变化较大时，采用独立基础无法满足设计要求时，可考虑采用柱下条形基础、筏形基础或其他基础形式。

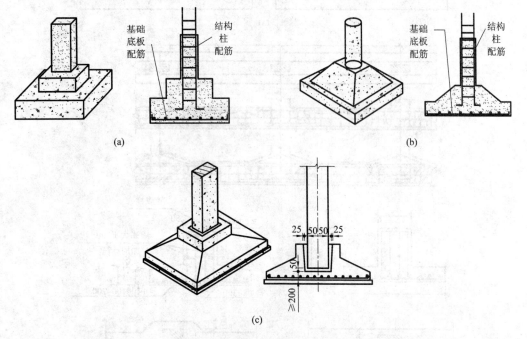

图 5 - 6　柱下钢筋混凝土独立基础

（a）现浇柱下钢筋混凝土阶梯形独立基础；（b）现浇柱下钢筋混凝土锥形独立基础；
（c）预制柱下钢筋混凝土独立杯口基础

3. 柱下十字形基础

当荷载较大的高层建筑或地基土软弱，单向的条形基础底面积不足以承受上部结构荷载时，需要基础纵横两向都具有一定的抗弯刚度来调整基础的不均匀沉降，可在纵、横两方向将柱基础连成十字交叉条形基础(图5-7)。

4.筏板基础

筏板基础又叫满堂基础(图5-8)。它是把柱下独立基础或者条形基础全部用连系梁联系起来,下面再整体浇注底板,由底板、梁等整体组成。地基软弱而荷载较大,采用十字交叉基础不能满足地基承载力要求,采用筏形基础,其整体性好,能很好的抵抗地基不均匀沉降。可用于多种结构,如框架、框剪、剪力墙结构及砌体结构。特别适用于采用地下室的建筑物以及大型的储液结构物(如水池、油库等)。

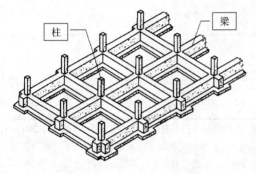

图5-7　柱下十字形基础

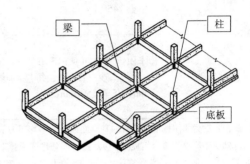

图5-8　筏板基础

筏板基础分为平板式筏基和梁板式筏基,平板式筏板基础是一块等厚度的钢筋混凝土平板,筏板的厚度与建筑物的高度及受力条件有关,通常不小于200 mm,对于高层建筑,通常根据建筑物的层数按每层50 mm确定筏板的厚度。当在柱间设有梁时,则形成梁板式筏形基础,如图5-8所示。

5.1.2　浅基础构造要求

1.刚性基础的构造要求

因刚性基础材料的抗拉和抗剪强度比抗压强度低得多,为避免基础受到冲切而拉裂,其台阶的宽高比允许值b_2/H_0应满足表5-1要求。

表5-1　无筋扩展基础台阶宽高比的允许值

基础材料	质量要求	台阶宽高比的允许值		
		$p_k \leq 100$	$100 < p_k \leq 200$	$200 < p_k \leq 300$
混凝土基础	C15混凝土	1:1.00	1:1.00	1:1.25
毛石混凝土基础	C15混凝土	1:1.00	1:1.25	1:1.50
砖基础	砖不低于MU10、砂浆不低于M5	1:1.50	1:1.50	1:1.50
毛石基础	砂浆不低于M5	1:1.25	1:1.50	—

基础材料	质量要求	台阶宽高比的允许值		
		$p_k \leqslant 100$	$100 < p_k \leqslant 200$	$200 < p_k \leqslant 300$
灰土基础	体积比为 3∶7 或 2∶8 的灰土，其最小干密度： 粉土 1550 kg/m³ 粉质黏土 1500 kg/m³ 黏土 1450 kg/m³	1∶1.25	1∶1.50	—
三合土基础	体积比 1∶2∶4～1∶3∶6 （石灰∶砂∶骨料），每层约虚铺 220 mm，夯至 150 mm	1∶1.50	1∶2.00	—

注：①p_k 为作用标准组合时的基础底面处的平均压力值，kPa；②阶梯形毛石基础的每阶伸出宽度，不宜大于 200 mm；③当基础由不同材料叠合组成时，应对接触部分作抗压验算；④混凝土基础单侧扩展范围内基础底面处的平均压力值超过 300 kPa 时，尚应进行抗剪验算；对基底反力集中于立柱附近的岩石地基，应进行局部受压承载力验算。

采用无筋扩展基础的钢筋混凝土柱，如图 5－9 所示，其柱脚高度 h_1 不得小于 b_1，并不应小于 300 mm 且不小于 20 d。当柱纵向钢筋在柱脚内的竖向锚固长度不满足锚固要求时，可沿水平方向弯折，弯折后的水平锚固长度不应小于 10 d 也不应大于 20 d（注：d 为柱中的纵向受力钢筋的最大直径）。

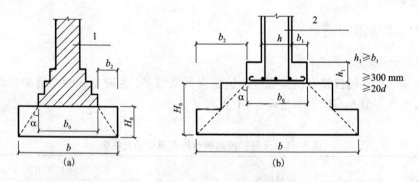

图 5－9　无筋扩展基础构造示意

2. 扩展基础的构造要求

（1）锥形基础的边缘高度，不宜小于 200 mm，且两个方向的坡度不宜大于 1∶3，其顶部四周应水平放宽至少 50 mm，阶梯形基础的每阶高度，宜为 300～500 mm。

（2）钢筋混凝土基础下通常设素混凝土垫层，垫层高度不宜小于 70 mm，通常取 100 mm，混凝土强度等级应为 C15。垫层两边各伸出基础底板 50 mm。

（3）扩展基础受力钢筋最小配筋率不应小于 0.15%，底板受力钢筋的最小直径不应小于 10 mm；间距不应大于 200 mm，也不应小于 100 mm。墙下钢筋混凝土条形基础纵向分布钢筋的直径不小于 8 mm；间距不应大于 300 mm。每延米分布钢筋的面积不小于受力钢筋面积的 15%。当有垫层钢筋保护层的厚度不应小于 40 mm；当无垫层不应小于 70 mm。

（4）基础底板混凝土强度等级不应低于 C20。

（5）当柱下钢筋混凝土独立基础的边长和墙下钢筋混凝土的宽度大于或等于 2.5 m 时，底板受力筋的长度可取边长或宽度的 0.9 倍，并宜交错布置（如图 5 - 10）。

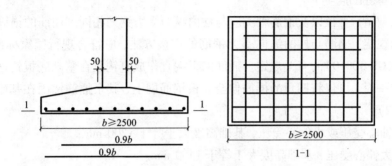

图 5 - 10　柱下独立基础底板受力钢筋布置

（6）基础底板在 T 形及十字形交接处，底板横向受力筋仅沿一个主要受力方向底板宽度的 1/4 处。在拐角处底板横向受力钢筋应沿两个方向布置（如图 5 - 11）。

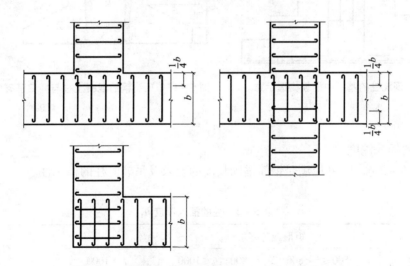

图 5 - 11　墙下条形基础纵横交叉处底板受力钢筋布置

3. 钢筋混凝土柱和剪力墙纵向受力钢筋在基础内的锚固长度

（1）钢筋混凝土柱和剪力墙纵向受力钢筋在基础内的锚固长度（l_a）应根据现行国家标准《混凝土结构设计规范》（GB 50010—2010）有关规定确定；

（2）抗震设防烈度为 6 度、7 度、8 度和 9 度地区的建筑工程，纵向受力钢筋的抗震锚固长度（l_{aE}）应按下式计算：

1）一、二级抗震等级纵向受力钢筋的抗震锚固长度(l_{aE})：$l_{aE} = 1.15\ l_a$；

2）三级抗震等级纵向受力钢筋的抗震锚固长度(l_{aE})：$l_{aE} = 1.05\ l_a$；

3）四级抗震等级纵向受力钢筋的抗震锚固长度(l_{aE})：$l_{aE} = l_a$。

（3）当基础高度小于$l_a(l_{aE})$时，纵向受力钢筋的锚固总长度除符合上述要求外，其最小直锚段的长度不应小于 20 d，弯折段的长度不应小于 150 mm。

4. 现浇柱基础的插筋

其插筋的数量、直径以及钢筋种类应与柱内纵向受力钢筋相同。插筋的锚固长度应满足前述第 3 条的规定，插筋与柱的纵向受力钢筋的连接方法，应符合现行国家标准《混凝土结构设计规范》（GB 50010）的有关规定。插筋的下端宜作成直钩放在基础底板钢筋网上。当符合下列条件之一时，可仅将四角的插筋伸至底板钢筋网上，其余插筋锚固在基础顶面下 l_a 或 l_{aE}处（图 5 - 12）。

（1）柱为轴心受压或小偏心受压，基础高度大于等于 1200 mm；

（2）柱为大偏心受压，基础高度大于等于 1400 mm。

5. 预制钢筋混凝土柱与杯口基础的连接（图 5 - 13）

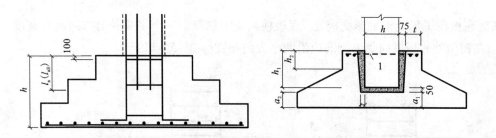

图 5 - 12　现浇柱的基础中插筋构造示意　　　图 5 - 13　预制钢筋混凝土柱与杯口基础的连接示意

注：$a_2 \geq a_1$；1—焊接网

（1）柱的插入深度

可按表 5 - 2 选用，并应满足钢筋锚固长度的要求及吊装时柱的稳定性。

表 5 - 2　柱的插入深度 h_1　　　　　　　　　　　　　　　　　/mm

矩形或工字形柱				双肢柱
$h < 500$	$500 \leq h < 800$	$800 \leq h \leq 1000$	$h > 1000$	
$h \sim 1.2h$	h	$0.9h$	$0.8h$	$(1/3 \sim 2/3)h_a$
		且≥ 800	≥ 1000	$(1.5 \sim 1.8)h_b$

注：①h 为柱截面长边尺寸；h_a 为双肢柱全截面长边尺寸；h_b 为双肢柱全截面短边尺寸；②柱轴心受压或小偏心受压时，h_1 可适当减小，偏心距大于 $2h$ 时，h_1 应适当加大。

（2）基础的杯底厚度和杯壁厚度

表 5 - 3　基础的杯底厚度和杯壁厚度

柱截面长边尺寸 h/mm	杯底厚度 a_1/mm	杯壁厚度 t/mm
$h < 500$	≥ 150	$150 \sim 200$
$500 \leqslant h < 800$	≥ 200	≥ 200
$800 \leqslant h < 1000$	≥ 200	≥ 300
$1000 \leqslant h < 1500$	≥ 250	≥ 350
$1500 \leqslant h < 2000$	≥ 300	≥ 400

注：①双肢柱的杯底厚度值，可适当加大；②当有基础梁时，基础梁下的杯壁厚度，应满足其支承宽度的要求；③柱子插入杯口部分的表面应凿毛，柱子与杯口之间的空隙，应用比基础混凝土强度等级高一级的细石混凝土充填密实，当达到材料设计强度的70%以上时，方能进行上部吊装。

（3）当柱为轴心受压或小偏心受压且 $t/h_2 \geqslant 0.65$ 时，或大偏心受压且 $t/h_2 \geqslant 0.75$ 时，杯壁可不配筋；当柱为轴心受压或小偏心受压且 $0.5 \leqslant t/h_2 < 0.65$ 时，杯壁可按表 5 - 4 构造配筋；其他情况下，应按计算配筋。

表 5 - 4　杯壁构造配筋

柱截面长边尺寸/mm	$h < 1000$	$1000 \leqslant h < 1500$	$1500 \leqslant h \leqslant 2000$
钢筋直径/mm	$8 \sim 10$	$10 \sim 12$	$12 \sim 16$

注：表中钢筋置于杯口顶部，每边两根。

6. 预制钢筋混凝土柱（包括双肢柱）与高杯口基础的连接（图 5 - 14）

插入深度应符合普通杯口基础的相关规定，杯壁厚度应符合表 5 - 5 的规定。

高杯口基础短柱的纵向钢筋（图 5 - 15），除满足计算要求外，在非地震区及抗震设防烈度低于 9 度地区，且满足前述的要求时，短柱四角纵向钢筋的直径不宜小于 20 mm，并延伸至基础底板的钢筋网上；短柱长边的纵向钢筋，当长边尺寸小于或等于 1000 mm 时，其钢筋直径不应小于 12 mm，间距不应大于 300 mm；当长边尺寸大于 1000 mm 时，其钢筋直径不应小于 16 mm，间距不应大于 300 mm，且每隔一米左右伸下一根并作 150 mm 的直钩支承在基础底部的钢筋网上，其余钢筋锚固至基础底板顶面下 L_a 处。短柱短边每隔 300 mm 应配置直径不小于 12 mm 的纵向钢筋且每边的配筋率不少于 0.05% 短柱的截面面积。短

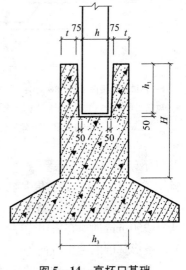

图 5 - 14　高杯口基础
H—短柱高度

柱中杯口壁内横向箍筋不应小于ϕ8@150；短柱中其他部位的箍筋直径不应小于8 mm，间距不应大于300 mm；当抗震设防烈度为8度和9度时，箍筋直径不应小于8 mm，间距不应大于150 mm。

表 5 – 5   高杯口基础的杯壁厚度 t

h/mm	t/mm
600 < h ≤ 800	≥250
800 < h ≤ 1000	≥300
1000 < h ≤ 1400	≥350
1400 < h ≤ 1600	≥400

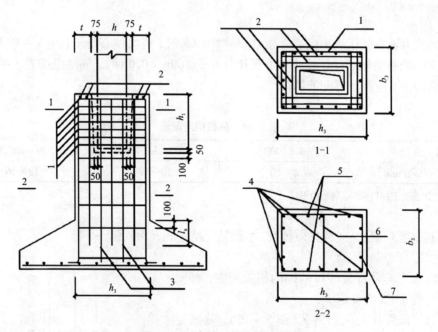

图 5 – 15   高杯口基础构造配筋

1—杯口壁内横向箍筋ϕ8@150；2—顶层焊接钢筋网；3—插入基础底部的纵向钢筋不应少于每米 1 根；
4—短柱四角钢筋一般不小于ϕ20；5—短柱长边纵向钢筋当 h_3 ≤1000 用ϕ12@300，当 h_3 >1000 用ϕ16@300；
6—按构造要求；7—短柱短边纵向钢筋每边不小于 0.05% b_3h_3（不小于ϕ12@300）

7. 柱下条形基础的构造

除应符合本节第 2 条扩展基础的构造要求要求外，尚应符合下列规定：

（1）柱下条形基础梁的高度宜为柱距的 1/4 ~ 1/8。翼板厚度不应小于 200 mm。当翼板厚度大于 250 mm 时，宜采用变厚度翼板，其顶面坡度宜小于或等于 1∶3；

（2）条形基础的端部宜向外伸出，其长度宜为第一跨距的 0.25 倍；

（3）现浇柱与条形基础梁的交接处，基础梁的平面尺寸应大于柱的平面尺寸，且柱的边缘至基础梁边缘的距离不得小于 50 mm（图 5 – 16）；

144

（4）条形基础梁顶部和底部的纵向受力钢筋除应满足计算要求外，顶部钢筋应按计算配筋全部贯通，底部通长钢筋不应少于底部受力钢筋截面总面积的 1/3；

（5）柱下条形基础的混凝土强度等级，不应低于 C20。

8. 筏板基础的基本构造要求

筏形基础的混凝土强度等级不应低于 C30，当有地下室时应采用防水混凝土。对重要建筑，宜采用自防水并设置架空排水层。

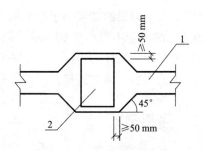

图 5 – 16　现浇柱与条形基础梁交接处平面尺寸

1—基础梁；2—柱

采用筏形基础的地下室，钢筋混凝土外墙厚度不应小于 250 mm，内墙厚度不宜小于 200 mm。墙的截面设计除满足承载力要求外，尚应考虑变形、抗裂及外墙防渗等要求。墙体内应设置双面钢筋，钢筋不宜采用光面圆钢筋，水平钢筋的直径不应小于 12 mm，竖向钢筋的直径不应小于 10 mm，间距不应大于 200 mm。

地下室底层柱、剪力墙与梁板式筏基的基础梁连接的构造应符合下列规定：

（1）柱、墙的边缘至基础梁边缘的距离不应小于 50 mm（图 5 – 17）；

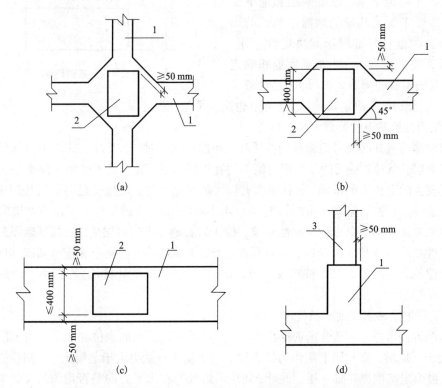

图 5 – 17　地下室底层柱或剪力墙与梁板式筏基的基础梁连接的构造要求

1—基础梁；2—柱；3—墙

（2）当交叉基础梁的宽度小于柱截面的边长时，交叉基础梁连接处应设置八字角，柱角与八字角之间的净距不宜小于 50 mm［图 5 - 17(a)］;

（3）单向基础梁与柱的连接，可按图 5 - 17(b)、(c)采用;

（4）基础梁与剪力墙的连接，可按图 5 - 17(d)采用。

5.2 浅基础设计

5.2.1 基础埋置深度的确定

地基中基础埋置深度一般是指基础底面到室外设计地面的距离，简称基础埋深，如图 5 - 18。基础埋深对结构物的牢固、稳定与正常使用具有重要意义。

影响基础埋置深度的因素如下:

（1）建筑物的用途及基础形式和构造

确定基础埋深时应了解建筑物的用途及使用要求。当有地下室、设备基础和地下设施时，往往要求加大基础的埋深。基础的形式和构造有时也对基础埋深起决定性作用。例如采用无筋扩展基础，当基础底面积确定后，由于基础本身的构造要求（即满足台阶宽高比允许值要求），就决定基础最小高度，也决定了基础的埋深。

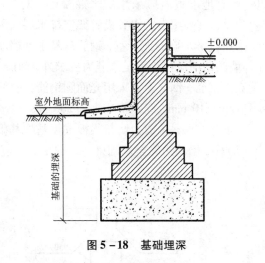

图 5 - 18 基础埋深

（2）作用在地基上的荷载大小和性质

基础埋深的选择必须考虑荷载的性质和大小的影响。对同一层土，荷载小的基础可能是良好的持力层;而对荷载大的基础则可能不适宜作持力层。尤其是承受较大的水平荷载的基础或承受较大的上拔力的基础，往往需要有较大的基础埋深，以提供足够的抗拔阻力，保证基础的稳定性。《建筑地基基础设计规范》（GB 50007—2011）还强调高层建筑基础的埋置深度应满足地基承载力、变形和稳定性要求。位于岩石地基上的高层建筑，其基础埋深应满足抗滑稳定性要求。在抗震设防区，除岩石地基外，天然地基上的箱形和筏形基础其埋置深度不宜小于建筑物高度的 1/15，桩箱或桩筏基础的埋置深度（不计桩长）不宜小于建筑物高度的 1/18。

（3）工程地质和水文地质条件

应从两方面考虑，一是合理选择持力层，二是考虑地下水的水位和水质。当上层地基的承载力大于下层时，宜利用上层作为持力层。当下层土承载力大于上层土时，则应进行方案比较后，再确定基础埋在哪一层。此外，还应考虑地基在水平方向是否均均匀。如果存在地下水，基础宜埋在地下水位以上，当必须埋在地下水位以下时，应采取地基土在施工时不受扰动的措施。对于有侵蚀性的水，应采取防止基础受侵蚀破坏的措施。当基础埋置在易风化岩层的岩层上，施工时应在基坑开挖后立即铺筑垫层。

（4）相邻建筑物的基础埋深

一般新建筑物基础埋深不宜大于相邻原基础的基础。当必须深于原基础时，两基础之间应保持一定净距，数值根据原有建筑荷载大小和土质情况确定，一般取两相邻地面高差的 1～2 倍(图 5－19)。当墙下条形基础有不同埋深时，应沿基础纵向做成台阶形，并由深到浅过渡。

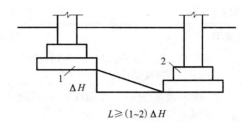

$$L \geqslant (1{\sim}2)\Delta H$$

图 5－19　相邻建筑间的相邻基础埋深及间距要求

1—原有基础；2—新基础

(5)地基土冻胀和融陷的影响

地表以下一定深度的地层温度是随大气温度而变化的。当地层温度低于 0～1℃ 时，土中部分孔隙水将冻结成冻土。在冻胀、强冻胀、特强冻胀地基上，应采用下列防冻害措施：

1)对在地下水以上的基础，基础侧面应回填非冻胀性的中砂或粗砂，其厚度不应小于 200 mm。对在地下水位以下的基础，可采用桩基础、保温性基础、自锚式基础(冻土层下有扩大板或扩底短桩)，也可将独立基础或条形基础做成正梯形的斜面基础。

2)宜选择地势高、地下水位低，地表排水良好的建筑场地。对于低洼场地，建筑物的室外地坪标高应至少高出自然地面 300～500 mm，其范围不宜小于建筑四周向外各一倍冻结深度距离的范围。

3)应做好排水设施，施工和使用期间防止水浸入建筑地基。在山区应设截水沟或在建筑物下设置暗沟，以排走地表水和潜水。

4)在强冻胀性和特强冻胀性地基，其基础结构应设置钢筋混凝土圈梁和基础梁，并控制建筑的长高比。

5.2.2　基础底面尺寸的确定

1.地基基础设计的基本规定

(1)地基基础设计等级

地基基础设计应根据地基复杂程度、建筑物规模和功能特征以及由于地基问题可能造成建筑物破坏或影响正常使用的程度分为三个设计等级，设计时应根据具体情况，按表 5－6 选用。

表 5－6　地基基础设计等级

设计等级	建筑和地基类型
甲　级	重要的工业与民用建筑物 30 层以上的高层建筑 体型复杂，层数相差超过 10 层的高低层连成一体建筑物 大面积的多层地下建筑物(如地下车库、商场、运动场等) 对地基变形有特殊要求的建筑物 复杂地质条件下的坡上建筑物(包括高边坡) 对原有工程影响较大的新建建筑物 场地和地基条件复杂的一般建筑物 位于复杂地质条件及软土地区的二层及二层以上地下室的基坑工程 开挖深度大于 15 m 的基坑工程 周边环境条件复杂、环境保护要求高的基坑工程

设计等级	建筑和地基类型
乙 级	除甲级、丙级以外的工业与民用建筑物 除甲级、丙级以外的基坑工程
丙 级	场地和地基条件简单、荷载分布均匀的七层及七层以下民用建筑及一般工业建筑；次要的轻型建筑物 非软土地区且场地地质条件简单、基坑周边环境条件简单、环境保护要求不高且开挖深度小于 5.0 m 的基坑工程

（2）地基基础设计规定

根据建筑物地基基础设计等级及长期荷载作用下地基变形对上部结构的影响程度，地基基础设计应符合下列规定：

1）所有建筑物的地基计算均应满足承载力计算的有关规定。

2）设计等级为甲级、乙级的建筑物，均应按地基变形设计。

3）设计等级为丙级的建筑物有下列情况之一时应作变形验算：

①地基承载力特征值小于 130 kPa，且体型复杂的建筑；

②在基础上及其附近有地面堆载或相邻基础荷载差异较大，可能引起地基产生过大的不均匀沉降时；

③软弱地基上的建筑物存在偏心荷载时；

④相邻建筑距离近，可能发生倾斜时；

⑤地基内有厚度较大或厚薄不均的填土，其自重固结未完成时。

4）对经常受水平荷载作用的高层建筑、高耸结构和挡土墙等，以及建造在斜坡上或边坡附近的建筑物和构筑物，尚应验算其稳定性。

5）基坑工程应进行稳定性验算。

6）建筑地下室或地下构筑物存在上浮问题时，尚应进行抗浮验算。

7）地基基础的设计使用年限不应小于建筑结构的设计使用年限。

8）表 5 – 7 所列范围之外设计等级为丙级的建筑物可不作变形验算。

（3）地基基础荷载效应计算规定

1）作用效应与相应的抗力限值计算规定

①按地基承载力确定基础底面积及埋深或按单桩承载力确定桩数时，传至基础或承台底面上的作用效应应按正常使用极限状态下作用的标准组合。相应的抗力应采用地基承载力特征值或单桩承载力特征值。

②计算地基变形时，传至基础底面上的作用效应应按正常使用极限状态下作用的准永久组合，不应计入风荷载和地震作用。相应的限值应为地基变形允许值。

③计算挡土墙、地基或滑坡稳定以及基础抗浮稳定时，作用效应应按承载能力极限状态下作用的基本组合，但其分项系数均为 1.0。

④在确定基础或桩基承台高度、支挡结构截面、计算基础或支挡结构内力、确定配筋和验算材料强度时，上部结构传来的作用效应和相应的基底反力、挡土墙土压力以及滑坡推力，应按承载能力极限状态下作用的基本组合，采用相应的分项系数。当需要验算基础裂缝

宽度时,应按正常使用极限状态作用的标准组合。

⑤基础设计安全等级、结构设计使用年限、结构重要性系数应按有关规范的规定采用,但结构重要性系数(γ_0)不应小于1.0。

表5-7 可不作地基变形验算的设计等级为丙级的建筑物范围

地基主要受力层情况		地基承载力特征值 f_{ak}/kPa	$80 \leq f_{ak}$ <100	$100 \leq f_{ak}$ <130	$130 \leq f_{ak}$ <160	$160 \leq f_{ak}$ <200	$200 \leq f_{ak}$ <300
		各土层坡度/%	≤5	≤10	≤10	≤10	≤10
建筑类型	砌体承重结构、框架结构/层数		≤5	≤5	≤6	≤6	≤7
	单层排架结构（6 m柱距）	单跨 吊车额定起重量/t	10~15	15~20	20~30	30~50	50~100
		单跨 厂房跨度/m	≤18	≤24	≤30	≤30	≤30
		多跨 吊车额定起重量/t	5~10	10~15	15~20	20~30	30~75
		多跨 厂房跨度/m	≤18	≤24	≤30	≤30	≤30
	烟囱	高度/m	≤40	≤50	≤75		≤100
	水塔	高度/m	≤20	≤30	≤30		≤30
		容积/m³	50~100	100~200	200~300	300~500	500~1000

注:①地基主要受力层系指条形基础底面下深度为3b(b为基础底面宽度),独立基础下为1.5b,且厚度均不小于5 m的范围(二层以下一般的民用建筑除外);②地基主要受力层中如有承载力特征值小于130 kPa的土层时,表中砌体承重结构的设计,应符合《建筑地基基础设计规范》第7章的有关要求;③表中砌体承重结构和框架结构均指民用建筑,对于工业建筑可按厂房高度、荷载情况折合成与其相当的民用建筑层数;④表中吊车额定起重量、烟囱高度和水塔容积的数值系指最大值。

2)作用效应组合方法

①正常使用极限状态下,标准组合的效应设计值(S_k)

$$S_k = S_{Gk} + S_{Q1k} + \psi_{c2}S_{Q2k} + \cdots + \psi_{ci}S_{Qik} \tag{5-1}$$

式中:S_{Gk}——永久作用标准值(G_k)的效应;

S_{Qik}——第i个可变作用标准值(Q_{ik})的效应;

ψ_{ci}——第i个可变作用(Q_i)的组合值系数,按现行国家标准《建筑结构荷载规范》(GB 50009)的规定取值。

②准永久组合的效应设计值(S_k)

$$S_k = S_{Gk} + \psi_{q1}S_{Q1k} + \psi_{q2}S_{Q2k} + \cdots + \psi_{qi}S_{Qik} \tag{5-2}$$

式中:ψ_{qi}——第i个可变作用的准永久值系数,按现行国家标准《建筑结构荷载规范》(GB 50009)的规定取值。

③承载能力极限状态下,由可变作用控制的基本组合的效应设计值(S_d)

$$S_d = \gamma_G S_{Gk} + \gamma_{Q1}S_{Q1k} + \gamma_{Q2}\psi_{c2}S_{Q2k} + \cdots + \gamma_{Qi}\psi_{ci}S_{Qik} \tag{5-3}$$

式中:γ_G——永久作用的分项系数,按现行国家标准《建筑结构荷载规范》(GB 50009)的规定

取值;

γ_{Qi}——第 i 个可变作用的分项系数,按现行国家标准《建筑结构荷载规范》(GB 50009)的规定取值。

④对由永久作用控制的基本组合,基本组合的效应设计值(S_d)简化规则为:

$$S_d = 1.35 S_k \tag{5-4}$$

式中:S_k——标准组合的作用效应设计值。

2. 确定基础底面尺寸

地基基础设计时,要求作用在基础底面上的压力标准值 p_k 小于或等于修正后的地基承载力特征值 f_a,即:

$$p_k \leqslant f_a \tag{5-5}$$

式中:p_k——相应于作用的标准组合时,基础底面处的平均压力值,kPa;

f_a——修正后的地基承载力特征值,kPa。

当偏心荷载作用时,除符合式(5-5)要求外,尚应符合下式规定:

$$p_{kmax} \leqslant 1.2 f_a \tag{5-6}$$

式中:p_{kmax}——相应于作用的标准组合时,基础底面边缘的最大压力值,kPa。

(1)轴心受压基础底面尺寸的确定

作用在基础底面上的平均压应力应小于或等于地基承载力设计值。

$$p_k = \frac{F_k + G_k}{A} \tag{5-7}$$

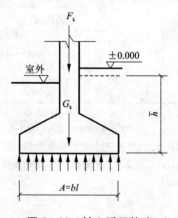

图 5-20　轴心受压基础

式中:F_k——相应于作用的标准组合时,上部结构传至基础顶面的竖向力值,kN;

G_k——基础自重和基础上的土重,kN,$G_k = \gamma_G d$,γ_G 表示基础及其回填土的平均重度,一般取 20 kN/m³,当有地下水时,取为有效重度 10.0 kN/m³;

A——基础底面积,m²。

由此可得,基础底面积为:

对于矩形基础:$A = l \cdot b \geqslant \dfrac{F_k}{f_a - G_k}$。一般来说,对于柱下独立矩形基础,基础地面长短边的比例 $n(n = b/l$,b 表示长边,l 表示短边)一般取 1.5~2.0。所以,基础底面宽度可表示为:$b = \sqrt{n \cdot A} = \sqrt{\dfrac{nF_k}{f_a - G_k}}$,基础底面长度可表示为:$l = b/n$。

当为条形基础时,通常沿着墙体纵向取单位长度 1 m 为计算单元,F_k 即为每延米的荷载,那么条形基础的宽度可表示为:$b \geqslant \dfrac{F_k}{f_a - G_k}$。

【技能训练例题 5-1】 墙下条形基础在荷载效应标准值组合时,作用在基础顶面上的轴向力 $F_k = 280$ kN/m,基础埋深 $d = 1.5$ m,室内外高差 0.6 m,地基为黏土($\eta_b = 0.3$,$\eta_d = 1.6$),其重度 $\gamma = 18$ kN/m³,地基承载力特征值 $f_{ak} = 150$ kPa。求该条形基础宽度。

【解】 1)求修正后的地基承载力特征值

假定基础宽度 $b<3$ m,因埋深 $d>0.5$ m,故进行地基承载力深度修正。

$$\begin{aligned} f_a &= f_{ak} + \eta_d \gamma_m (d-0.5) \\ &= 150 + 1.5 \times 18 \times (1.5-0.5) \\ &= 178.8 (\text{kPa}) \end{aligned}$$

2)求基础宽度

因为室内外高差 0.6 m,故基础自重计算高度

$$d = 1.5 + \frac{0.6}{2} = 1.8(\text{m})$$

基础宽度:

$$b \geqslant \frac{F_k}{f_a - \gamma_G d} = \frac{280}{178.8 - 20 \times 1.8} = 1.96(\text{m})$$

取 $b=2$ m,由于与假定相符,最后取 $b=2$ m。

(2)偏心受压基础底面尺寸的确定

框架柱和排架柱基础通常都是典型的偏心受压基础,基地压力呈梯形分布,如图 5-21 所示。

$$p_{kmax} = \frac{F_k + G_k}{A} + \frac{M_k}{W} \qquad (5-8)$$

$$p_{kmin} = \frac{F_k + G_k}{A} - \frac{M_k}{W} \qquad (5-9)$$

式中:M_k——相应于作用的标准组合时,作用于基础底面
的力矩值,kN·m;

W——基础底面的抵抗矩,m^3;

p_{kmin}——相应于作用的标准组合时,基础底面边缘
的最小压力值,kPa。

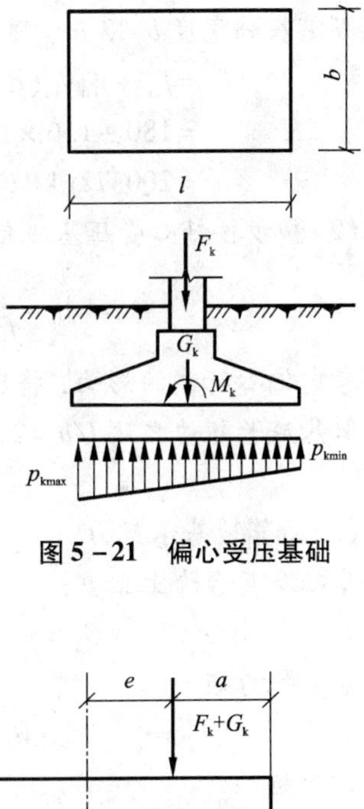

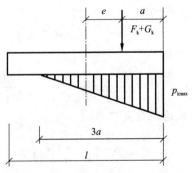

图 5-21 偏心受压基础

当基础底面形状为矩形且偏心距 $e = \dfrac{M_k}{F_k + G_k} \geqslant \dfrac{l}{6}$ 时

(图 5-22)时,p_{kmax} 应按下式计算:

$$p_{kmax} = \frac{2(F_k + G_k)}{3la} \qquad (5-10)$$

式中:b——垂直于力矩作用方向的基础底面边
长,m;

a——单向偏心荷载合力作用点至基础底
面最大压力边缘的距离,m。

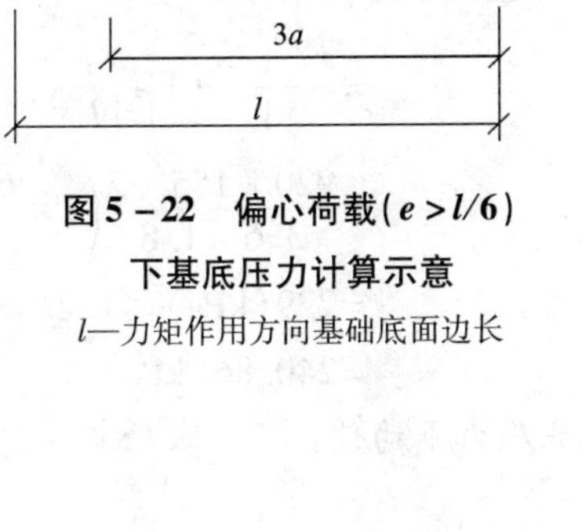

在偏心荷载作用下,基础底面积通常采用
试算的方法确定,其具体步骤如下:

1)假定基础底宽 $b \leqslant 3$ m 进行承载力修正,
初步确定承载力特征值 f_a;

2)先按中心受压估算基底面积 A_0,然后考

**图 5-22 偏心荷载 ($e > l/6$)
下基底压力计算示意**

l—力矩作用方向基础底面边长

虑偏心影响将 A_0 扩大 $10\% \sim 40\%$，即：

$$A = (1.1 \sim 1.4)A_0 = (1.1 \sim 1.4)\frac{F_k}{f_a - \gamma_G d} \tag{5-11}$$

3）承载力验算：对于矩形基础，基底边长短边之比取 $l/b = 1.5 \sim 2.0$，初步确定基底的边长尺寸，并计算基底边缘的最大和最小压力，要求最大压力满足 $p_{kmax} \leqslant 1.2f_a$，同时基底的平均压力满足 $\bar{p} = \frac{p_{kmax} + p_{kmin}}{2} \leqslant f_a$。如不满足地基承载力要求，需要重新调整基底尺寸，直至符合要求位置。

【技能训练例题 5-2】 某柱下矩形单独基础。已知按荷载效应标准组合传至基础顶面的内力值 $F_k = 920$ kN，$V_k = 15$ kN，$M_k = 235$ kN·m；地基为粉质黏土，其重度为 $\gamma = 18.5$ kN/m³，地基承载力特征值 $f_{ak} = 180$ kPa（$\eta_b = 0.3$，$\eta_d = 1.6$）基础埋深 $d = 1.2$ m，试确定基础底面尺寸。

【解】 （1）求修正后的地基承载力特征值

假定基础宽度 $b < 3$ m，则：

$$\begin{aligned}
f_a &= f_{ak} + \eta_d \gamma_m (d - 0.5) \\
&= 180 + 1.6 \times 18.5 \times (1.2 - 0.5) \\
&= 200.72 (\text{kPa})
\end{aligned}$$

（2）初步按轴心受压基础估算基底面积：

$$A_0 = \frac{F_k}{f_a - \gamma_G d} = \frac{920}{200.72 - 20 \times 1.2} = 5.2 (\text{m}^2)$$

考虑偏心荷载的影响，将底面积 A_0 增大 20%，则 $A = 5.2 \times 1.2 = 6.24 (\text{m}^2)$。取基底长短边之比 $l/b = 2$，得：

$$b = 1.8 \text{ m}, \quad l = 3.6 \text{ m}。$$

（3）验算地基承载力

基础及其台阶上土重：

$$G_k = \gamma_G A d = 20 \times 3.6 \times 1.8 \times 1.2 = 155.52 (\text{kN})$$

基底处力矩：

$$M_k = 235 + 15 \times 0.9 = 248.5 (\text{kN·m})$$

偏心矩：

$$e = \frac{M_k}{F_k + G_k} = \frac{248.5}{920 + 155.52} = 0.23 (\text{m}) \leqslant \frac{l}{6} = 0.6 (\text{m})$$

基底边缘最大压力：

$$\begin{aligned}
p_{kmax} &= \frac{F_k + G_k}{A}\left(1 + \frac{6e}{l}\right) \\
&= \frac{920 + 155.52}{3.6 \times 1.8}\left(1 + \frac{6 \times 0.23}{3.6}\right) \\
&= 229 (\text{kPa}) \leqslant 1.2f_a \\
&= 240.86 (\text{kPa})
\end{aligned}$$

基底压力平均值：

152

$$\bar{p} = \frac{p_{k\max} + p_{k\min}}{2}$$

$$= \frac{229 + 102}{2} = 165(\text{kPa}) \leqslant f_a$$

$$= 200.72(\text{kPa})$$

地基承载验算满足要求，故基底尺寸 $l = 3.6$ m，$b = 1.8$ m 合适。

3. 地基软弱下卧层验算

当地基受力层范围内有软弱下卧层时，应按下式验算软弱下卧层的地基承载力：

$$p_z + p_{cz} \leqslant f_{az} \tag{5-12}$$

式中：p_z——相应于作用的标准组合时，软弱下卧层顶面处的附加压力值，kPa，如图 5-23；

p_{cz}——软弱下卧层顶面处土的自重压力值，kPa；

f_{az}——软弱下卧层顶面处经深度修正后的地基承载力特征值，kPa。

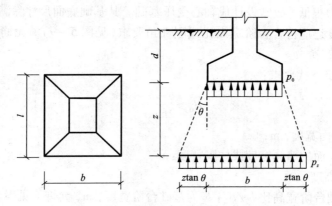

图 5-23　软弱下卧层地基应力计算图

对条形基础和矩形基础，式（5-12）中的 p_z 值可按下列公式简化计算：

条形基础

$$p_z = \frac{b(p_k - \sigma_c)}{b + 2z\tan\theta} \tag{5-13}$$

矩形基础

$$p_z = \frac{lb(p_k - p_c)}{(b + 2z\tan\theta)(l + 2z\tan\theta)} \tag{5-14}$$

式中：b——矩形基础或条形基础底边的宽度，m；

l——矩形基础底边的长度，m；

σ_c——基础底面处土的自重压力值，kPa；

z——基础底面至软弱下卧层顶面的距离，m；

θ——地基压力扩散线与垂直线的夹角，(°)，可按表 5-8 采用。

表 5-8　地基压力扩散角 θ

E_{s1}/E_{s2}	z/b	
	0.25	0.50
3	6°	23°
5	10°	25°
10	20°	30°

注：①E_{s1} 为上层土压缩模量；E_{s2} 为下层土压缩模量；②$z/b < 0.25$ 时取 $\theta = 0°$，必要时，宜由试验确定；$z/b > 0.50$ 时 θ 值不变；③z/b 在 0.25～0.50 之间可插值使用。

5.2.3　无筋扩展基础的设计

1. 无筋扩展基础（又称为刚性基础）设计内容

无筋扩展基础设计主要包括基础底面尺寸、基础剖面尺寸及其构造措施。因刚性基础材料的抗弯、抗拉能力很低，故常设计成轴心受压基础。其基础底面尺寸除满足地基承载力要求外，基础底面宽度还应符合台阶宽高比或刚性角要求（见图 5-9）。无筋扩展基础的构造措施见本模块 5.1.2 节。

基础高度应满足下式要求：

$$H_0 \geqslant \frac{b - b_0}{2\tan\alpha} \tag{5-15}$$

式中：b——基础底面宽度，m；

b_0——基础顶面的墙体宽度或柱脚宽度，m；

H_0——基础高度，m；

$\tan\alpha$——基础台阶宽高比 b_2/H_0，b_2 为基础台阶宽度，m，允许值见表 5-1。

2. 无筋扩展基础设计步骤

(1) 确定基底面积 $b \times l$；

(2) 选择无筋扩展基础类型；

(3) 按宽高比决定台阶高度与宽度——从基底开始向上逐步收小尺寸，使基础顶面低于室外地面至少 0.1 m，否则应需修改尺寸或基底埋深；

(4) 基础材料强度小于柱的材料强度时，应验算基础顶面的局部抗压强度，如不满足，应扩大柱脚的底面积；

(5) 为了节省材料，刚性基础通常做成台阶形。基础底部常做成一个垫层，垫层材料一般为灰土、三合土或素混凝土，厚度大于或等于 100 mm。薄的垫层不作为基础考虑，对于厚度为 150～250 mm 的垫层，可以看成基础的一部分。

【技能训练例题 5-3】　某中学教学楼承重墙厚 240 mm，地基第一层土为 0.8 m 厚的杂填土，重度 17 kN/m³；第二层为粉质黏土层，厚 5.4 m，重度 18 kN/m³，$f_{ak} = 180$ kPa。$\eta_b = 0.3$，$\eta_d = 1.6$。已知上部墙体传来的竖向荷载值 $F_k = 210$ kN/m，室内外高差为 0.45 m，试设计该承重墙下条形基础。

【解】　(1) 计算经修正后的地基承载力设计值

选择粉质黏土层作为持力层，初步确定基础埋深 $d = 1.0$ m。基础埋深范围内土体的加权平均重度为：

$$\gamma_{mz} = \frac{\gamma_1 d + \gamma_2 z}{d + z} = \frac{17 \times 0.8 + 18 \times 0.2}{0.8 + 0.2} = 17.2(kN/m^3)$$

所以，经深宽修正后的地基承载力为：

$$f_a = f_{ak} + \eta_d \gamma_m (d - 0.5) = 180 + 1.6 \times 17.2 \times (1.0 - 0.5) = 193.76(kPa)$$

（2）确定基础宽度

$$b \geqslant \frac{F_k}{f_a - \gamma_G d} = \frac{210}{193.76 - 20 \times \left(1.0 + \frac{0.45}{2}\right)} = 1.24(m)$$

取基础宽度 $b = 1.3$ m。

（3）选择基础材料，并确定基础剖面尺寸

基础下层采用 350 mm 厚 C15 素混凝土层，其上层采用 MU10 或 M5 砂浆砌二、一间隔收的砖墙放大脚。

混凝土基础基底压力：

$$p_k = \frac{F_k + G_k}{A} = \frac{210 + 20 \times 1.3 \times 1.0 \times 1.225}{1.3 \times 1.0} = 186(kPa) < 200(kPa)$$

由表 5-1 查得混凝土基础宽高比允许值 $[b_2/h_0] = 1:1$，混凝土垫层每边收进 350 mm，基础高 350 mm。

砖墙放大脚所需台阶数：$n = \frac{1300 - 240 - 2 \times 350}{60} \times \frac{1}{2} = 3$

墙体放大脚基础总高度：$H = 120 \times 2 + 60 \times 1 + 350 = 650(mm)$

（4）基础剖面图，如图 5-24 所示。

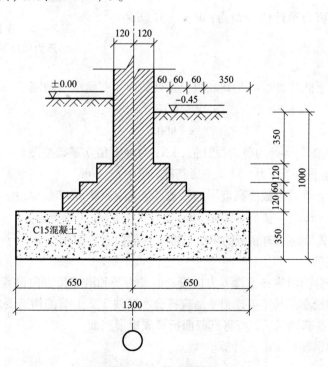

图 5-24 基础剖面图

155

5.2.4 墙下钢筋混凝土条形基础设计

1. 设计原则

（1）基础底面宽度应根据地基承载力要求确定；

（2）基础底板厚度是根据底板的抗剪强度确定；

（3）验算抗剪强度时，基底荷载采用基底净反力，底板厚度 h 可先按经验设 $h=b/8$，b 为底板的宽度，按悬臂板计算基底的内力；

（4）基础底板的配筋，应按抗弯计算确定；

（5）当基础的混凝土强度等级小于柱的混凝土强度等级时，尚应验算柱下基础顶面的局部受压承载力。

2. 设计内容

墙下钢筋混凝土条形基础设计内容主要包括确定基础宽度、底板厚度、底板配筋及构造措施。

（1）轴心荷载作用

1）基底宽度

按 5.2.2 节相关公式确定基底宽度。

2）基础底板厚度的确定

基础底板如同倒置的悬臂板，在地基净反力 p_j 作用下基础的最大内力实际发生在悬臂的根部。墙下条形基础通常沿墙长取单位长度 1 m 分析（如图 5-25），Ⅰ-Ⅰ 截面弯矩设计值和剪力设计值分别为：$M=\dfrac{1}{8}p_j(b-a)^2$ 和 $V=\dfrac{1}{2}p_j(b-a)$。

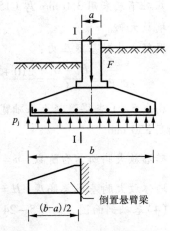

图 5-25 墙下条形基础轴心压力作用下的受力分析

其底板厚度按下式验算墙与基础底板交接处截面受剪承载力确定。

$$V \leqslant 0.7\beta_{hs}f_t A_0 \qquad (5-16)$$

$$\beta_{hs} = (800/h_0)^{1/4} \qquad (5-17)$$

式中：V——墙与基础交接处的剪力设计值，kN；对柱下独立基础按图 5-26 中的阴影面积乘以基底平均净反力，对于条形基础，图中 $l=1$ m。

β_{hs}——受剪切承载力截面高度影响系数，当 $h_0<800$ mm 时，取 $h_0=800$ mm；当 $h_0>2000$ mm 时，取 $h_0=2000$ mm。

A_0——验算截面处基础底板的单位长度垂直截面有效面积，m^2。

3）基础底板配筋

基础底板配筋分为沿底板宽度 b 方向设置的受力筋和沿墙长方向设置的构造分布筋，其配筋除满足计算和最小配筋率要求外，尚应符合本模块 5.2.1 节的构造要求。计算最小配筋率时，对阶形或锥形基础截面，可将其截面折算成矩形截面。

基础底板受力钢筋可按下式计算。

$$A_s = \frac{M}{0.9f_y h_0} \qquad (5-18)$$

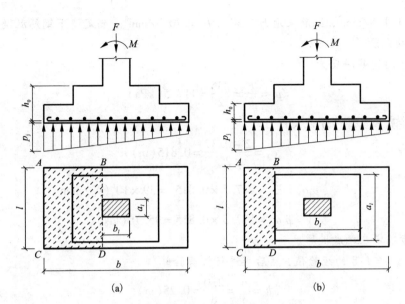

图 5 – 26　验算基础受剪切承载力示意图

(a) 墙（柱）与基础交接处；(b) 基础变阶处

式中：A_s——条形基础每延米长基础底板受力钢筋截面面积，$\mathrm{mm^2/m}$；

　　　　M——墙与基础交接处的弯矩设计值。

（2）偏心荷载作用

1）基底宽度

按 5.2.2 节相关公式确定基底宽度。

2）基础高度的确定

偏心荷载作用下，基底净反力一般呈梯形分布，如图 5 – 27。基底受压偏心距为 $e_0 = \dfrac{M}{F}$。最大地基净反力和最

小地基净反力分别为：$p_{jmax} = \dfrac{F}{b}\left(1 + \dfrac{6e_0}{b}\right)$ 和 $p_{jmin} = \dfrac{F}{b}\left(1 - \dfrac{6e_0}{b}\right)$。可以求出，底板悬臂支座处 I – I 截面的地基净反

力为：$p_{jI} = p_{jmin} + \dfrac{b+a}{2b}(p_{jmax} - p_{jmin})$。所以，I – I 截面弯

矩设计值和剪力设计值分别为：$M = \dfrac{1}{16}(p_{jmax} + p_{jI})(b-a)^2$

和 $V = \dfrac{1}{4}(p_{jmax} + p_{jI})(b-a)$。

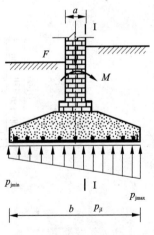

图 5 – 27　墙下条形基础偏心荷载作用下的受力分析

在求出危险截面的弯矩设计值和剪力设计值后，可以按照轴心受压基础的相关公式计算基础底板的厚度和配筋，并满足相关构造要求。

【**技能训练例题 5 – 4**】　砖墙，底层厚度为 0.37 m，相应于荷载效应基本组合时，作用基础顶面上的荷载 $F = 235\ \mathrm{kN/m}$，基础埋深 1.0 m，已知条形基础宽度 2 m，基础材料采用 C20

混凝土，$f_t = 1.1$ N/mm^2，钢筋采用 HPB300，$f_y = 270$ N/mm^2。确定墙下钢筋混凝土条形基础的底板厚度及配筋。

【解】（1）地基净反力

$$p_j = \frac{F}{b} = \frac{235}{2} = 117.5 \,(\text{kPa})$$

（2）计算基础悬臂部分最大内力

$$a_1 = \frac{2 - 0.37}{2} = 0.815 \,(\text{m})$$

$$M = \frac{1}{2} p_j a_1^2 = \frac{1}{2} \times 117.5 \times 0.815^2 = 39 \times 10^6 \,(\text{N} \cdot \text{mm})$$

$$V = p_j a_1 = 117.5 \times 0.815 = 95.76 \,(\text{kN})$$

（3）初步确定基础底板厚度

一般先按 $h = b/8$ 的经验值，然后再进行抗剪验算。

$$h = \frac{b}{8} = \frac{2.0}{8} = 0.25 \,(\text{m})$$

取 $h = 0.3$ m $= 300$ mm，$h_0 = 300 - 40 = 260 \,(\text{mm})$。

（4）受剪承载力验算

$0.7\beta_{hs}f_t b h_0 = 0.7 \times 1.0 \times 1.1 \times 1000 \times 260 = 200200 \,(\text{N}) = 200.2 \,(\text{kN}) \geqslant 95.76 \,(\text{kN})$

（5）基础底板配筋

$$A_s = \frac{M}{0.9 h_0 f_y} = \frac{39 \times 10^6}{0.9 \times 260 \times 270} = 617.28 \,(\text{mm}^2)$$

选用 $\phi 12@140$（$A_s = 808$ mm^2），分布钢筋选用 $\phi 8@300$。（如图 5 - 28）

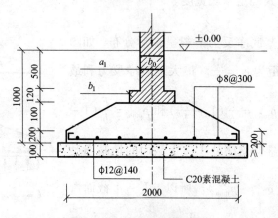

图 5 - 28 基础结构剖面图

5.2.5 柱下钢筋混凝土独立基础的设计

1. 柱下钢筋砼独立基础设计内容

设计内容包括确定基础底面积、基础高度、底板配筋及相关构造要求。

（1）基础底面积

按 5.2.2 节相关公式确定基底宽度。

（2）基础高度

柱下钢筋混凝土单独基础的底板厚度取决于底板的冲切强度或抗剪强度。当冲切破坏锥体（图 5 - 29）落在基础底板以内时，应验算柱与基础交接处以及基础变阶处的冲切承载力（图 5 - 30）；当基础底面短边尺寸小于或等于柱宽加两倍基础有效高度时，应按式（5 - 16）验算柱与基础交接处和基础变阶处（图 5 - 26）的基础受剪承载力。

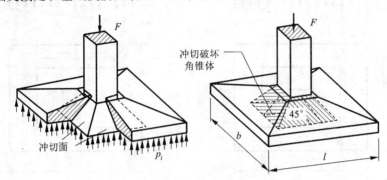

图 5 - 29 柱下独立基础冲切破坏示意

对矩形截面柱的矩形基础，应验算柱与基础交接处以及基础变阶处的受冲切承载力。柱下独立基础的受冲切承载力应按下列公式验算：

$$F_1 \leqslant 0.7\beta_{hp}f_t a_m h_0 \tag{5-19}$$

$$a_m = (a_t + a_b)/2 \tag{5-20}$$

$$F_1 = p_j A_1 \tag{5-21}$$

式中：β_{hp}——受冲切承载力截面高度影响系数，当 h 不大于 800 mm 时，β_{hp} 取 1.0，当 h 大于等于 2000 mm 时，β_{hp} 取 0.9，其间按线性内插法取用；

f_t——混凝土轴心抗拉强度设计值，kPa；

h_0——基础冲切破坏锥体的有效高度，m；

a_m——冲切破坏锥体最不利一侧计算长度，m；

a_t——冲切破坏锥体最不利一侧斜截面的上边长，m，当计算柱与基础交接处的受冲切承载力时，取柱宽，当计算基础变阶处的受冲切承载力时，取上阶宽；

a_b——冲切破坏锥体最不利一侧斜截面在基础底面积范围内的下边长，m，当冲切破坏锥体的底面落在基础底面以内［图 5 - 30（a）、(b)］，计算柱与基础交接处的受冲切承载力时，取柱宽加两倍基础有效高度，当计算基础变阶处的受冲切承载力时，取上阶宽加两倍该处的基础有效高度；

p_j——扣除基础自重及其上土重后相应于作用的基本组合时的地基土单位面积净反力，kPa，对偏心受压基础可取基础边缘处最大地基土单位面积净反力；

A_1——冲切验算时取用的部分基底面积，m^2［图 5 - 30（a）、(b) 中的阴影面积 $ABCDEF$］；

F_1——相应于作用的基本组合时作用在 A_1 上的地基土净反力设计值，kPa。

阶梯形基础，尚需验算变阶处的受冲切承载力，此时可将上阶底周边视为柱周边，用台阶的平面尺寸，代替柱截面尺寸，验算方法同前。

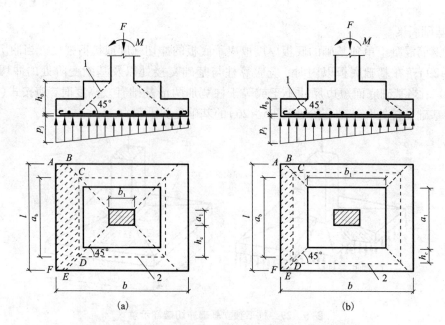

图 5 - 30 计算阶形基础的受冲切承载力截面位置

(a)柱与基础交接处;(b)基础变阶处

1—冲切破坏锥体最不利一侧的斜截面;2—冲切破坏锥体的底面线

当基础底面在45°冲切破坏线以内时,可不进行冲切验算。

(3)基础底板的配筋

当台阶的宽度比小于或等于2.5和偏心距小于或等于1/6基础宽度时,柱下矩形独立基础任意截面的弯矩可按下列公式计算:

$$M_{\text{I}} = \frac{1}{12} a_1^2 \left[(2l + a')\left(p_{\max} + p - \frac{2G}{A}\right) + (p_{\max} - p)l \right]$$

(5 - 22)

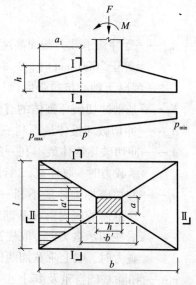

图 5 - 31 矩形基础底板的计算示意图

$$M_{\text{II}} = \frac{1}{48}\left(p_{\max} + p_{\min} - \frac{2G}{A}\right)(l - a')^2 (2b + b')$$

(5 - 23)

式中:M_{I}、M_{II}——任意截面 I - I 、II - II 处相应于作用的基本组合时的弯矩设计值(图5 - 31),kN·m;

a_1——任意截面 I - I 至基底边缘最大反力处的距离,m;

l、b——基础底面的边长,m;

$p_{\max}$、$p_{\min}$——相应于作用的基本组合时的基础底面边缘最大和最小地基反力设计值,kPa;

p——相应于作用的基本组合时在任意截面 I - I 处基础底面地基反力设计值,kPa;

G——考虑作用分项系数的基础自重及其上的土自重,kN,当组合值由永久作用控制时,作用分项系数可取 1.35。

平行基底 b 方向的受力钢筋面积为:

$$A_{sI} = \frac{M_I}{0.9h_0f_y} \qquad (5-24)$$

平行基底 l 方向的受力钢筋面积为:

$$A_{sII} = \frac{M_{II}}{0.9h_0f_y} \qquad (5-25)$$

当柱下独立柱基底面长短边之比 ω 在大于或等于 2、小于或等于 3 的范围时,基础底板短向钢筋应按下述方法布置:将短向全部钢筋面积乘以 $\lambda(\lambda = 1 - \frac{\omega}{6})$ 后求得的钢筋,均匀分布在与柱中心线重合的宽度等于基础短边的中间带宽范围内(图 5-32),其余的短向钢筋则均匀分布在中间带宽的两侧。长向配筋应均匀分布在基础全宽范围内。

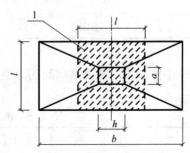

图 5-32　基础底板短向钢筋布置示意图
1—λ 倍短向全部钢筋面积均匀配置在阴影范围内

5.2.6　减少不均匀沉降损害的措施

当建筑物的不均匀沉降过大时,建筑将开裂损坏并影响使用,对高压缩性土、膨胀土、湿陷性黄土以及软硬不均等不良地基上的建筑物,由于总沉降量大,故不均匀沉降相应也大。如何防止或减轻不均匀沉降,是设计中必须认真思考的问题。通常的方法有:①采用桩基础或其他深基础;②对地基进行处理,以提高原地基的承载力和压缩模量;③在建筑、结构和施工中采取措施。总之,采取措施的目的一方面是减少建筑物的不均匀沉降,另一方面是增强上部结构对沉降和不均匀沉降的适应能力。

1. 建筑措施

目的是提高建筑物的整体刚度,以增强抵抗不均匀沉降危害性的能力。

(1)建筑物体型力求简单

当建筑物体型比较复杂时,宜根据其平面形状和高度差异情况,在适当部位用沉降缝将其划分成若干个刚度较好的单元;当高度差异或荷载较大时,可将两者隔开一定的距离,当拉开距离后的两个单元必须连接时,应采用能自由沉降的连接构造。

(2)设置沉降缝

当建筑物设置沉降缝(从基础至屋面垂直断开)时,应符合下例规定:

1)建筑物的下例部位,宜设置沉降缝:

①建筑平面的转折部位;

②高度或荷载差异较大处;

③地基土的压缩性有显著差异处;

④建筑结构或基础类型不同处;

⑤分期建造房屋的交界处;

⑥长高比过大的砌体承重结构或钢筋混凝土框架结构的适当部位。

2)沉降缝应有足够的宽度(表 5-9)

表 5 – 9　房屋沉降缝的宽度

房屋层数	沉降缝宽度/mm
二至三层	50 ~ 80
四至五层	80 ~ 120
五层以上	不少于 120

（3）保持相邻建筑物基础间的净距（表 5 – 10）

表 5 – 10　相邻建筑物基础间的净距

被影响建筑的长高比 / 影响建筑的预估沉降/mm	$2.0 \leqslant L/H_f < 3.0$	$3.0 \leqslant L/H_f < 5.0$
70 ~ 150	2 ~ 3	3 ~ 6
160 ~ 250	3 ~ 6	6 ~ 9
260 ~ 400	6 ~ 9	9 ~ 12
>400	9 ~ 12	不小于 12

注：①表中 L 为建筑物长度或沉降缝分隔的单位长度，m；H_f 为自基础底面标高算起的建筑物高度，m。②当被影响建筑的长高比为 $1.5 < L/H_f < 2.0$ 时，其间净距可适当缩小。

（4）相邻高耸结构或对倾斜要求严格的构筑物的外墙间隔距离，应根据倾斜允许值计算确定。

（5）建筑物各组成部分的标高，应根据可能产生的不均匀沉降采取下例相应措施：

1）室内地坪和地下设施的标高，应根据预估沉降量予以提高。建筑物各部分（或设备之间）有联系时，可将沉降较大的标高提高。

2）建筑物与设备之间，应留有净空。当建筑物有管道穿过时，应预留孔洞，或采用柔性的管道接头等。

2. 结构措施

（1）减轻结构自重

1）选用轻型结构，减少墙体自重，采用架空地板代替室内回填土；

2）设地下室或半地下室，采用覆土少、自重轻的基础形式；

3）调整各部分的荷载分布、基础宽度或基础埋深；

4）对不均匀沉降要求严格的建筑物，可选用较小的基底压力。

（2）对于建筑体型复杂、荷载差异较大的框架结构，可采用箱基、桩基、筏基等加强基础整体刚度，减少不均匀沉降。

（3）对于砌体承重结构的房屋，宜采用下列措施增强整体刚度和承载力：

1）对于三层和三层以上的房屋，其长高比 L/H_f 宜小于或等于 2.5；当房屋的长高比 $2.5 < L/H_f \leqslant 3.0$ 时，宜做成纵墙不转折或少转折，并控制其内横墙间距或增强基础刚度和承载力。当房屋的预估最大沉降量小于或等于 120 mm 时，其长高比可不受限制。

2）墙体内宜设置钢筋混凝土圈梁或钢筋砖圈梁。

3）在墙体上开洞时，宜在开洞部位配筋或采用构造柱及圈梁加强。

（4）设置圈梁

1）在多层房屋的基础和顶层处应各设置一道，其他各层可隔层设置，必要时可逐层设置。单层工业厂房、仓库，可结合基础梁、连系梁、过梁等看情况而设置。

2）圈梁应设置在外墙、内纵墙和主要内横墙上，并宜在平面内连成封闭系统。

3. 施工措施

（1）注意施工顺序：先高后低，先重后轻，先主体后附属。

（2）注意对淤泥和淤泥质土基槽底面的保护，减少扰动。

（3）在已建成的房屋周围不应堆大量的地面荷载，以免引起附加沉降。

5.2.7 实训项目：某工程浅基础设计

一、墙下条形基础设计任务书

1. 设计题目

某教学楼采用毛石条形基础，教学楼建筑平面如图 5-33 所示，试设计该基础。

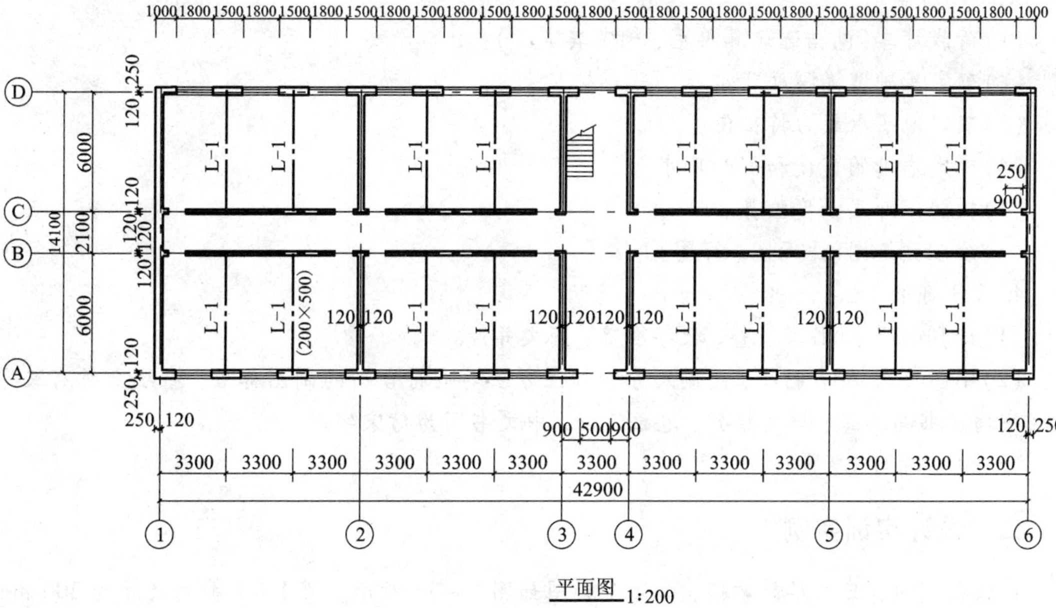

平面图 1:200

图 5-33 某教学楼平面布置图

2. 设计资料

（1）工程地质条件如图 5-34 所示。

（2）室外设计地面 -0.6 m，室外设计地面标高同天然地面标高。

（3）计算单元内由上部结构传至基础顶面的竖向力值分别为外纵墙 $\sum F_{1k} = 558.57$ kN，山墙 $\sum F_{2k} = 168.61$ kN，内横墙 $\sum F_{3k} = 162.68$ kN，内纵墙 $\sum F_{4k} = 1533.15$ kN。

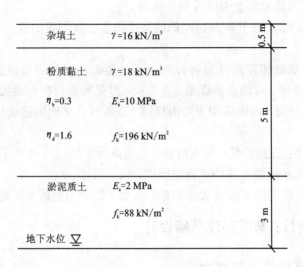

图 5-34 工程地质剖面图

（4）基础采用 M5 水泥砂浆砌毛石，标准冻深为 1.2 m。

3. 设计内容

（1）荷载计算（包括选计算单元、确定其宽度）。

（2）确定基础埋置深度。

（3）确定地基承载力特征值。

（4）确定基础的宽度和剖面尺寸。

（5）软弱下卧层强度验算。

（6）绘制施工图（平面图、详图）。

4. 设计要求

（1）计算书要求 书写工整、数字准确、图文并茂。

（2）制图要求 所有图线、图例尺寸和标注方法均应符合新的制图标准，图纸上所有汉字和数字均应书写端正、排列整齐、笔画清晰，中文书写为仿宋字。

（3）设计时间三天。

二、设计实训实例

1. 设计题目：某四层教学楼，平面布置图如图 5-33 所示。梁 L-1 截面尺寸为 200 mm ×500 mm，伸入墙内 240 mm，梁间距为 3.3 m，外墙及山墙的厚度为 370 mm，双面粉刷，本教学楼的基础采用毛石条形基础，标准冻深为 1.2 m。计算单元内由上部结构传至基础顶面的竖向力值分别为外纵墙 $\sum F_{1k} = 558.57$ kN，山墙 $\sum F_{2k} = 168.61$ kN，内横墙 $\sum F_{3k} = 162.68$ kN，内纵墙 $\sum F_{4k} = 1533.15$ kN。试设计该基础。

2. 工程地质情况：该地区地形平坦，经地质勘察工程地质情况如图 5-34 所示，地下水位在天然地表下 8.5 m，水质良好，无侵蚀性。

3. 基础设计

(1)荷载计算

1)选定计算单元:取房屋中有代表性的一段作为计算单元(图5-35)。

外纵墙:取两窗中心间的墙体。

内纵墙:取①—②轴线之间两门中心间的墙体。

山墙、横墙:分别取1 m长墙体。

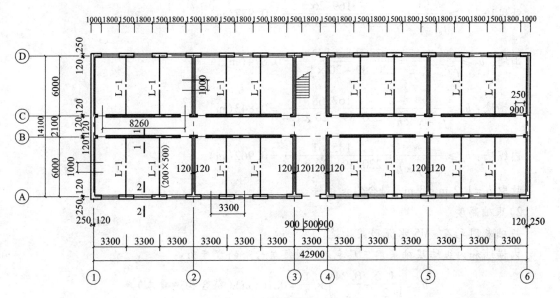

图5-35　墙的计算单元示意

2)荷载计算

外纵墙:取两窗中心线间的距离3.3 m为计算单元宽度。

则 $F_{1k} = \dfrac{\sum F_{1k}}{3.3} = \dfrac{558.57}{3.3} = 169.26(\text{kN/m})$

山墙:取1 m为计算单元宽度。

则 $F_{2k} = \dfrac{\sum F_{2k}}{1} = \dfrac{168.61}{1} = 168.61(\text{kN/m})$

内横墙:取1 m为计算单元宽度。

则 $F_{3k} = \dfrac{\sum F_{3k}}{1} = \dfrac{162.68}{1} = 162.68(\text{kN/m})$

内纵墙:取两门中心线间的距离8.26 m为计算单元宽度。

则 $F_{4k} = \dfrac{\sum F_{4k}}{8.26} = \dfrac{1533.15}{8.26} = 185.61(\text{kN/m})$

(2)确定基础的埋置深度 d

$$d = Z_0 + 200 = (1200 + 200) = 1400(\text{mm})$$

(3)确定地基承载特征值 f_a

假设 $b < 3$ m,因 $d = 1.4$ m > 0.5 m。故只需对地基承载力特征值进行深度修正。

$$\gamma_m = \frac{16 \times 0.5 + 18 \times 0.9}{0.5 + 0.9} = 17.29 (\text{kN/m}^3)$$

$$f_a = f_{ak} + \eta_d \gamma_m (d - 0.5) = [196 + 1.6 \times 17.29 \times (1.4 - 0.5)] \text{ kN/m}^2 = 220.89 \text{ kN/m}^2$$

(4)确定基础的宽度、高度

1)基础宽度

外纵墙：$b_1 \geqslant \dfrac{F_{1k}}{f_a - \overline{\gamma} \times \overline{h}} = \dfrac{169.26}{220.89 - 20 \times 1.4} = 0.877 (\text{m})$

山墙：$b_2 \geqslant \dfrac{F_{2k}}{f_a - \overline{\gamma} \times \overline{h}} = \dfrac{168.61}{220.89 - 20 \times 1.4} = 0.874 (\text{m})$

内横墙：$b_3 \geqslant \dfrac{F_{3k}}{f_a - \overline{\gamma} \times \overline{h}} = \dfrac{162.68}{220.89 - 20 \times 1.4} = 0.843 (\text{m})$

内纵墙：$b_4 \geqslant \dfrac{F_{4k}}{f_a - \overline{\gamma} \times \overline{h}} = \dfrac{185.61}{220.89 - 20 \times 1.4} = 0.962 (\text{m})$

故取 $b = 1.2$ m < 3 m，符合假设条件。

2)基础高度

基础采用毛石，M5 水泥砂浆砌筑。

内横墙和内纵墙基础采用三层毛石，则每层台阶的宽度为：

$$b_2 = \left(\frac{1.2}{2} - \frac{0.24}{2} \right) \times \frac{1}{3} = 0.16 (\text{m})(符合构造要求)。$$

允许台阶宽高比 $[b_2/H_0] = 1/1.5$，则每层台阶的高度为：

$$H_0 \geqslant \frac{b_2}{[b_2/H_0]} = \frac{0.16}{1/1.5} = 0.24 (\text{m})$$

综合构造要求，取 $H_0 = 0.4$ m。

最上一层台阶顶面距室外设计地坪为：

$$(1.4 - 0.4 \times 3) = 0.2 (\text{m}) > 0.1 \text{ m}$$

故符合构造要求[如图 5-36(a)所示]。

外纵墙和山墙基础仍采用三层毛石，每层台阶高 0.4 m，则每层台阶的允许宽度为 $b \leqslant [b_2/H_0] H_0 = [1/1.5] 0.4 \text{m} = 0.267$ m。

又因单侧三层台阶的总宽度为 $(1.2 - 0.37)/2 = 0.415$ m。故取三层台阶的宽度分别为 0.115 m、0.15 m、0.15 m，均小于 0.2 m(符合构造要求)。

最上一层台阶顶面距室外设计地坪为：

$$1.4 - 0.4 \times 3 = 0.2 (\text{m}) > 0.1 \text{ m}$$

符合构造要求[如图 5-36(b)所示]。

(5)软弱下卧层强度验算

1)基底处附加压力

取内纵墙的竖向压力计算：

$$p_0 = p_k - p_c = \frac{F_k + G_k}{A} - \gamma_m d = \left(\frac{185.61 + 20 \times 1.2 \times 1 \times 1.4}{1.2 \times 1} - 17.29 \times 1.4 \right)$$

$$= 158.47 (\mathrm{kN/m}^2)$$

2）下卧层顶面处附加压力

因 $Z/b = 4.1/1.2 = 3.4 > 0.5$，$E_{s1}/E_{s2} = 10/2 = 5$，故查表 $5-8$，查得 $\theta = 25°$，则：

$$p_z = \frac{bp_0}{b + 2z\tan\theta} = \frac{1.2 \times 158.47}{1.2 + 2 \times 4.1 \times \tan 25°} = 37.85 (\mathrm{kN/m}^2)$$

3）下卧层顶面处自重压力

$$p_{cz} = (16 \times 0.5 + 18 \times 5) = 98 (\mathrm{kN/m})^2$$

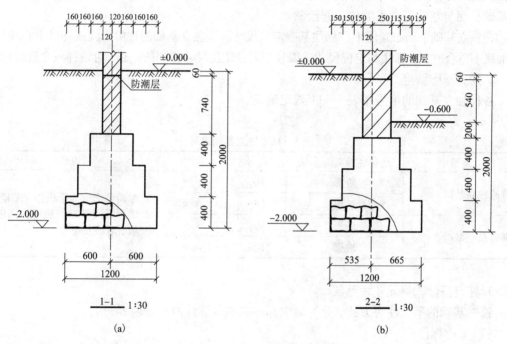

图 5-36 基础详图

（a）内墙基础详图；（b）外墙基础详图

4）下卧层顶面处修正后的地基承载力特征值

$$\gamma_m = \frac{16 \times 0.5 + 18 \times 5}{0.5 + 5} = 17.82 (\mathrm{kN/m}^3)$$

$$f_{az} = f_{ak} + \eta_d \gamma_m (d + z - 0.5) = [88 + 1.0 \times 17.82 \times (0.5 + 5 - 0.5)] = 177.1 (\mathrm{kN/m}^2)$$

5）验算下卧层的强度

$$p_z + p_{cz} = (37.85 + 98) = 135.85 (\mathrm{kN/m}^2) < f_{az} = 177.1 \ \mathrm{kN/m}^2$$

符合要求。

5.3 浅基础结构施工图识读

5.3.1 独立基础平法施工图识读

1.独立基础平法施工图的表示方法

独立基础平法施工图，有平面注写与截面注写两种表达方式，可根据具体工程情况选择一种，或两种方式相结合进行独立基础施工图设计。当绘制独立基础平面布置图时，应将独立基础平面与基础所支承的柱一起绘制。

在独立基础平面布置图上应标注基础定位尺寸。当独立基础的柱中心线或杯口中心线与建筑轴线不重合时，应标注其定位尺寸。编号相同且定位尺寸相同的基础，可选择一个进行标注。

2.独立基础编号

各种独立基础的编号按表5-11规定确定。

表5-11　独立基础编号

类型	基础底板截面形状	代号	序号	说明
普通独立基础	阶形	DJ$_J$	××	1. 单阶截面即为平板独立基础
	坡形	DJp	××	2. 坡形截面基础底板可为四坡、三坡、双坡及单坡
杯口独立基础	阶形	BJ$_J$	××	
	坡形	BJp	××	

3.独立基础的平面注写方式

独立基础的平面注写方式，分为集中标注和原位标注两部分内容。

（1）集中标注

对于普通独立基础和杯口独立基础的集中标注，系在基础平面图上集中引注以下内容：基础编号、截面竖向尺寸、配筋三项必注内容，以及当基础底面标高与基础底面基准标高不同时的相对标高高差和必要的文字注解两项选注内容。独立基础集中标注的具体内容规定如下：

1）注写独立基础编号（必注内容）

按表5-11中的编号规则标注在基础平面布置图中。

2）注写独立基础截面竖向尺寸（必注内容）

①普通独立基础：注写 $h_1/h_2/\cdots$。如图5-37、图5-38。

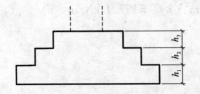

图5-37　阶形截面普通独立基础竖向尺寸

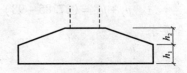

图5-38　坡形截面普通独立基础竖向尺寸

②杯口独立基础

当基础为阶形截面,竖向尺寸分两组,一组表达杯口内,另一组表达杯口外,两组以","分隔,注写为:a_0/a_1,$h_1/h_2/\cdots$。如图 5 – 39。

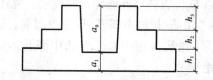

图 5 – 39 阶形截面杯口独立基础竖向尺寸

当基础为坡形截面,竖向尺寸分两组,一组表达杯口内,另一组表达杯口外,两组以","分隔,注写为:a_0/a_1,$h_1/h_2/\cdots$。如图 5 – 40。

3)注写独立基础配筋(必注内容)

①注写独立基础底板配筋

以 B 代表各种独立基础底板的底部配筋。X 向配筋以 X 打头、Y 向配筋以 Y 打头注写。当两向配筋相同时,则以 X&Y 打头注写。

例如,当(矩形)独立基础底板配筋标注为:B:XΦ16@150,YΦ16@200(如图 5 – 41)。表示基础底板底部配置 HRB400 级钢筋,X 向直径为 Φ16,分布间距 150;Y 向直径为 Φ16,分布间距 200 mm。

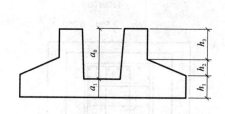

图 5 – 40 坡形截面杯口独立基础竖向尺寸

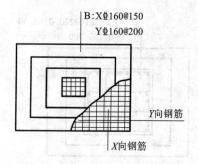

图 5 – 41 独立基础底板配筋示意图

②注写杯口独立基础顶部焊接钢筋网

以 Sn 打头引注杯口顶部焊接钢筋网的各边钢筋。如图 5 – 42。

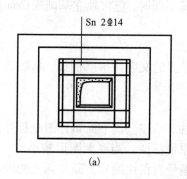

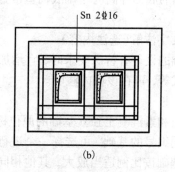

(a) (b)

图 5 – 42 杯口基础顶部焊接钢筋网示意

(a)单杯口基础顶部焊接钢筋网示意;(b)双杯口基础顶部焊接钢筋网示意

③注写高杯口独立基础的杯壁外侧和短柱配筋

以 O 代表杯壁外侧和短柱配筋。先注写杯壁外侧和短柱竖向纵筋，再注写横向箍筋。注写为："角筋/长边中部筋/短边中部筋，箍筋（两种间距）"；当为杯壁水平截面为正方形时，注写为：角筋/x 边中部筋/y 边中部筋，箍筋（两种间距，杯口范围内箍筋间距/短柱范围内箍筋间距）。

例如，当高杯口独立基础的杯壁外侧和短柱配筋标注为：O：4Φ20/Φ16@220/Φ16@200，φ10@150/300。表示高杯口独立基础的杯壁外侧和短柱配置 HRB400 级竖向钢筋和 HPB235 级箍筋。其竖向钢筋为：4Φ20 角筋、Φ16@220 长边中部筋和Φ16@200 短边中部筋；其箍筋直径为 φ10，杯口范围间距 150 mm，短柱范围间距 300 mm。如图 5-43。

④注写普通独立深基础短柱竖向尺寸及钢筋

当独立基础埋深较大，设置短柱时，短柱配筋应注写在独立基础中。具体注写规定如下：

以 DZ 代表普通独立基深础短柱。先注写短柱纵筋，再注写箍筋，最后注写短柱标高范围。注写为：角筋/长边中部筋/短边中部筋，箍筋，短柱标高范围；当短柱水平截面为正方形时，注写为：角筋/x 边中部筋/y 中部筋，箍筋，短柱标高范围。如图 5-44。

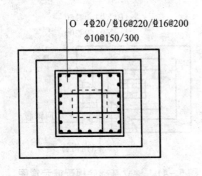

图 5-43　高杯口独立基础杯壁配筋示意

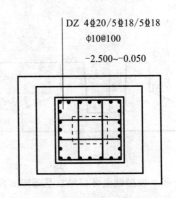

图 5-44　独立基础短柱配筋示意

4）注写基础底面标高（选注内容）

当独立基础的底面标高与基础底面基准标高不同时，应将独立基础底面标高直接注写在"（　）"内。

5）必要的文字注解（选注内容）

当独立基础的设计有特殊要求时，宜增加必要的文字注解。例如，基础底板配筋长度是否采用减短方式等，可在该项内注明。

（2）原位标注

钢筋混凝土和素混凝土独立基础的原位标注，系在基础平面布置图上标注独立基础的平面尺寸。对相同编号的基础，可选择一个进行原位标注。当平面图形较小时，可将所选定进行原位标注的基础按比例适当放大，其他相同编号者仅注编号。原位标注的内容规定如下：

1）普通独立基础

原位标注 x，y，x_c、y_c，x_i、y_i，其中，x，y 为普通独立基础两向边长，x_c、y_c 为柱截面尺寸，x_i、y_i 为阶宽或坡形平面尺寸（当设置短柱时，尚应标注短柱的截面尺寸）。如图 5-45。

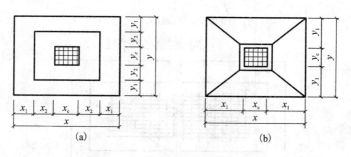

图 5 – 45　普通独立基础原位标注

（a）对称阶形截面普通独立基础原位标注；（b）对称坡形截面普通独立基础原位标注

2）杯口独立基础

原位标注 x、y，x_u、y_u，t_i，x_i、y_i，$i = 1，2，3，\cdots$其中，x、y 为杯口独立基础两向边长，x_u、y_u 为杯口上口尺寸，t_i 为杯壁厚度，x_i、y_i 为阶宽或坡形截面尺寸。杯口上口尺寸 x_u、y_u，按柱截面边长两侧双向各加 75 mm。设计不注杯口下口尺寸，其为插入杯口的相应柱截面边长尺寸每边各加 50 mm。如图 5 – 46。

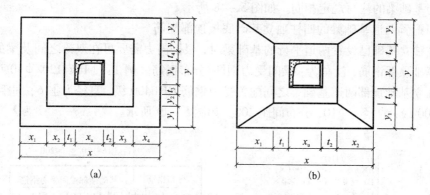

图 5 – 46　杯口独立基础原位标注

（a）阶形截面杯口独立基础原位标注；（b）坡形截面杯口独立基础原位标注

（3）多柱独立基础平面标注

多柱独立基础的编号、几何尺寸和配筋的标注方法与单柱独立基础相同。当为双柱独立基础且柱距较小时，通常仅设置基础底部钢筋。当柱距较大时，除基础底部配筋外，尚需在两柱间配置基础顶部钢筋或设置基础梁。当为四柱独立基础时，通常设置两道平行的基础梁，需要时可在两道基础梁之间配置基础顶部钢筋。多柱独立基础顶部配筋和基础梁的注写方法规定如下：

1）注写双柱独立基础底板顶部配筋

双柱独立基础的顶部配筋，通常分布在双柱中心线两侧，注写为：双柱间纵向受力钢筋/分布钢筋。当纵向受力钢筋在基础底板顶面非满布时，应注明总根数。例如 T：11 Φ18@100/ϕ10@200，表示独立基础顶部配置纵向受力钢筋 HRB400 级，直径为 Φ18 设置 11 根，间距 100，分布筋 HPB300 级，直径为 ϕ10，分布间距 200。如图 5 – 47。

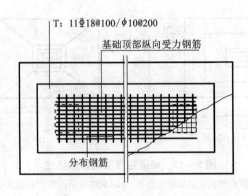

图 5 - 47 双柱独立基础顶部配筋示意图

2) 注写双柱独立基础的基础梁配筋

当双柱独立基础为基础底板与基础梁相结合时,注写基础梁的编号、几何尺寸和配筋,注写示意如下。如 JL×× (1) 表示该基础梁为 1 跨,两端无外伸;JL×× (1A) 表示该基础梁为 1 跨,一端外伸;JL×× (1B) 表示该基础梁为 1 跨,两端均有外伸。基础梁的注写规定与条形基础的基础梁的注写规定相同。如图 5 - 48 所示。

3) 注写配置两道基础梁的四柱独立基础底板顶部配筋

当四柱独立基础已设置两道平行的基础梁时,根据内力需要可在双梁之间及梁的长度范围内配置基础顶部钢筋,注写为:梁间受力钢筋/分布钢筋。例 T:Φ16@ 120/Φ10@ 200,表示在四柱独立基础顶部两道基础梁之间配置受力钢筋 HRB400 级,直径为 Φ16,间距 120;分布筋 HPB300 级,直径为 Φ10,分布间距 200。如图 5 - 49 所示。

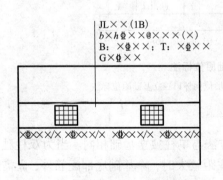

图 5 - 48 双柱独立基础的基础梁配筋注写示意图

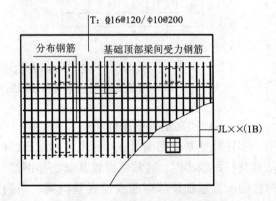

图 5 - 49 四柱独立基础底板顶部
基础梁间配筋注写示意图

采用平面注写方式表达的独立基础设计施工示意图,如图 5 - 50 所示。

4. 独立基础的截面注写方式

独立基础的截面注写方式,又可分为截面标注和列表注写(结合截面示意图)两种表达方式。采用截面注写方式,应在基础平面布置图上对所有基础进行编号。

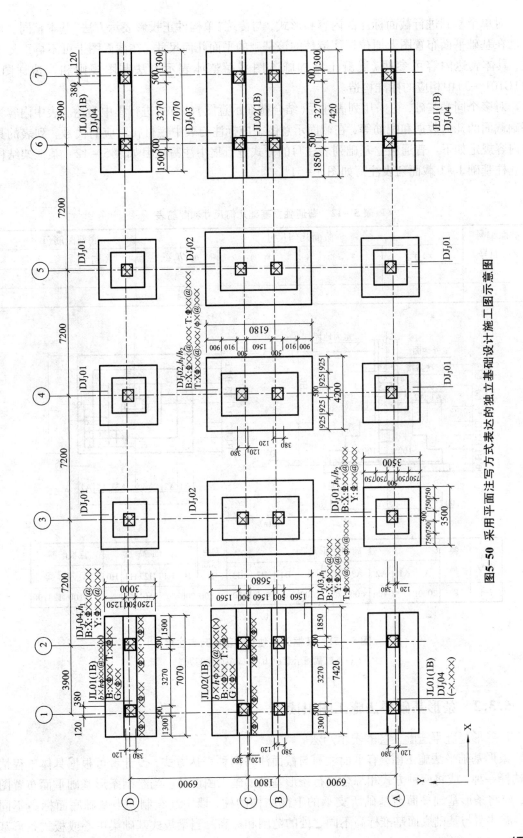

图5-50 采用平面注写方式表达的独立基础设计施工图示意图

对单个基础进行截面标注的内容和形式，与传统"单构件正投影表示方法"基本相同。对于已在基础平面布置图上原位标注清楚的该基础的平面几何尺寸，在截面图上可不再重复表达，具体表达内容可参照《混凝土结构施工图平面整体表示方法制图规则和构造详图》(11G101—3)中相应的标准构造。

对多个同类基础，可采用列表注写(结合截面示意图)的方式进行集中表达。表中内容为基础截面的几何数据和配筋等，在截面示意图上应标注与表中栏目相对应的代号。列表的具体内容规定如下。普通独立基础列表注写的方式进行集中注写栏目如表5-12。某框架结构独立柱基础 J-1 截面列表注写如图5-51。

表5-12　普通独立基础几何尺寸和配筋表

截面编号/截面号	截面几何尺寸				底部配筋(B)	
	x, y	x_c, y_c	x_i, y_i	$h_1/h_2/\cdots$	X 向	Y 向

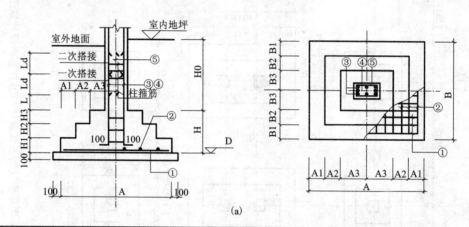

(a)

基础编号	类型	基础平面尺寸									基底标高 D	基础高度					底板配筋	
		A	A1	A2	A3	C	B	B1	B2	B3		H	H1	H2	H3	H0	①	②
J-1	I	2000		400	600		2000		400	600	-1.800	700		350	350		Φ12@100	Φ12@100

(b)

图5-51　某框架柱独立柱基础列表注写

(a)基础截面示意；(b)基础截面注写列表

5.3.2　条形基础平法施工图识读

1. 条形基础平法施工图的表示方法

条形基础平法施工图，有平面注写与截面注写两种表达方式，设计者可根据具体工程情况选择一种，或将两种方式相综合进行条形基础的施工图设计。当绘制条形基础平面布置图时，应将条形基础平面与基础所支承的上部结构的柱、墙一起绘制。当基础底面标高不同时，需注明与基础底面基准标高不同之处的范围和标高。当梁板式基础梁中心或板式条形基础板中心与建筑定位轴线不重合时，应标注其定位尺寸。对于编号相同的条形基础，可仅选择一个进行标注。

条形基础可分为梁板式条形基础和板式条形基础两类。梁板式条形基础适用于钢筋混凝土框架结构、框架－剪力墙结构、框支结构和钢结构，平法施工图将梁板式分解为基础梁和条形基础底板分别进行表达。板式条形基础适用于钢筋混凝土剪力墙结构和砌体结构，平法施工图仅表示条形基础底板。

条形基础编号分为基础梁和条形基础底板编号，如下表5－13所示。

表5－13　条形基础梁及底板编号

类　型		代　号	序　号	跨数及有无外伸
基　础　梁		JL	××	(××)端部无外伸
条形基础底板	坡形	TJB_P	××	(××A)端部一端外伸
	阶形	TJB_J	××	(××B)端部两端外伸

2. 基础梁平面注写方式

基础梁的平面注写方式，分集中标注和原位标注两部分内容。

（1）集中标注

基础梁的集中标注内容为：基础梁编号、截面尺寸、配筋三项必注内容，以及当基础梁底面标高与基础底面基准标高不同时的相对标高高差和必要的文字注解两项选注内容。

1）基础梁编号（必注内容）。

2）基础梁截面尺寸（必注内容）。注写为 $b \times h$，其中 b 为梁宽，h 为梁高。加腋梁注写为 $b \times h$，$Yc_1 \times c_2$，c_1 腋长，c_2 为腋高。

3）基础梁配筋（必注内容）。

①基础梁箍筋

当具体设计仅采用一种箍筋间距时，注写钢筋级别、直径、间距和肢数，箍筋肢数注在"（　）"内。当具体设计采用两种箍筋时，用"/"分隔不同箍筋，按照从基础梁两端向跨中的顺序注写。先注写第1段箍筋（在前面加注箍筋道数），在斜线后再注写第2段箍筋（不再加注箍筋道数）。例如：$9\phi10@150/200(2)$，表示箍筋强度等级为HPB300，直径为10 mm，梁端间距为150 mm，设置9道，跨中间距为200 mm，均为2肢箍。

②注写基础梁底部、顶部及侧面纵向钢筋

底部钢筋：以 B 打头，梁底贯通纵筋，当跨中根数少于箍筋肢数时，需要在跨中增设梁底部架立筋以固定箍筋，采用"＋"将贯通纵筋与架立筋相连，架立筋注写在加号后面的括号内。

顶部钢筋：以 T 打头，注写梁顶部贯通纵筋。注写时用分号"；"将底部与顶部贯通纵筋分隔开。

侧面纵向钢筋：以大写字母 G 打头注写梁两侧面对称设置的纵向构造钢筋的总配筋值（当梁腹板净高 h_w 不小于450 mm时，根据需要配置）。

当梁底部或顶部贯通纵筋多于一排时，用斜线"/"将各排纵筋自上而下分开。例如 B：4ϕ28；T：12ϕ28 7/5，表示梁底部配置贯通纵筋为4ϕ28；梁顶部配置贯通纵筋，上一排为7ϕ28，下一排为5ϕ28，共12ϕ28。

施工时应注意：一是基础梁的底部贯通纵筋，可在跨中 1/3 跨度范围内采用搭接连接、机械连接或对焊连接。二是基础梁的顶部贯通纵筋，可在距柱根 1/4 净跨长度范围内采用搭接连接，或在柱根附近采用机械连接或焊接，且应严格控制接头百分率。

4）注写基础梁底面标高（选注内容）

当条形基础的底面标高与基础底面基准标高不同时，将条形基础底面标高注写在"（   ）"内。

5）必要的文字注解（选注内容）

当基础梁的设计有特殊要求时，宜增加必要的文字注解。

（2）基础梁的原位标注

1）基础梁端或梁在柱下区域的底部全部纵筋（包括底部非贯通纵筋和已集中注写的底部贯通纵筋）

当梁端或梁在柱下区域的底部纵筋多于一排时，用"/"将各排纵筋自上而下分开。当同排纵筋有两种直径时，用"+"将两种直径的纵筋相联。

当梁中间支座或梁在柱下区域两边的底部纵筋配置不同时，需在支座两边分别标注。当梁中间支座两边的底部纵筋相同时，可仅在支座的一边标注。

当梁端（柱下）区域的底部全部纵筋与集中注写过的底部贯通纵筋相同时，可不再重复做原位标注。

2）基础梁的附加箍筋或（反扣）吊筋

当两向基础梁十字交叉，但交叉位置无柱时，应根据抗力需要设置附加箍筋或吊筋。将附加箍筋或吊筋直接画在平面图十字交叉梁中刚度较大的条形基础主梁上，原位直接引注总配筋值。当多数附加箍筋或（反扣）吊筋相同时，可在条形基础平法施工图上统一注明。少数与统一注明值不同时，再原位直接引注。

3）基础梁外伸部位的变截面高度尺寸

当基础梁外伸部位采用变截面高度时，在该部位原位注写 $b \times h_1/h_2$，h_1 为根部截面高度，h_2 为尽端截面高度。

4）原位注写修正内容

在基础梁上集中标注的某项内容不适用于某跨或某外伸部位时，将其修正内容原位标注在该跨或该外伸部位。施工时原位标注取值优先。

3. 条形基础底板的平面注写方式

条形基础底板的平面注写方式，也分集中标注和原位标注两部分内容。

（1）集中标注

条形基础底板的集中标注内容为：条形基础底板编号、截面竖向尺寸、配筋三项必注内容，以及条形基础底板底面标高（与基础底面基准标高不同时）、必要的文字注解两项选注内容。素混凝土条形基础底板的集中标注，除无底板配筋内容外与钢筋混凝土条形基础底板相同。

集中标注具体规定如下：

1）底板编号：阶形截面，编号加下标"J"，如 TJB$_J$××（××）；坡形截面，编号加下标"P"，如 TJB$_P$××（××）。

2）截面竖向尺寸：当条形基础底板为坡形截面时，注写为 h_1/h_2。当条形基础底板为阶形截面时，注写为 $h_1/h_2/\cdots$。

3）注写条形基础底板底部及顶部配筋（必注内容）

以 B 打头，注写条形基础底板底部的横向受力钢筋；以 T 打头，注写条形基础底板顶部的横向受力钢筋；注写时，用"/"分隔条形基础底板的横向受力钢筋和构造钢筋。如图5－52。

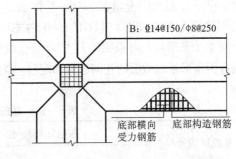

图 5－52　条形基础底板底部配筋示意图

4）底板底面标高（选注内容）

当条形基础底板的底面标高与条形基础底面基准标高不同时，应将条形基础底板底面标高注写在"（　）"内。

5）必要的文字注解（选注内容）。

（2）条形基础底板的原位标注

条形基础底板的原位标注主要内容是原位注写条形基础底板的平面尺寸和注写修正内容。

1）原位注写条形基础底板的平面尺寸

原位标注 b、b_i，$i = 1,2,\cdots$。其中，b 为基础底板总宽度，b_i 为基础底板台阶的宽度。当基础底板采用对称于基础梁的坡形截面或单阶形截面时，b_i 可不注。

素混凝土条形基础底板的原位标注与钢筋混凝土条形基础底板相同。对于相同编号的条形基础底板，可仅选择一个进行标注。

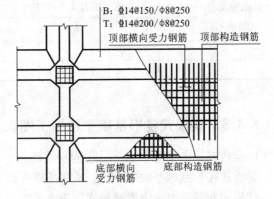

图 5－53　双梁条形基础底板顶部配筋示意图

梁板式条形基础存在双梁共用同一基础底板的情况，墙下条形基础也存在双墙共用同一基础底板的情况，当为双梁或为双墙且梁或墙荷载差别较大时，条形基础两侧可取不同的宽度，实际宽度以原位标注的基础底板两侧非对称的不同台阶宽度 b_i 进行表达。如图5－53。

2）原位注写修正内容

当在条形基础底板上集中标注的某项内容，如底板截面竖向尺寸、底板配筋、底板底面标高等，不适用于条形基础底板的某跨或某外伸部分时，可将其修正内容原位标注在该跨或该外伸部位，施工时原位标注取值优先。

4. 条形基础的截面注写方式

条形基础的截面注写方式，又可分为截面标注和列表注写（结合截面示意

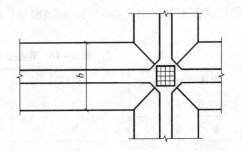

图 5－54　条形基础底板平面尺寸原位标注

图）两种表达方式。采用截面注写方式，应在基础平面布置图上对所有条形基础进行编号。

对条形基础进行截面标注的内容和形式，与传统"单构件正投影表示方法"基本相同。如图5－54。对于已在基础平面布置图上原位标注清楚的该条形基础梁和条形基础底板的水平

尺寸，可不在截面图上重复表达，具体表达内容可参照《混凝土结构施工图平面整体表示方法制图规则和构造详图》(11G101—3)中相应的标准构造。

对多个条形基础可采用列表注写(结合截面示意图)的方式进行集中表达。表5-14、表5-15中内容为条形基础截面的几何数据和配筋，截面示意图上应标注与表中栏目相对应的代号。

表5-14 基础梁几何尺寸和配筋表

基础梁编号/ 截面号	截面几何尺寸		配筋	
	$b \times h$	加腋 $c_1 \times c_2$	底部贯通纵筋＋非贯通纵筋，顶部贯通纵筋	第一种箍筋/ 第二种箍筋

表5-15 条形基础底板几何尺寸和配筋表

基础梁编号/ 截面号	截面几何尺寸			底部配筋	
	b	b_i	h_1/h_2	横向受力钢筋	纵向受力钢筋

5.3.3 梁板式筏形基础平法施工图识读

1. 梁板式筏形基础平法施工图的表示方法

梁板式筏形基础平法施工图，系在基础平面布置图上采用平面注写方式进行表达。当绘制基础平面布置图时，应将梁板式筏形基础与其所支承的柱、墙一起绘制。当基础底面标高不同时，需注明与基础底面基准标高不同之处的范围和标高。通过选注基础梁底面与基础平板底面的标高高差来表达梁与板的位置关系，可明确为低板位(梁底与板底标高相等)、高板位(梁顶与板顶标高相等)和中板位(板在梁的中间部位)三种不同位置组合的筏形基础。

2. 梁板式筏形基础构件的类型与编号

梁板式筏形基础由基础主梁、基础次梁、基础平板等构成，编号按表5-16的规定。

表5-16 梁板式筏形基础构件编号

构件类型	代号	序号	跨数及有无外伸
基础主梁(柱下)	JL	××	
基础次梁	JCL	××	(××)或(××A)或(××B)
梁板筏基础平板	LPB	××	

3. 基础主梁与基础次梁的平面注写方式

基础主梁 JL 与基础次梁 JCL 的平面注写，分为集中标注与原位标注两部分内容。基础主梁 JL 与基础次梁 JCL 的集中标注内容为：基础梁编号、截面尺寸、配筋三项必注内容，以及基础梁底面标高高差(相对于筏形基础平板底面标高)一项选注内容。具体要求与条形基础梁的制图规则一样,这里不再重复。

4. 梁板式筏形基础平板的平面注写方式

梁板式筏形基础平板 LPB 的平面注写,分板底部与顶部贯通纵筋的集中标注与板底部附加非贯通纵筋的原位标注两部分内容。当仅设置贯通纵筋而未设置附加非贯通纵筋时,则仅做集中标注。

(1)集中标注

以板厚相同、基础平板底部与顶部贯通纵筋配置相同的区域为同一板区。筏基平板 LPB 贯通纵筋,在所表达的板区双向均为第一跨(X 与 Y 双向首跨)的板上引出。集中标注的内容规定如下:注写筏基平板编号;注写筏基平板截面尺寸,以 $h = \times \times \times$ 表示板厚;注写底部与顶部贯通纵筋及其总长度,先注 X 向底部(B)贯通纵筋与顶部(T)贯通纵筋及纵向钢筋长度范围,再注 Y 向底部(B)贯通纵筋与顶部(T)贯通纵筋及纵向钢筋长度范围。

贯通纵筋的总长度注写在括号中,注写方式为"跨数及有无外伸",其表达形式为:($\times \times$)(无外伸)、($\times \times$A)(一端有外伸)或($\times \times$B)(两端有外伸)。例如 X:BΦ22@150;TΦ20@150;(5B),表示基础平板 X 向底部配置直径Φ22 间距 150 的贯通纵筋,顶部配置直径为Φ20 间距 150 的贯通纵筋,纵向总长度为 5 跨两端有外伸。

(2)原位标注:主要表达板底部附加非贯通纵筋。

1)注写位置及内容

板底部原位标注的附加非贯通纵筋,应在配置相同跨的第一跨表达(当在基础梁悬挑部位单独配置时则在原位表达)。在配置相同跨的第一跨(或基础梁外伸部位),垂直于基础梁绘制一段中粗虚线(当该筋通长设置在外伸部位或短跨板下部时,应画至对边或贯通短跨),在虚线上注写编号、配筋值、横向布置的跨数及是否布置到外伸部位。

板底部附加非贯通纵筋向两边跨内的伸出长度值注写在线段的下方位置。当该筋向两侧对称伸出时,可仅在一侧标注,另一侧不注。当布置在边梁下时,向基础平板外伸部位一侧的伸出长度与方式按标准构造,设计不注。底部附加非贯通筋相同者,可仅注写一处,其他只注写编号。

原位注写的底部附加非贯通纵筋与集中标注的底部贯通钢筋,宜采用"隔一布一"的方式布置。例:原位注写的基础平板底部附加非贯通纵筋为⑤Φ22@300(3),该 3 跨范围集中标注的底部贯通纵筋为 BΦ22@300,在该 3 跨支座处实际横向设置的底部纵筋合计为Φ22@150。其他与⑤号筋相同的底部附加非贯通纵筋可仅注编号⑤。

2)注写修正内容

当集中标注的某些内容不适用于梁板式筏形基础平板某板区的某一板跨时,应由设计者在该板跨内注明,施工时应按注明内容取用。

3)当若干基础梁下基础平板的底部附加非贯通纵筋配置相同时(其底部、顶部的贯通纵筋可以不同),可仅在一根基础梁下做原位注写,并在其他梁上注明"该梁上基础平板底部附加非贯通纵筋同 $\times \times$ 基础梁"。

5. 其他标注内容

(1)当在基础平板周边沿侧面设置纵向构造钢筋时,应在图中注明。

(2)应注明基础平板外伸部位的封边方式,当采用 U 形钢筋封边时应注明其规格、直径及间距。

（3）当基础平板外伸变截面高度时，应注明外伸部位的 h_1/h_2，h_1 为板根部截面高度，h_2 为板尽端截面高度。当基础平板厚度大于 2 m 时，应注明具体构造要求。应注明混凝土垫层厚度与强度等级。

（4）当在基础平板外伸阳角部位设置放射筋时，应注明放射筋的强度等级、直径、根数以及设置方式等。当在板的分布范围内采用拉筋时，应注明拉筋的强度等级、重径、双向间距等。

（5）结合基础主梁交叉纵筋的上下关系，当基础平板同一层面的纵筋相交叉时，应注明何向纵筋在下，何向纵筋在上。

5.3.4 平板式筏形基础平法施工图识图

1. 平板式筏形基础平法施工图的表示方法

平板式筏形基础平法施工图，是指在基础平面布置图上采用平面注写方式表达。当绘制基础平面布置图时，应将平板式筏形基础与其所支承的柱、墙一起绘制。当基础底面标高不同时，需注明与基础底面基准标高不同之处的范围和标高。

平板式筏形基础分为柱下板带和跨中板带，也可不分板带，按基础平板进行表达。平板式筏形基础构件编号按表 5-17 规定执行。

表 5-17　平板式筏形基础构件编号

构件类型	代号	序号	跨数及有无外伸
柱下板带	ZXB	××	（××）或（××A）（××B）
跨中板带	KZB	××	（××）或（××A）（××B）
平板筏基础平板	BPB	××	

2. 柱下板带、跨中板带的平面注写方式

柱下板带 ZXB 与跨中板带 KZB 的平面注写，分板带底部与顶部贯通纵筋的集中标注与板带底部附加非贯通纵筋的原位标注两部分内容。

（1）集中标注

柱下板带 ZXB 与跨中板带 KZB 的集中标注，应在第一跨（X 向为左端跨，Y 向为下端跨）引出，具体内容如下：注写编号；注写截面尺寸，注写 $b=\times\times\times\times$ 表示板带宽度；注写底部与顶部贯通纵筋，注写底部贯通纵筋（B 打头）与顶部贯通纵筋（T 打头）的规格与间距，用分号"；"将其分隔开。柱下板带的柱下区域，通常在其底部贯通纵筋的间隔内插空设有（原位注写的）底部附加非贯通纵筋。例：B Φ22@300；T Φ25@150 表示板带底部配置 Φ22 间距 300 的贯通纵筋，板带顶部配置 Φ25 间距 150 的贯通纵筋。

（2）原位标注

柱下板带与跨中板带原位标注的内容，主要为底部附加非贯通纵筋。具体规定如下：

1）注写内容：以一段与板带同向的中粗虚线代表附加非贯通纵筋。其中柱下板带应贯穿其柱下区域绘制，跨中板带应横贯柱中线绘制。在虚线上注写底部附加非贯通纵筋的编号（如①、②等）、钢筋级别、直径、间距，以及自柱中线分别向两侧跨内的伸出长度值。当向两侧对称伸出时，长度值可取一侧标注，另一侧不注。外伸部位的伸出长度与方式按标准构造，设计不注。对同一板带中底部附加非贯通筋相同者，可仅在一根钢筋上注写，其他可仅在中粗虚线上注写编号。

原位注写的底部附加非贯通纵筋与集中标注的底部贯通纵筋,宜采用"隔一布一"的方式布置,即柱下板带或跨中板带底部附加非贯通纵筋与贯通纵筋交错插空布置,其标注间距与底部贯通纵筋相同(两者实际组合后的间距为各自标注间距的1/2)。例如:柱下区域注写底部附加非贯通纵筋③Φ22@300,集中标注的底部贯通纵筋也为BΦ22@300,表示在柱下区域实际设置的底部纵筋为Φ22@150,其他部位与③号筋相同的附加非贯通纵筋仅注编号③。

当跨中板带在轴线区域不设置底部附加非贯通纵筋时,则不做原位标注。

2)注写修正内容。当在柱下板带、跨中板带上集中标注的某些内容(如截面尺寸、底部与顶部贯通纵筋)不适用于某跨或某外伸部分时,则将修正的数值原位标注在该跨或该外伸部位,施工时原位标注取值优先。

3. 平板式筏形基础平板 BPB 的平面注写方式

平板式筏形基础平板 BPB 的平面注写,分板底部与顶部贯通纵筋的集中标注与板底部附加非贯通纵筋的原位标注两部分内容。当仅设置底部与顶部贯通纵筋而未设置底部附加非贯通纵筋时,则仅做集中标注。

(1)集中标注

平板式筏形基础平板 BPB 的集中标注,除编号以外,其他注写内容与梁板式筏形基础平板 LPB 基本相同。当某向底部贯通纵筋或顶部贯通纵筋的配置,在跨内有两种不同间距时,先注写跨内两端的第一种间距,并在前面加注纵筋根数(以表示其分布的范围);再注写跨中部的第二种间距(不需加注根数);两者用"/"分隔。例如 X:B12Φ22@150/200;T10Φ20@150/200 表示基础平板 X 向底部配置有Φ22 的贯通纵筋,跨两端间距为 150 配 12 根,跨中间距为 200;X 向顶部配置Φ20 的贯通纵筋,跨两端间距为 150 配 10 根,跨中间距为 200(纵向总长度略)。

(2)原位标注

平板式筏形基础平板 BPB 的原位标注,主要表达横跨柱中心线下的底部附加非贯通纵筋。注写规定如下:

1)原位注写位置及内容。在配置相同的若干跨的第一跨下,垂直于柱中线绘制一段中粗虚线代表底部附加非贯通纵筋,在虚线上的注写与梁板式筏形基础平板 LPB 的注写内容一样。

当柱中心线下的底部附加非贯通纵筋沿柱中心线连续若干跨配置相同时,则在该连续跨的第一跨下原位注写,且将同规格配筋连续布置的跨数注在括号里;当有些跨配置不同时,则应分别原位注写。外伸部位的底部附加非贯通纵筋应单独注写。

当底部附加非贯通纵筋横向布置在跨内有两种不同间距的底部贯通纵筋区域时,其间距应分别对应为两种,其注写形式与贯通纵筋保持一致,即先注写跨内两端的第一种间距,并在前面加注纵筋根数;再注写跨中部的第二种间距(不需加注根数);两者用"/"隔开。

2)当某些柱中心线下的基础平板底部附加非贯通纵筋横向配置相同时,可仅在一条中心线下做原位注写,并在其他柱中心线上注明"该柱中心线下基础平板底部附加非贯通纵筋同××柱中心线"。

5.3.5 实训项目:某工程基础平法施工图识读

识读某工程筏板基础平法施工图(图5-55),指出其各集中标注和原位标注的含义。

模块小结

本模块主要介绍了浅基础的类型、构造要求、设计方法及浅基础平法施工图的识读等内容,重点讨论了以下方面:

(1)浅基础的分类及基本构造要求。

(2)基础埋置深度和基础底面尺寸确定方法。

(3)刚性基础、钢筋混凝土条形基础和柱下独立基础的设计。

(4)减少不均匀沉降的措施有建筑措施和结构措施。

(5)独立基础、条形基础及筏形基础的平法施工图识读。

思考题

1. 地基基础设计有哪些要求和基本规定?

2. 什么是基础埋置深度? 确定基础埋深时应考虑哪些因素?

3. 当基础埋深较浅而基础和底面积很大时宜采用何种基础?

4. 当有软弱下卧层时如何确定基础底面积?

5. 在工程中减轻不均匀沉降的措施有哪些?

6. 对于普通独立基础和杯口独立基础的集中标注,在基础平面图上集中引注哪些内容?

7. $DJ_p \times \times$ 表示什么基础? 其竖向尺寸为300/280,表达了什么信息?

8. 当为双柱独立基础时,钢筋如何设置?

9. 基础梁宽度宜比柱截面宽度大多少比较合适?

10. 独立基础底板配筋有哪些构造要求?

习 题

1. 某六层建筑物柱截面尺寸为400 mm×400 mm,已知上部结构传至柱顶的荷载效应标准组合值为 $F_k = 640$ kN, $M_k = 80$ kN·m,基础埋深 $d = 1.2$ m,持力层为粉质黏土,重度 $\gamma = 18$ kN/m³,孔隙比 $e = 0.85$,承载力特征值 $f_{ak} = 160$ kPa。试确定基础底面尺寸。

2. 已知某五层砖混结构宿舍楼的外墙厚370 mm,上部结构传至基础顶面的竖向荷载标准组合值为178 kN/m,基础埋深为1.8 m,室内外高差为0.3 m,已知土层分布为:第一层土,杂填土,厚0.4 m, $\gamma = 16.8$ kN/m³;第二层土,粉质黏土,厚3.4 m, $\gamma = 19.1$ kN/m³,承载力特征值 $f_a = 129$ kPa;第三层土,淤泥质粉质黏土,厚1.7 m, $\gamma = 17.6$ kN/m³;第四层土,淤泥,厚2.1 m, $\gamma = 16.6$ kN/m³,承载力特征值 $f_{az} = 50$ kPa;地下水位位于地面下1.3 m处。试确定基础底面尺寸。

3. 已知某厂房墙厚240 mm,墙下采用钢筋混凝土条形基础,相应与荷载效应基本组合时作用在基础顶面上的竖向荷载为265 kN/m,弯矩为10.6 kN·m,基础底面宽度为2 m,基础埋深1.5 m。试设计该基础。

4. 某柱下锥形基础柱子截面为尺寸为450 mm×450 mm,基础底面尺寸为2500 mm×

3500 mm，基础高度为 500 mm，上部结构传到基础顶面的相应与荷载效应基本组合的竖向荷载值为 $F = 775$ kN，$M = 135$ kN·m，基础采用混凝土强度等级为 C20 $(f_t = 1.1$ N/mm^2），HPB300 钢筋，基础埋深为 1.5 m。试设计柱下钢筋混凝土独立基础。

技能训练题

1. 题目：识读图 5 - 56 所示独立柱基础施工图，并完成该独立基础的钢筋工程下料计算，提交钢筋下料计算书。

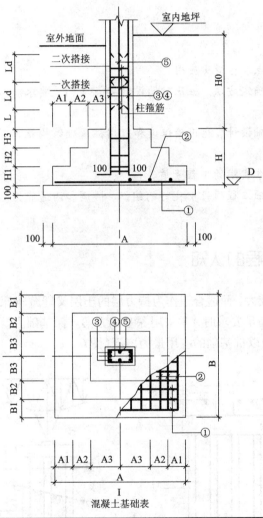

混凝土基础表

基础编号	类型	基础平面尺寸									基底标高	基础高度					底板配筋	
		A	A1	A2	A3	C	B	B1	B2	B3	D	H	H1	H2	H3	H0	①	②
J-1	I	2000		400	600		2000		400	600	-1.800	700		350	350		Φ12@100	Φ12@100

图 5 - 56　某框架结构独立柱基础 J - 1 施工图（单位：mm）

模块六 桩基础工程

建筑施工现场专业技术岗位资格考试和技能实践要求

- 理解桩基础设计的基本知识，能正确识读桩基础施工图和指导桩基础施工。

教学目标

【知识目标】

- 理解桩基础的特点、类型及应用。
- 熟悉桩承载力的确定方法、桩基础的设计要点及构造要求。

【能力目标】

- 能完成简单桩基础设计，能正确识读和应用桩基础结构施工图。

【素质目标】

- 培养学生理论联系实践的工程素质。
- 培养学生在桩基础工程项目中良好的组织、协调和沟通能力。

6.1 桩基础工程的认知

当上部建筑物荷载较大，而适合于作为持力层的土层又埋藏较深，用天然浅基础或仅作简单的地基加固仍不能满足要求时，常采用深基础方案。深基础主要有桩基础、沉井和地下连续墙等几种类型，其中以桩基础的应用最为广泛(图6-1)。

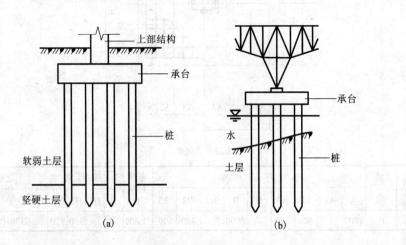

图6-1 桩基础

(a)低承台桩基础；(b)高承台桩基

桩基础由桩身和桩顶的承台共同组成。若桩身全部埋于土中，承台底面与土体接触，则称为低承台桩基[图6-1(a)]；若桩身上部露出地面而承台底位于地面以上，则称为高承台桩基[图6-1(b)]。建筑桩基通常为低承台桩基础。

6.1.1　桩基础的类型

按不同的分类标准，桩有不同的分类方式。

1. 按承载性状分类

(1)摩擦型桩

摩擦桩：在承载能力极限状态下，桩顶竖向荷载由桩侧阻力承受，桩端阻力小到可忽略不计[图6-2(a)]。

端承摩擦桩：在承载能力极限状态下，桩顶竖向荷载主要由桩侧阻力承受[图6-2(b)]。

(2)端承型桩

端承桩：在承载能力极限状态下，桩顶竖向荷载由桩端阻力承受，桩侧阻力较小，可忽略不计[图6-2(c)]。

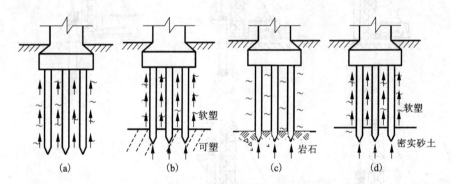

图6-2　桩按承载性能分类
(a)摩擦桩；(b)端承摩擦桩；(c)端承桩；(d)摩擦端承桩

摩擦端承桩：在承载能力极限状态下，桩顶竖向荷载主要由桩端阻力承受[图6-2(d)]。

2. 按成桩方法分类

(1)非挤土桩：干作业法钻(挖)孔灌注桩、泥浆护壁法钻(挖)孔灌注桩、套管护壁法钻(挖)孔灌注桩(图6-3)。

(2)部分挤土桩：长螺旋压灌灌注桩、冲孔灌注桩、钻孔挤扩灌注桩、搅拌劲性桩、预钻孔打入(静压)预制桩、打入(静压)式敞口钢管桩、敞口预应力混凝土空心桩和H型钢桩。

(3)挤土桩：沉管灌注桩、沉管夯(挤)扩灌注桩、打入(静压)预制桩、闭口预应力混凝土空心桩和闭口钢管桩(图6-4)。

3. 按桩径大小分类

(1)小直径桩：$d \leqslant 250$ mm；

(2)中等直径桩：250 mm $< d <$ 800 mm；

(3)大直径桩：$d \geqslant 800$ mm。

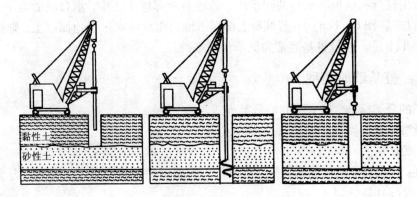

图6-3　螺旋钻孔灌注桩施工示意图

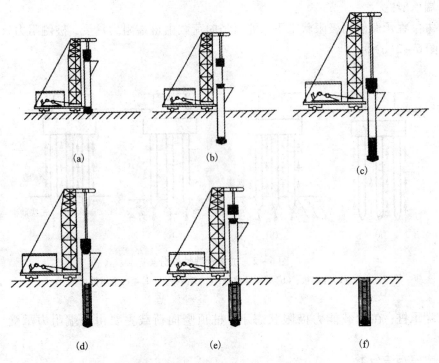

图6-4　锤击沉管灌注桩施工程序示意图

(a)就位；(b)锤击沉管；(c)首次灌注混凝土；
(d)边拔管、边锤击、边继续灌注混凝土；(e)安放钢筋笼,继续灌注混凝土；(f)成桩

6.1.2　桩基础构造要求

1.基桩布置

基桩是指桩基础中的单桩,复合基桩是指单桩及其对应面积的承台下地基土组成的复合承载基桩。基桩的最小中心距应符合表6-1的规定。当施工中采取减小挤土效应的可靠措施时,可根据当地经验适当减小。

表6-1　桩的最小中心距

土类与成桩工艺		排数不少于3排且桩数不少于9根的磨擦型桩桩基	其他情况
非挤土灌注桩		3.0d	3.0d
部分挤土桩		3.5d	3.0d
挤土桩	非饱和土	4.0d	3.5d
	饱和黏性土	4.5d	4.0d
钻、挖孔扩底桩		2D 或 D+2.0 m(当D>2 m)	1.5D 或 D+1.5 m(当D>2 m)
沉管夯扩、钻孔挤扩桩	非饱和土	2.2D且4.0d	2.0D且3.5d
	饱和黏性土	2.5D且4.5d	2.2D且4.0d

注：①d为圆桩直径或方桩边长，D为扩大端设计直径；②当纵横向桩距不相等时，其最小中心距应满足"其他情况"一栏的规定；③当为端承型桩时，非挤土灌注桩的"其他情况"一栏可减小至2.5d。

排列基桩时，宜使桩群承载力合力点与竖向永久荷载合力作用点重合，并使基桩受水平力和力矩较大方向有较大抗弯截面模量。对于桩箱基础、剪力墙结构桩筏（含平板和梁板式承台）基础，宜将桩布置于墙下。对于框架—核心筒结构桩筏基础应按荷载分布考虑相互影响，将桩相对集中布置于核心筒和柱下。

应选择较硬土层作为桩端持力层。桩端全断面进入持力层的深度，对于黏性土、粉土不宜小于2d、砂土不宜小于1.5d、碎石类土不宜小于1d。当存在软弱下卧层时，桩端以下硬持力层厚度不宜小于3d。

对于嵌岩桩，嵌岩深度应综合荷载、上覆土层、基岩、桩径、桩长诸因素确定；对于嵌入倾斜的完整和较完整岩的全断面深度不宜小于0.4d且不小于0.5 m，倾斜度大于30%的中风化岩，宜根据倾斜度及岩石完整性适当加大嵌岩深度；对于嵌入平整、完整的坚硬岩和较硬岩的深度不宜小于0.2d，且不应小于0.2 m。

2.基桩构造

（1）灌注桩

1）配筋率

当桩身直径为300~2000 mm时，正截面最小配筋率不宜小于0.2%~0.65%。对受荷载特别大的桩、抗拔桩和嵌岩端承桩应根据计算确定配筋率，并不应小于上述规定值。

2）配筋长度

端承型桩和位于坡地岸边的基桩应沿桩身等截面或变截面通长配筋。桩径大于600 mm的摩擦型桩配筋长度不应小于2/3桩长。当受水平荷载时，配筋长度尚不宜小于4.0/α（α为桩的水平变形系数）。对于受地震作用的基桩，桩身配筋长度应穿过可液化土层和软弱土层，进入稳定土层的深度不应小于：对于碎石土，砾、粗、中砂，密实粉土，坚硬黏土为(2~3)d；对其他非岩石土为(4~5)d。受负摩阻力的桩、因先成桩后开挖基坑而随地基土回弹的桩，其配筋长度应穿过软弱土层并进入稳定土层，进入的深度不应小于2~3倍桩身直径。专用抗拔桩及因地震作用、冻胀或膨胀力作用而受拔力的桩，应等截面或变截面通长配筋。

3）主筋构造

对于受水平荷载的桩，主筋不应小于 8Φ12；对于抗压桩和抗拔桩，主筋不应少于 6Φ10；纵向主筋应沿桩身周边均匀布置，其净距不应小于 60 mm。

4）箍筋构造

箍筋应采用螺旋式，直径不应小于 6 mm，间距宜为 200～300 mm；受水平荷载较大的桩基、承受水平地震作用的桩基以及考虑主筋作用计算桩身受压承载力时，桩顶以下 5 d 范围内的箍筋应加密，间距不应大于 100；当桩身位于液化土层范围内时箍筋应加密；当考虑箍筋受力作用时，箍筋配置应符合现行国家标准《混凝土结构设计规范》（GB 50010—2010）的有关规定；当钢筋笼长度超过 4 m 时，应每隔 2 m 设一道直径不小于 12 mm 的焊接加劲箍筋。

5）桩身混凝土强度等级与保护层厚度

桩身混凝土强度等级不得小于 C25，混凝土预制桩尖强度等级不得小于 C30。灌注桩主筋的混凝土保护层厚度不应小于 35 mm，水下灌注桩的主筋混凝土保护层厚度不得小于 50 mm。四类、五类环境中桩身混凝土保护层厚度应符合国家现行标准《港口工程混凝土结构设计规范》（JT267）、《工业建筑防腐蚀设计规范》（GB 50046）的相关规定。

6）扩底灌注桩扩底端尺寸规定（图 6-5）

对于持力层承载力较高、上覆土层较差的抗压桩和桩端以上有一定厚度较好土层的抗拔桩，可采用扩底。扩底端直径与桩身直径之比 D/d，应根据承载力要求及扩底端面和桩端持力层土性特征以及扩底施工方法确定：挖孔桩的 D/d 不应大于 3，钻孔桩的 D/d 不应大于 2.5。扩底端侧面的斜率应根据实际成孔及土体自立条件确定：a/h_c 可取 1/4～1/2，砂土可取 1/4，粉土、黏性土取 1/3～1/2。抗压桩扩底端底面宜呈锅底形，矢高 h_b 可取（0.15～0.20）D。

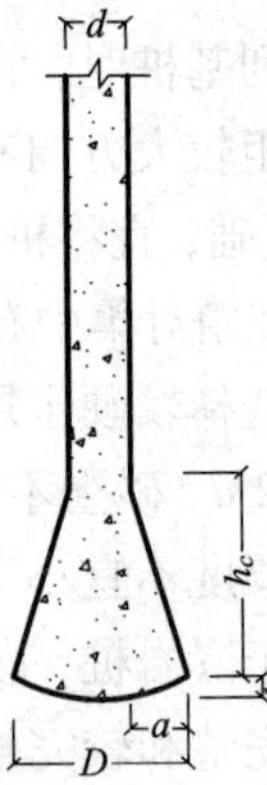

（2）混凝土预制桩

混凝土预制桩的截面边长不应小于 200 mm，预应力混凝土预制实心桩的截面边长不宜小于 350 mm。预制桩的混凝土强度等级不宜低于 C30，预应力混凝土实心桩的混凝土强度等级不应低于 C40，预制桩纵向钢筋的混凝土保护层厚度不宜小于 30 mm。

预制桩的桩身配筋应按吊运、打桩及桩在使用中的受力等条件计算确定。采用锤击法沉桩时，预制桩的最小配筋率不宜小于 0.8%。静压法沉桩时，最小配筋率不宜小于 0.6%，主筋直径不宜小于 14 mm，打入桩桩顶以下（4～5）d 长度范围内箍筋应加密，并设置钢筋网片。

预制桩的分节长度应根据施工条件及运输条件确定，每根桩的接头数量不宜超过 3 个。预制桩的桩尖可将主筋合拢焊在桩尖辅助钢筋上，对于持力层为密实砂和碎石类土时，宜在桩尖处包以钢钣桩靴，加强桩尖。

（3）预应力混凝土空心桩

预应力混凝土空心桩按截面形式可分为管桩、空心方桩，按混凝土强度等级可分为预应力高强混凝土管桩（PHC）和空心方桩（PHS）、预应力混凝土管桩（PC）和空心方桩（PS）。离心成型的先张法预应力混凝土桩的截面尺寸、配筋、桩身极限弯矩、桩身竖向受压承载力设计值等参数可按《建筑桩基技术规范》（JGJ 94—2008）附录 B 确定。

预应力混凝土空心桩桩尖形式宜根据地层性质选择闭口形或敞口形，闭口形分为平底十

图 6-5　扩底桩构造

字形和锥形。预应力混凝土空心桩质量要求，尚应符合国家现行标准《先张法预应力混凝土管桩》(GB 13476)和《预应力混凝土空心方桩》(JGl97)及其他的有关标准规定。

预应力混凝土桩的连接可采用端板焊接连接、法兰连接、机械啮合连接、螺纹连接。每根桩的接头数量不宜超过 3 个。

桩端嵌入遇水易软化的强风化岩、全风化岩和非饱和土的预应力混凝土空心桩，沉桩后，应对桩端以上约 2 m 范围内采取有效的防渗措施，可采用微膨胀混凝土填芯或在内壁预涂柔性防水材料。

3. 承台构造

承台设计是桩基设计的一个重要组成部分，承台应具有足够的强度和刚度，以便将上部结构的荷载可靠地传给各基桩，并将各单桩连成整体。

根据上部结构类型和布桩要求，承台可采用独立承台、条形承台、井格承台和整片式承台等形式(图 6-6)。柱下一般选用独立承台，墙下一般选用条形承台或井格承台。若柱距不大，柱荷载较大，柱下独立承台之间可能出现较大不均匀沉降，也可将独立承台沿一个方向连接起来形成柱下条形承台，或在两个方向连接起来形成井格形承台。

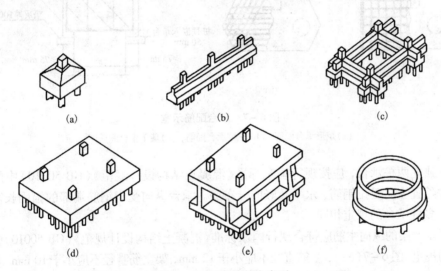

(a)　　　　　　　(b)　　　　　　　(c)

(d)　　　　　　　(e)　　　　　　　(f)

图 6-6 承台的基本类型

(a)独立承台；(b)条形承台；(c)井格承台；(d)整片式承台；(e)箱形承台；(f)环形承台

当上部结构荷载很大，若采用条形承台或井格承台桩群布置不下时，可考虑选用整片式承台。根据上部结构类型的不同，整片式承台可分为平板整片式、梁板整片式、箱形整片式等几种形式。平板整片式承台多用于上部为筒体结构、框筒结构和柱网均匀、柱距较小的框架结构，而梁板整片式承台可用于上部为柱距较大的框架结构，当必须设置地下室，同时上部结构荷载也很大时，则可考虑利用地下室形成箱形整片式承台。

(1)承台的尺寸要求

柱下独立桩基承台的最小宽度不应小于 500 mm，边桩中心至承台边缘的距离不应小于桩的直径或边长，且桩的外边缘至承台边缘的距离不应小于 150 mm。对于墙下条形承台梁，桩的外边缘至承台梁边缘的距离不应小于 75 mm，承台的最小厚度不应小于 300 mm。高层建筑平板式和梁板式筏形承台的最小厚度不应小于400 mm，墙下布桩的剪力墙结构筏形承台的最小厚度不应小于200 mm。

（2）承台的混凝土和钢筋材料

承台混凝土材料及其强度等级应符合结构混凝土耐久性的要求和抗渗要求。

柱下独立桩基承台钢筋应通长配置[图6-7（a）]，对四桩以上（含四桩）承台宜按双向均匀布置，对三桩的三角形承台应按三向板带均匀布置，且最里面的三根钢筋围成的三角形应在柱截面范围内[图6-7（b）]。钢筋锚固长度自边桩内侧（当为圆桩时，应将其直径乘以0.8等效为方桩）算起，不应小于35 d_g，（d_g为钢筋直径）。当不满足时应将钢筋向上弯折，此时水平段的长度不应小于25 d_g，弯折段长度不应小于10 d_g。承台纵向受力钢筋的直径不应小于12 mm，间距不应大于200 mm。柱下独立桩基承台的最小配筋率不应小于0.15%。

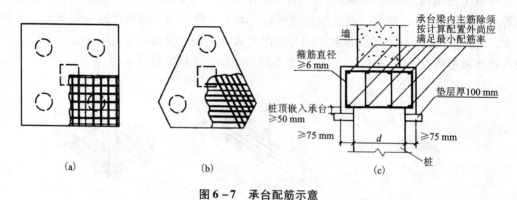

图6-7　承台配筋示意

（a）矩形承台配筋；（b）三桩承台配筋；（c）墙下承台配筋图

柱下独立两桩承台，应按现行国家标准《混凝土结构设计规范》（GB 50010）中的深受弯构件构件配置纵向受拉钢筋、水平及竖向分布筋。承台纵向受力钢筋端部的锚固长度及构造应与柱下多桩承台的规定相同。

条形承台梁的纵向主筋应符合现行国家标准《混凝土结构设计规范》（GB 50010）关于最小配筋率的规定[图6-7（c）]，主筋直径不应小于12 mm，架立筋直径不应小于10 mm，箍筋直径不应小于6 mm。承台梁端部纵向受力钢筋的锚固长度及构造应与柱下多桩承台的规定相同。

筏形承台板或箱形承台板在计算中当仅考虑局部弯矩作用时，考虑到整体弯曲的影响，在纵横两个方向的下层钢筋配筋率不宜小于0.15%；上层钢筋应按计算配筋率全部连通。当筏板的厚度大于2000 mm时，宜在板厚中间部位设置直径不小于12 mm、间距不大于300 mm的双向钢筋网。

承台底面钢筋的混凝土保护层厚度，当有混凝土垫层时，不应小于50 mm，无垫层时不应小于70 mm，此外尚不应小于桩头嵌入承台内的长度。

（3）桩与承台的连接构造

桩嵌入承台内的长度对中等直径桩不宜小于50 mm，对大直径桩不宜小于100 mm。混凝土桩的桩顶纵向主筋应锚入承台内，其锚入长度不宜小于35倍纵向主筋直径。对于抗拔桩，桩顶纵向主筋的锚固长度应按现行国家标准《混凝土结构设计规范》（GB 50010）确定。对于大直径灌注桩，当采用一柱一桩时可设置承台或将桩与柱直接连接。

（4）柱与承台的连接构造

对于一柱一桩基础，柱与桩直接连接时，柱纵向主筋锚入桩身内长度不应小于 35 倍纵向主筋直径。对于多桩承台，柱纵向主筋应锚入承台不小于 35 倍纵向主筋直径，当承台高度不满足锚固要求时，竖向锚固长度不应小于 20 倍纵向主筋直径，并向柱轴线方向呈 90°弯折。

当有抗震设防要求时，对于一、二级抗震等级的柱，纵向主筋锚固长度应乘以 1.15 的系数；对于三级抗震等级的柱，纵向主筋锚固长度应乘以 1.05 的系数。

（5）承台与承台之间的连接构造

一柱一桩时，应在桩顶两个主轴方向上设置联系梁。当桩与柱的截面直径之比大于 2 时，可不设联系梁。两桩桩基的承台，应在其短向设置联系梁。有抗震设防要求的柱下桩基承台，宜沿两个主轴方向设置联系梁。联系梁顶面宜与承台顶面位于同一标高。联系梁宽度不宜小于 250 mm，其高度可取承台中心距的 1/10 ~ 1/15，且不宜小于 400 mm。

联系梁配筋应按计算确定，梁上下部配筋不宜小于 2 根直径 12 mm 钢筋。位于同一轴线上的相邻跨联系梁纵筋应连通。

（6）承台的埋深

承台的埋深应根据工程地质条件、建筑物使用要求、荷载性质以及桩的承载力要求等因素综合考虑。在满足桩基稳定的前提下，承台宜浅埋，并尽可能埋在地下水位以上，这样能便于施工，在冻土地区能减少地基土冻胀对承台的影响，工程造价也经济。但不得因埋深过浅造成水平荷载作用下产生过大的水平位移而影响其正常使用。特别是在软土地基中，当桩基设计需要承台侧面能承担部分水平荷载时，承台的埋深和侧面积都需满足所需土压力的要求。

6.2　桩基础设计

6.2.1　桩顶作用效应计算

对于一般建筑物和受水平力较小的高层建筑群桩基础，应按下列公式计算柱、墙、核心筒群桩中基桩或复合基桩的桩顶作用效应。

1. 群桩中单桩桩顶竖向力

（1）轴心竖向力作用下：

$$N_k = \frac{F_k + G_k}{n} \qquad (6-1)$$

式中：F_k——相应于作用的标准组合时，作用于桩基承台顶面的竖向力，kN；

$\quad G_k$——桩基承台自重及承台上土自重标准值，kN；

$\quad N_k$——相应于作用的标准组合时，轴心竖向力作用下任一单桩的竖向力，kN；

$\quad n$——桩基中的桩数。

（2）偏心竖向力作用下：

$$N_{ik} = \frac{F_k + G_k}{n} \pm \frac{M_{xk}y_i}{\sum y_i^2} \pm \frac{M_{yk}x_i}{\sum x_i^2} \qquad (6-2)$$

式中：N_{ik}——相应于作用的标准组合时，偏心竖向力作用下第 i 根桩的竖向力，kN；

M_{xk}、M_{yk}——相应于作用的标准组合时，作用于承台底面通过桩群形心的 x、y 轴的力矩，kN·m；

x_i、y_i——桩 i 至桩群形心的 y、x 轴线的距离，m。

2. 群桩中单桩桩顶水平力作用下水平力

$$H_{ik} = \frac{H_k}{n} \qquad (6-3)$$

式中：H_k——相应于作用的标准组合时，作用于承台底面的水平力，kN；

H_{ik}——相应于作用的标准组合时，作用于任一单桩的水平力，kN。

6.2.2 桩基承载力验算

单桩竖向极限承载力标准值指单桩在竖向荷载作用下到达破坏状态前或出现不适于继续承载的变形时所对应的最大荷载，它取决于土对桩的支承阻力和桩身承载力。单桩竖向承载力特征值指单桩竖向极限承载力标准值除以安全系数后的承载力值。

1. 桩基竖向承载力验算

（1）荷载效应标准组合

轴心竖向力作用下，桩基竖向承载力验算公式如下：

$$N_k \leqslant R \qquad (6-4)$$

偏心竖向力作用下，除满足上式外，尚应满足下式的要求：

$$N_{kmax} \leqslant 1.2R \qquad (6-5)$$

（2）地震作用效应和荷载效应标准组合：

轴心竖向力作用下，桩基竖向承载力验算公式如下：

$$N_{Ek} \leqslant 1.25R \qquad (6-6)$$

偏心竖向力作用下，除满足上式外，尚应满足下式的要求：

$$N_{Ekmax} \leqslant 1.5R \qquad (6-7)$$

式中：N_k——荷载效应标准组合轴心竖向力作用下，基桩或复合基桩的平均竖向力；

N_{kmax}——荷载效应标准组合偏心竖向力作用下，桩顶最大竖向力；

N_{Ek}——地震作用效应和荷载效应标准组合下，基桩或复合基桩的平均竖向力；

N_{Ekmax}——地震作用效应和荷载效应标准组合下，基桩或复合基桩的最大竖向力；

R——基桩竖向承载力特征值，可用下列方法确定：

1）对于端承型桩基、桩数少于 4 根的摩擦型柱下独立桩基，或由于地层土性、使用条件等因素不宜考虑承台效应时：

$$R = R_a \qquad (6-8)$$

式中：R_a——单桩竖向承载力特征值。

$$R_a = \frac{1}{K} Q_{uk} \qquad (6-9)$$

式中：Q_{uk}——单桩竖向极限承载力标准值，具体计算见 6.2.3 节；

K——安全系数，取 $K=2$。

2）对于符合下列条件之一的摩擦型桩基，宜考虑承台效应按式（6-10）或（6-11）确定其复合基桩的竖向承载力特征值：上部结构整体刚度较好、体型简单的建（构）筑物；对差异沉降适应性较强的排架结构和柔性构筑物；按变刚度调平原则设计的桩基刚度相对弱化区；软土地基的减沉复合疏桩基础。

不考虑地震作用时：

$$R = R_a + \eta_c f_{ak} A_c \qquad (6-10)$$

考虑地震作用时：

$$R = R_a + \frac{\zeta_a}{1.25} \eta_c f_{ak} A_c \qquad (6-11)$$

$$A_c = (A - n A_{ps})/n \qquad (6-12)$$

式中：η_c——承台效应系数，可按表 6-3 取值。当承台底为可液化土、湿陷性土、高灵敏度软土、欠固结土、新填土时，沉桩引起超孔隙水压力和土体隆起时，不考虑承台效应，取 $\eta_c = 0$。

表 6-3　承台效应系数 η_c

B_c/l ＼ s_a/d	3	4	5	6	>6
≤0.4	0.06~0.08	0.14~0.17	0.22~0.26	0.32~0.38	0.50~0.80
0.4~0.8	0.08~0.10	0.17~0.20	0.26~0.30	0.38~0.44	
>0.8	0.10~0.12	0.20~0.22	0.30~0.34	0.44~0.50	
单排桩条形承台	0.15~0.18	0.25~0.30	0.38~0.45	0.50~0.60	

注：①表中 s_a/d 为桩中心距与桩径之比；B_c/l 为承台宽度与桩长之比。当计算基桩为非正方形排列时，$s_a = \sqrt{A/n}$，A 为承台计算域面积，n 为总桩数；②对于桩布置于墙下的箱、筏承台，η_c 可按单排桩条基取值；③对于单排桩条形承台，当承台宽度小于 1.5 d 时，η_c 按非条形承台取值；④对于采用后注浆灌注桩的承台，η_c 宜取低值；⑤对于饱和黏性土中的挤土桩基、软土地基上的桩基承台，η_c 宜取低值的 0.8 倍。

f_{ak}——承台下 1/2 承台宽度且不超过 5 m 深度范围内各层土的地基承载力特征值按厚度加权的平均值。

A_c——计算基桩所对应的承台底净面积。

A_{ps}——为桩身截面面积。

A——为承台计算域面积，对于柱下独立桩基，A 为承台总面积；对于桩筏基础，A 为柱、墙筏板的 1/2 跨距和悬臂边 2.5 倍筏板厚度所围成的面积；桩集中布置于单片墙下的桩筏基础，取墙两边各 1/2 跨距围成的面积，按条基计算 η_c。

ζ_a——地基抗震承载力调整系数，应按现行国家标准《建筑抗震设计规范》GB 50011 采用，岩石、密实碎石土和砂土，$\zeta_a = 1.5$；中密碎石土、砂土，$\zeta_a = 1.3$；其他，$\zeta_a = 1.1 \sim 1.0$。

n——为承台计算范围内的桩数。

2. 水平荷载作用下承载能力验算

受水平荷载的一般建筑物和水平荷载较小的高大建筑物，单桩基础和群桩中基桩应满足下式要求：

$$H_{ik} \leqslant R_h \qquad (6-13)$$

式中：H_{ik}——在荷载效应标准组合下，作用于基桩 i 桩顶处的水平力；

R_h——单桩基础或群桩中基桩的水平承载力特征值。对于单桩基础，$R_h = R_{ha}$；对于群桩基础，$R_h = \eta_h R_{ha}$。R_{ha} 为单桩的水平承载力特征值，η_h 为群桩效应综合系数。

（1）单桩的水平承载力特征值 R_{ha} 的确定方法如下：

1）对于受水平荷载较大的设计等级为甲级、乙级的建筑桩基，单桩水平承载力特征值应通过单桩水平静载试验确定，试验方法可按现行行业标准《建筑基桩检测技术规范》（JGJ 106）执行。

2）对于钢筋混凝土预制桩、钢桩、桩身正截面配筋率不小于 0.65% 的灌注桩，可根据静载试验结果取地面处水平位移为 10 mm（对于水平位移敏感的建筑物取水平位移 6 mm）所对应的荷载的 75% 为单桩水平承载力特征值。

3）对于桩身配筋率小于 0.65% 的灌注桩，可取单桩水平静载试验的临界荷载的 75% 为单桩水平承载力特征值。

4）当缺少单桩水平静载试验资料时，可按下列公式估算桩身配筋率小于 0.65% 的灌注桩的单桩水平承载力特征值：

$$R_{ha} = \frac{0.75\alpha\gamma_m f_t W_0}{\nu_m}(1.25 + 22\rho_g)\left(1 \pm \frac{\zeta_N \cdot N}{\gamma_m f_t A_n}\right) \tag{6-14}$$

式中：R_{ha}——单桩水平承载力特征值，$\pm$ 号根据桩顶竖向力性质确定，压力取" + "，拉力取" - "。

γ_m——桩截面模量塑性系数，圆形截面 $\gamma_m = 2$，矩形截面 $\gamma_m = 1.75$。

f_t——桩身混凝土抗拉强度设计值。

W_0——桩身换算截面受拉边缘的截面模量，圆形截面为：$W_0 = \frac{\pi d}{32}[d^2 + 2(\alpha_E - 1)\rho_g d_0^2]$，

方形截面为：$W_0 = \frac{b}{6}[b^2 + 2(\alpha_E - 1)\rho_g b_0^2]$，其中 d 为桩直径，d_0 为扣除保护层厚度的桩直径，b 为方形截面边长，b_0 为扣除保护层厚度的桩截面宽度，α_E 为钢筋弹性模量与混凝土弹性模量的比值。

ν_m——桩身最大弯距系数，按表 6-4 取值，当单桩基础和单排桩基纵向轴线与水平力方向相垂直时，按桩顶铰接考虑。

ρ_g——桩身配筋率。

A_n——桩身换算截面积，圆形截面为：$A_n = \frac{\pi d^2}{4}[1 + (\alpha_E - 1)\rho_g]$；

方形截面为：$A_n = b^2[1 + (\alpha_E - 1)\rho_g]$。

ζ_N——桩顶竖向力影响系数，竖向压力取 0.5；竖向拉力取 1.0。

N——在荷载效应标准组合下桩顶的竖向力，kN。

α——桩的水平变形系数，确定方法如下：

$$\alpha = \sqrt[5]{\frac{mb_0}{EI}} \tag{6-15}$$

式中：b_0——桩身的计算宽度，m；

圆形桩：当直径 $d \leq 1$ m 时，$b_0 = 0.9(1.5d + 0.5)$；

194

当直径 $d > 1$ m 时，$b_0 = 0.9(d+1)$；

方形桩：当边宽 $b \leqslant 1$ m 时，$b_0 = 1.5b + 0.5$；

当边宽 $b > 1$ m 时，$b_0 = b + 1$。

EI——桩身抗弯刚度，对于钢筋混凝土桩，$EI = 0.85E_c I_0$，其中 I_0 为桩身换算截面惯性矩：圆形截面为 $I_0 = W_0 d_0/2$；矩形截面为 $I_0 = W_0 b_0/2$。

m——桩侧土水平抗力系数的比例系数。桩侧土水平抗力系数的比例系数 m，宜通过单桩水平静载试验确定，当无静载试验资料时，可按表 6-5 取值。

表 6-4　桩顶（身）最大弯矩系数 ν_m 和桩顶水平位移系数 ν_x

桩顶约束情况	桩的换算埋深 αh	ν_m	ν_x
铰接、自由	4.0	0.768	2.441
	3.5	0.750	2.502
	3.0	0.703	2.727
	2.8	0.675	2.905
	2.6	0.639	3.163
	2.4	0.601	3.526
固　接	4.0	0.926	0.940
	3.5	0.934	0.970
	3.0	0.967	1.028
	2.8	0.990	1.055
	2.6	1.018	1.079
	2.4	1.045	1.095

注：①铰接（自由）的 ν_m 系桩身的最大弯矩系数，固接的 ν_m 系桩顶的最大弯矩系数；②当 $\alpha h > 4$ 时，取 $\alpha h = 4.0$；③$\alpha = \sqrt[5]{\dfrac{mb_0}{EI}}$，$h$ 为桩的入土长度；④b_0 为桩身的计算宽度，m；⑤m 为桩侧土水平抗力系数的比例系数。

表 6-5　桩侧土水平抗力系数的比例系数 m 值

序号	地 基 土 类 别	预制桩、钢桩		灌注桩	
		m /$(MN \cdot m^{-4})$	相应单桩在地面处水平位移 /mm	m /$(MN \cdot m^{-4})$	相应单桩在地面处水平位移 /mm
1	淤泥；淤泥质土；饱和湿陷性黄土	2～4.5	10	2.5～6	6～12
2	流塑（$I_L > 1$）、软塑（$0.75 < I_L \leqslant 1$）状黏性土；$e > 0.9$ 粉土；松散粉细砂；松散、稍密填土	4.5～6.0	10	6～14	4～8

序号	地 基 土 类 别	预制桩、钢桩		灌 注 桩	
		m /(MN·m⁻⁴)	相应单桩在地面处水平位移 /mm	m /(MN·m⁻⁴)	相应单桩在地面处水平位移 /mm
3	可塑（$0.25 < I_L \le 0.75$）状黏性土、湿陷性黄土；$e = 0.75 \sim 0.9$ 粉土；中密填土；稍密细砂	$6.0 \sim 10$	10	$14 \sim 35$	$3 \sim 6$
4	硬塑（$0 < I_L \le 0.25$）、坚硬（$I_L \le 0$）状黏性土、湿陷性黄土；$e < 0.75$ 粉土；中密的中粗砂；密实老填土	$10 \sim 22$	10	$35 \sim 100$	$2 \sim 5$
5	中密、密实的砾砂、碎石类土			$100 \sim 300$	$1.5 \sim 3$

注：①当桩顶水平位移大于表列数值或灌注桩配筋率较高（≥0.65%）时，m 值应适当降低；当预制桩的水平向位移小于 10 mm 时，m 值可适当提高。②当水平荷载为长期或经常出现的荷载时，应将表列数值乘以 0.4 降低采用。③当地基为可液化土层时，应将表列数值乘以《建筑桩基技术规范》（JGJ94—2008）表 5.3.12 中相应的系数 ψ_l。

5）对于混凝土护壁的挖孔桩，计算单桩水平承载力时，其设计桩径取护壁内直径。

6）当桩的水平承载力由水平位移控制，且缺少单桩水平静载试验资料时，可按下式估算预制桩、钢桩、桩身配筋率不小于 0.65% 的灌注桩单桩水平承载力特征值：

$$R_{ha} = 0.75 \frac{\alpha^3 EI}{\nu_x} x_{0a} \tag{6-16}$$

式中：EI——桩身抗弯刚度，对于钢筋混凝土桩，$EI = 0.85 E_c I_0$，其中 I_0 为桩身换算截面惯性矩：圆形截面为 $I_0 = W_0 d_0 / 2$，矩形截面为 $I_0 = W_0 b_0 / 2$；

$\quad x_{0a}$——桩顶允许水平位移；

$\quad \nu_x$——桩顶水平位移系数，按表 6 – 4 取值。

7）验算永久荷载控制的桩基的水平承载力时，应将上述 2）~ 5）款方法确定的单桩水平承载力特征值乘以调整系数 0.80。验算地震作用桩基的水平承载力时，宜将按上述 2）~ 5）款方法确定的单桩水平承载力特征值乘以调整系数 1.25。

（2）群桩效应综合系数的 η_h 的的确定方法：

1）考虑地震作用且 $s_a/d \le 6$ 时：

$$\eta_h = \eta_i \eta_r + \eta_l \tag{6-17}$$

$$\eta_i = \frac{\left(\frac{s_a}{d}\right)^{0.015 n_2 + 0.45}}{0.15 n_1 + 0.10 n_2 + 1.9} \tag{6-18}$$

$$\eta_1 = \frac{m \cdot x_{0a} \cdot B'_c \cdot h_c^2}{2 \cdot n_1 \cdot n_2 \cdot R_{ha}} \qquad (6-19)$$

$$x_{0a} = \frac{R_{ha} \cdot \nu_x}{\alpha^3 \cdot EI} \qquad (6-20)$$

2）其他情况：

$$\eta_h = \eta_i \eta_r + \eta_1 + \eta_b \qquad (6-21)$$

$$\eta_b = \frac{\mu \cdot P_c}{n_1 \cdot n_2 \cdot R_h} \qquad (6-22)$$

$$B'_c = B_c + 1(m) \qquad (6-23)$$

$$P_c = \eta_c f_{ak}(A - nA_{ps}) \qquad (6-24)$$

式中：η_i——桩的相互影响效应系数；

η_r——桩顶约束效应系数（桩顶嵌入承台长度 50 ~ 100 mm 时），按表 6 – 6 取值；

η_1——承台侧向土抗力效应系数（承台侧面回填土为松散状态时取 $\eta_l = 0$）；

η_b——承台底摩阻效应系数；

s_a/d——沿水平荷载方向的距径比；

n_1，n_2——沿水平荷载方向与垂直水平荷载方向每排桩中的桩数；

m——承台侧面土水平抗力系数的比例系数，当无试验资料时可按表 6 – 5 取值；

x_{0a}——桩顶（承台）的水平位移允许值，当以位移控制时，可取 $x_{0a} = 10$ mm（对水平位移敏感的结构物取 $x_{0a} = 6$ mm）；

B'_c——承台受侧向土抗力一边的计算宽度；

B_c——承台宽度；

h_c——承台高度，m；

μ——承台底与基土间的摩擦系数，可按表 6 – 7 取值；

P_c——承台底地基土分担的竖向总荷载标准值；

η_c——承台效应系数，可按表 6 – 3 取值；

A——承台总面积；

A_{ps}——桩身截面面积。

表 6 – 6　桩顶约束效应系数 η_r

换算深度 αh	2.4	2.6	2.8	3.0	3.5	≥4.0
位移控制	2.58	2.34	2.20	2.13	2.07	2.05
强度控制	1.44	1.57	1.71	1.82	2.00	2.07

注：$\alpha = \sqrt[5]{\dfrac{mb_0}{EI}}$，$h$ 为桩的入土长度。

表 6 - 7　承台底与基土间的摩擦系数 μ

土的类别		摩擦系数 μ
黏性土	可塑	0.25 ~ 0.30
	硬塑	0.30 ~ 0.35
	坚硬	0.35 ~ 0.45
粉土	密实、中密(稍湿)	0.30 ~ 0.40
中砂、粗砂、砾砂		0.40 ~ 0.50
碎石土		0.40 ~ 0.60
软岩、软质岩		0.40 ~ 0.60
表面粗糙的较硬岩、坚硬岩		0.65 ~ 0.75

3. 特殊条件下桩基竖向承载力验算

特殊条件下桩基竖向承载力验算的主要内容包含桩基软弱下卧层验算、负摩阻力计算和抗拔桩基承载力验算。由于篇幅有限,教材没有详细给出特殊条件下桩基竖向承载力验算的具体内容,可参阅《建筑桩基技术规范》(JGJ 94—2008)和《建筑地基基础设计规范》(GB 50007—2011)的相关内容。

6.2.3　单桩竖向极限承载力 Q_{uk} 的确定

《建筑桩基技术规范》(JGJ 94—2008)规定,单桩竖向极限承载力标准值按表 6 - 7 规定取用。

表 6 - 7　单桩竖向极限承载力标准值选用规定

设计等级	建筑类型	单桩竖向极限承载力标准值
甲级	(1)重要的建筑; (2)20 层以上或高度超过 100 m 的高层建筑; (3)体形复杂且层数相差超过 10 层的高低层(含纯地下室)连体建筑; (4)20 层以上框架 - 核心筒结构及其他对差异沉降有特殊要求的建筑; (5)场地和地基条件复杂的一般建筑及坡地、岸边建筑; (6)对相邻既有工程影响较大的建筑	通过单桩静载试验确定
乙级	除甲级、丙级以外的建筑	当地质条件简单时,可参照地质条件相同的试桩资料,结合静力触探等原位测试和经验参数综合确定;其余均应通过单桩静载试验确定
丙级	场地和地基条件简单、荷载分布均匀的七层及七层以下的一般建筑	可根据原位测试和经验参数确定

1. 单桩静载荷试验法

静载荷试验是确定单桩承载力的最可靠的传统方法。静载荷试验是先在准备施工的地点打试桩，在试桩顶上分级施加静荷载，直到土对桩的阻力被破坏时为止，从而求得桩的极限承载力。由于成桩时对土体的扰动，试桩必须待桩周土体的强度恢复后方可开始。间隔天数应视土质条件及沉桩方法而定。预制桩在砂土中入土 7 d 后才能进行试验，黏性土中一般不得少于 15 d，对饱和软黏土不得少于 25 d。

（1）静载荷试验装置

锚桩法（图 6 – 8）利用液压千斤顶、杠杆、载重承台等装置进行加荷。液压千斤顶设有稳压装置。千斤顶借助锚桩的反力对试桩加荷。试验时可根据需要布置 4~6 根锚桩，锚桩深度不小于试桩深度。为了减少锚桩对试桩的影响，锚桩与试桩的间距应大于 4 d，且不小于 2 m。观测装置应埋设在试桩和锚桩受力后产生地基变形的影响范围之外，以免影响观测结果的精度。

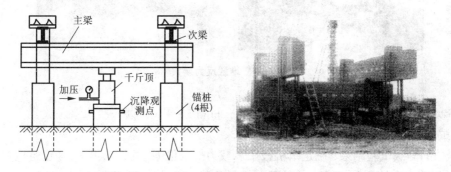

图 6 – 8　锚桩横梁反力装置

堆载法（图 6 – 9）采用堆载压重平台提供反力装置，压重宜在试验前一次加足，并均匀稳固地放置于平台上，其施加在地基上的压力不宜大于地基承载力特征值的 1.5 倍。堆载量大时，宜利用桩（可利用工程桩）作为堆载的支点。在软土地区压重平台支墩边距试桩较近时，大吨位堆载地面下沉将会产生对试桩的附加应力，特别对于摩擦桩，将明显影响其承载力，通常要求支墩与试桩间的距离大于 2 m。

（2）试验方法

试验时的加载方式通常有慢速维持荷载法、快速维持荷载法、等贯入速率法、等时间间隔加载法以及循环加载法等。

工程中最常用的是慢速维持荷载法，即逐级加载，每级荷载值为预估极限荷载的 1/15 ~ 1/10，第一级荷载可双倍施加。每级加荷后间隔 5，10，15，15，15，30，30，30，…，min 测读桩顶沉降。当每小时的沉降不超过 0.1 mm，并连续出现两次，则认为已趋稳定，可施加下一级荷载。当出现下列情况之一时，即可终止加载：

1）某级荷载下，桩顶沉降量为前一级荷载下沉降量的 5 倍。

2）某级荷载下，桩顶沉降量大于前一级荷载下沉降量的 2 倍，且经 24 h 尚未达到相对稳定。

3）已达到锚桩最大抗拔力或压重平台的最大质量时。

终止加载后进行卸载，每级卸值为每级加载值的 2 倍。每级卸载后，间隔 15，15，30 min

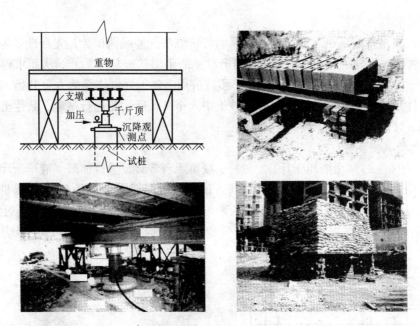

图6-9 堆载反力装置

各测记一次后,可卸下一级荷载;全部卸载后,间隔3~4h再读一次。

(3)试验结果与承载力的确定

根据桩的静载试验结果,确定单桩极限承载力标准值 Q_{uk} 的方法很多,《建筑地基基础设计规范》(GB50007—2011)规定,单桩竖向极限承载力标准值 Q_{uk} 应按下列方法确定:

1)根据试验结果,作荷载-沉降($Q-s$)曲线和其他辅助分析所需的曲线($s-\lg t$ 曲线),如图6-10所示。

2)当陡降明显时,取相应于陡降段起点的荷载值[图6-10(a)中曲线①]。

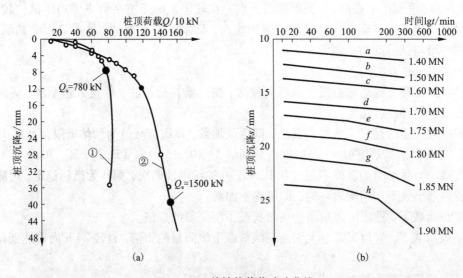

图6-10 单桩静载荷试验曲线

3）当出现桩顶沉降量大于前一级荷载下沉降量的 2 倍时，且经过 24 h 尚未达到稳定的情况，取前一级荷载值。

4）$Q-s$ 曲线呈缓变形时［图 6-10（a）中曲线②］，取桩顶总沉降量 $s=40$ mm 所对应的荷载值，当桩长大于 40 m 时，宜考虑桩身的弹性压缩。

5）按上述方法判断有困难时，可结合其他辅助分析方法综合判断，如图 6-10（b）所示，其中斜率（坡度）开始剧增的曲线所对应的荷载即为桩的极限荷载。对桩基沉降有特殊要求的，应根据具体情况选取。

6）参加统计的试桩，当满足其极差不超过平均值的 30% 时，可取其平均值作为单桩竖向极限承载力标准值 Q_{uk}。极差超过平均值的 30% 时，宜增加试桩数量并分析离差过大的原因，结合工程具体情况确定极限承载力标准值 Q_{uk}。对桩数为 3 根及 3 根以下的柱下桩台，取最小值。

7）将单桩竖向极限承载力标准值 Q_{uk} 除以安全系数 2，为单桩竖向承载力特征值及 R_a。

2. 静力触探法

根据单桥探头静力触探资料确定混凝土预制桩单桩竖向极限承载力标准值 Q_{uk} 时，若无当地经验可按下式计算：

$$Q_{uk} = Q_{sk} + Q_{pk} = u\sum q_{sik}l_i + \alpha p_{sk}A_p \qquad (6-25)$$

式中：Q_{sk}、Q_{pk}——总极限侧阻力标准值和总极限端阻力标准值；

u——桩身周长；

q_{sik}——用静力触探比贯入阻力值估算的桩周第 i 层土的极限侧阻力标准值，应根据土的类别、埋藏深度、排列次序，按图 6-11 折线取值；

l_i——桩穿越第 i 层土的厚度；

α——桩端阻力修正系数，按表 6-9 取值；

A_p——桩端面积；

P_{sk}——桩端附近的静力触探比贯入阻力标准值（平均值）：

当 $P_{sk1} \le P_{sk2}$ 时，$P_{sk} = 1/2$
$(p_{sk1} + p_{sk2})$；当 $p_{sk1} > p_{sk2}$ 时，$P_{sk} = P_{sk2}$。

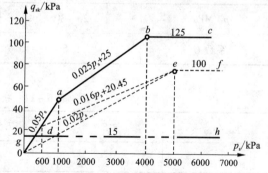

注：①线段 gh 适用于地表下 6 m 范围内的土层，即
　　$q_{sk}=15$ kPa；
②线段 $oabc$ 适用于粉土及砂土以上（或无粉土及砂土土层地）匠黏性土；
③线段 $odef$ 适用于粉土及砂土以下的黏性土；
④线段 oef 适用于粉土、粉砂、细砂及中砂。

图 6-11　$q_{sk}-p_s$ 曲线

其中，P_{sk1}，P_{sk2} 分别为桩端全截面以上 8 倍桩径范围和全截面以下 4 倍桩径范围内的比贯入阻力平均值。如桩端持力层为密实的砂土层，其比贯入阻力平均值 $p_k > 20$ MPa 时，则需乘以表 6-10 中系数 C 予以折减后，再计算 P_{sk2} 及 P_{sk1} 值；

β——折减系数，按 p_{sk2}/p_{sk1} 值从表 6-11 中选用。

当桩端穿过粉土、粉砂、细砂及中砂层底面时，折线 oef 估算的 q_{sik} 值需乘以表 6-8 中的系数 ξ_s。

表 6-8 系数 ξ_s 值

p_s/p_{s1}	≤5	7.5	≥10
ξ_s	1.00	0.50	0.33

注：①p_s 为桩端穿越的中密～密实砂土、粉土的比贯入阻力平均值；p_{s1} 为砂土、粉土的下卧软土层的比贯入阻力平均值；②采用的单桥探头，圆锥底面积为 15 cm^2，底部带 7 cm 高滑套，锥角 60°。

表 6-9 桩端阻力修正系数 α 值

桩入土深度/m	$h < 15$	$15 \leqslant h \leqslant 30$	$30 < h \leqslant 60$
α	0.75	0.75～0.90	0.90

注：桩入土深度 $15 \leqslant h \leqslant 30$ m 时，α 值直线内插得到；h 为基底至桩端全断面的距离（不包括桩尖高度）

表 6-10 系数 C 值

p_s/MPa	20～30	35	>40
系数 C	5/6	2/3	1/2

表 6-11 折减系数 β

p_{sk2}/p_{sk1}	≤5	7.5	12.5	≥15
β	1	5/6	2/3	1/2

当根据双桥探头静力触探资料确定混凝土预制桩单桩竖向极限承载力标准值时，对于黏性土、粉土和砂土，如无当地经验时可按下式计算：

$$Q_{uk} = Q_{sk} + Q_{pk} = u \sum l_i \beta f_{si} + \alpha q_c A_p \qquad (6-26)$$

式中：f_{si}——第 i 层土的探头平均侧阻力（kPa）；

q_c——桩端平面上、下探头阻力，桩端平面以上 4 d（d 为桩的直径或边长）范围内按土层厚度的探头阻力加权平均值，kPa，然后再和桩端平面以下 1 d 范围内的探头阻力进行平均；

α——桩端阻力修正参数，对黏性土、粉土取 2/3，饱和砂土取 1/2；

β_i——第 i 层土桩侧阻力综合修正系数：黏性土、粉土，$\beta_i = 10.04 (f_{si})^{-0.55}$；砂土，$\beta_i = 5.05 (f_{si})^{-0.45}$。

3. 经验参数法

根据桩的工作原理，桩的承载力包括桩端土对桩端支承作用和桩四周土对桩端摩擦作用。《建筑桩基技术规范》(JGJ 94—2008)规定，当根据土的物理指标与承载力参数之间的经验关系确定单桩竖向极限承载力标准值时，宜按下列公式估算(以灌注桩、嵌岩桩和预制桩、钢桩、混凝土空心桩等其他桩体的估算参见《建筑桩基技术规范》)(JGJ 94—2008)。

(1)一般预制桩及中小直径灌注桩

对直径 $d < 800$ mm 的灌注桩和预制桩，单桩竖向极限承载力标准值 Q_{uk} 可按下式计算：

$$Q_{uk} = Q_{sk} + Q_{pk} = \cdot u \sum q_{sik} l_i + q_{pk} A_p \qquad (6-27)$$

式中：q_{sik}——桩侧第 i 层土的极限侧阻力标准值，如无当地经验时，可按表 6-12a 取值；

　　　　q_{pk}——极限端阻力标准值，如无当地经验时，可按表 6-12b 取值。

(2)大直径桩($d \geqslant 800$ mm)

对于大直径桩($d \geqslant 800$ mm)的桩底持力层一般都呈渐进破坏，单桩竖向极限承载力标准值 Q_{uk} 可按下式计算：

$$Q_{uk} = Q_{sk} + Q_{pk} = u \sum \psi_{si} q_{sik} l_i + \psi_p q_{pk} A_p \qquad (6-28)$$

式中：q_{sik}——桩侧第 i 层土极限侧阻力标准值，如无当地经验值时，可按表 6-12a 取值，对于扩底桩变截面以上 $2d$ 长度范围不计侧阻力；

　　　　q_{pk}——桩径为 800 mm 的极限端阻力标准值，对于干作业挖孔(清底干净)可采用深层载荷板试验确定，当不能进行深层载荷板试验时，可按表 6-13 取值；

　　　　ψ_{si}、ψ_p——大直径桩侧阻、端阻尺寸效应系数，按表 6-14 取值。

　　　　u——桩身周长，当人工挖孔桩桩周护壁为振捣密实的混凝土时，桩身周长可按护壁外直径计算。

(3)嵌岩桩

桩端置于完整、较完整基岩的嵌岩桩单桩竖向极限承载力，由桩周土总极限侧阻力和嵌岩段总极限阻力组成。当根据岩石单轴抗压强度确定单桩竖向极限承载力标准值时，可按下列公式计算：

$$Q_{uk} = Q_{sk} + Q_{rk} \qquad (6-29)$$

$$Q_{sk} = u \sum q_{sik} l_i \qquad (6-30)$$

$$Q_{rk} = \zeta f_{rk} A_p \qquad (6-31)$$

式中：Q_{sk}、Q_{rk}——土的总极限侧阻力、嵌岩段总极限阻力；

　　　　q_{sik}——桩周第 i 层土的极限侧阻力；

　　　　f_{rk}——岩石饱和单轴抗压强度标准值，黏土岩取天然湿度单轴抗压强度标准值；

　　　　ζ_r——嵌岩段侧阻和端阻综合系数，与嵌岩深径比 h_r/d、岩石软硬程度和成桩工艺有关，可按表 6-15 采用；表中数值适用于泥浆护壁成桩，对于干作业成桩(清底干净)和泥浆护壁成桩后注浆，ζ_r 应取表列数值的 1.2 倍。

表 6-12a 桩的极限侧阻力标准值 q_{sik} （kPa）

土的名称	土的状态		混凝土预制桩	泥浆护壁钻（冲）孔桩	干作业钻孔桩
填土			22～30	20～28	20～28
淤泥			14～20	12～18	12～18
淤泥质土			22～30	20～28	20～28
黏性土	流塑	$I_L > 1$	24～40	21～38	21～38
	软塑	$0.75 < I_L \leqslant 1$	40～55	38～53	38～53
	可塑	$0.50 < I_L \leqslant 0.75$	55～70	53～68	53～66
	硬可塑	$0.25 < I_L \leqslant 0.50$	70～86	68～84	66～82
	硬塑	$0 < I_L \leqslant 0.25$	86～98	84～96	82～94
	坚硬	$I_L \leqslant 0$	98～105	96～102	94～104
红黏土	$0.7 < a_w \leqslant 1$		13～32	12～30	12～30
	$0.5 < a_w \leqslant 0.7$		32～74	30～70	30～70
粉土	稍密	$e > 0.9$	26～46	24～42	24～42
	中密	$0.75 \leqslant e \leqslant 0.9$	46～66	42～62	42～62
	密实	$e < 0.75$	66～88	62～82	62～82
粉细砂	稍密	$10 < N \leqslant 15$	24～48	22～46	22～46
	中密	$15 < N \leqslant 30$	48～66	46～64	46～64
	密实	$N > 30$	66～88	64～86	64～86
中砂	中密	$15 < N \leqslant 30$	54～74	53～72	53～72
	密实	$N > 30$	74～95	72～94	72～94
粗砂	中密	$15 < N \leqslant 30$	74～95	74～95	76～98
	密实	$N > 30$	95～116	95～116	98～120
砾砂	稍密	$5 < N_{63.5} \leqslant 15$	70～110	50～90	60～100
	中密（密实）	$N_{63.5} > 15$	116～138	116～130	112～130
圆砾、角砾	中密、密实	$N_{63.5} > 10$	160～200	135～150	135～150
碎石、卵石	中密、密实	$N_{63.5} > 10$	200～300	140～170	150～170
全风化软质岩	$30 < N \leqslant 50$		100～120	80～100	80～100
全风化硬质岩	$30 < N \leqslant 50$		140～160	120～140	120～150
强风化软质岩	$N_{63.5} > 10$		160～240	140～200	140～220
强风化硬质岩	$N_{63.5} > 10$		220～300	160～240	160～260

注：①对于尚未完成自重固结的填土和以生活垃圾为主的杂填土，不计算其侧阻力；②a_w 为含水比，$a_w = w/w_1$，w 为土的天然含水量，w_1 为土的液限；③N 为标准贯入击数，$N_{63.5}$ 为重型圆锥动力触探击数；④全风化、强风化软质岩和全风化、强风化硬质岩系指其母岩分别为 $f_{rk} \leqslant 15$ MPa、$f_{rk} > 30$ MPa 的岩石。

表6-12b 桩的极限端阻力标准值 q_{pk} /kPa

土名称	土的状态	桩型	混凝土预制桩桩长 l/m				泥浆护壁钻(冲)孔桩桩长 l/m				干作业钻孔桩桩长 l/m		
			$l \leq 9$	$9 < l \leq 16$	$16 \leq l \leq 30$	$l > 30$	$5 \leq l < 10$	$10 \leq l < 15$	$15 \leq l < 30$	$30 \leq l$	$5 \leq l < 10$	$10 \leq l < 15$	$15 \leq l$
黏性土	软塑	$0.75 < I_L \leq 1$	210~850	650~1400	1200~1800	1300~1900	150~250	250~300	300~450	300~450	200~400	400~700	700~950
	可塑	$0.50 < I_L \leq 0.75$	850~1700	1400~2200	1900~2800	2300~3600	350~450	450~600	600~750	750~800	500~700	800~1100	1000~1600
	硬可塑	$0.25 < I_L \leq 0.50$	1500~2300	2300~3300	2700~3600	3600~4400	800~900	900~1000	1000~1200	1200~1400	850~1100	1500~1700	1700~1900
	硬塑	$0 < I_L \leq 0.25$	2500~3800	3800~5500	5500~6000	6000~6800	1100~1200	1200~1400	1400~1600	1600~1800	1600~1800	2200~2400	2600~2800
粉土	中密	$0.75 \leq e \leq 0.9$	950~1700	1400~2100	1900~2700	2500~3400	300~500	500~650	650~750	750~850	800~1200	1200~1400	1400~1600
	密实	$e < 0.75$	1500~2600	2100~3000	2700~3600	3600~4400	650~900	750~950	900~1100	1100~1200	1200~1700	1400~1900	1600~2100
粉砂	稍密	$10 < N \leq 15$	1000~1600	1500~2300	1900~2700	2100~3000	350~500	450~600	600~700	650~750	500~950	1300~1600	1500~1700
	中密、密实	$N > 15$	1400~2200	2100~3000	3000~4500	3800~5500	600~750	750~900	900~1100	1100~1200	900~1000	1700~1900	1700~1900
细砂		$N > 15$	2500~4000	3600~5000	4400~6000	5300~7000	650~850	900~1200	1200~1500	1500~1800	1200~1600	2000~2400	2400~2700
中砂	中密、密实	$N > 15$	4000~6000	5500~7000	6500~8000	7500~9000	850~1050	1100~1500	1500~1900	1900~2100	1800~2400	2800~3800	3600~4400
粗砂		$N > 15$	5700~7500	7500~8500	8500~10000	9500~11000	1500~1800	2100~2400	2400~2600	2600~2800	2900~3600	4000~4600	4600~5200
砾砂		$N > 15$	6000~9500		9000~10500		1400~2000		2000~3200		3500~5000		
角砾、圆砾	中密、密实	$N_{63.5} > 10$	7000~10000		9500~11500		1800~2200		2200~3600		4000~5500		
碎石、卵石		$N_{63.5} > 10$	8000~11000		10500~13000		2000~3000		3000~4000		4500~6500		
全风化软质岩		$30 < N \leq 50$		4000~6000				1000~1600				1200~2000	
全风化硬质岩		$30 < N \leq 50$		5000~8000				1200~2000				1400~2400	
强风化软质岩		$N_{63.5} > 10$		6000~9000				1400~2200				1600~2600	
强风化硬质岩		$N_{63.5} > 10$		7000~11000				1800~2800				2000~3000	

注:①砂土和碎石类土中桩的极限端阻力取值,宜综合考虑土的密实度,桩端进入持力层的深径比 h_b/d,土愈密实,h_b/d 愈大,取值愈高;②预制桩的岩石极限端阻力指岩石破碎至完整下极限端阻力;③全风化、强风化软质岩和全风化、强风化硬质岩指其母岩分别为 $f_{rk} \leq 15$ MPa、$f_{rk} > 30$ MPa 的岩石。

支承于中、微风化基岩表面或进入强风化岩、软质岩一定深度条件下极限端阻力,软质岩指其母岩和全风化硬质岩指其母岩其母岩分别为 $f_{rk} \leq 15$ MPa、$f_{rk} > 30$ MPa 的岩石。

表 6-13 干作业挖孔桩(清底干净, D =800 mm)极限端阻力标准值 q_{pk} /kPa

土名称	状态		
黏性土	$0.25 < I_L \leqslant 0.75$	$0 < I_L \leqslant 0.25$	$I_L \leqslant 0$
	800~1800	1800~2400	2400~3000
粉土		$0.75 \leqslant e \leqslant 0.9$	$e < 0.75$
		1000~1500	1500~2000
		稍密	中密	密实
砂土碎石类土	粉砂	500~700	800~1100	1200~2000
	细砂	700~1100	1200~1800	2000~2500
	中砂	1000~2000	2200~3200	3500~5000
	粗砂	1200~2200	2500~3500	4000~5500
	砾砂	1400~2400	2600~4000	5000~7000
	圆砾、角砾	1600~3000	3200~5000	6000~9000
	卵石、碎石	2000~3000	3300~5000	7000~11000

注:①当桩进入持力层的深度 h_b 分别为: $h_b \leqslant D$, $D < h_b \leqslant 4D$, $h_b > 4D$ 时, q_{pk} 可相应取低、中、高值;②砂土密实度可根据标贯击数判定, $N \leqslant 10$ 为松散, $10 < N \leqslant 15$ 为稍密, $15 < N \leqslant 30$ 为中密, $N > 30$ 为密实;③当桩的长径比 $l/d \leqslant 8$ 时, q_{pk} 宜取较低值;④当对沉降要求不严时, q_{pk} 可取高值。

表 6-14 大直径灌注桩侧阻尺寸效应系数 ψ_{si}、端阻尺寸效应系数 ψ_p

土类型	黏性土、粉土	砂土、碎石类土
ψ_{si}	$(0.8/d)^{1/5}$	$(0.8/d)^{1/3}$
ψ_p	$(0.8/D)^{1/4}$	$(0.8/D)^{1/3}$

表 6-15 嵌岩段侧阻和端阻综合系数 ζ_r

嵌岩深径比 h_r/d	0	0.5	1.0	2.0	3.0	4.0	5.0	6.0	7.0	8.0
极软岩、软岩	0.60	0.80	0.95	1.18	1.35	1.48	1.57	1.63	1.66	1.70
较硬岩、坚硬岩	0.45	0.65	0.81	0.90	1.00	1.04				

注:①极软岩、软岩指 $f_{rk} \leqslant 15$ MPa, 较硬岩、坚硬岩指 $f_{rk} > 30$ MPa, 介于二者之间可内插取值。②h_r 为桩身嵌岩深度, 当岩面倾斜时, 以坡下方嵌岩深度为准; 当 h_r/d 为非表列值时, ζ_r 可内差取值。

4. 按材料强度确定单桩的承载力特征值

按桩身混凝土强度计算桩的承载力时, 可将桩视不轴心受压杆件, 根据桩材按《混凝土结构设计规范》(GB 50010—2010), 并结合《建筑桩基技术规范》(JGJ 94—2008)进行计算。对于钢筋混凝土桩:

(1)当桩顶以下 5 倍桩身直径范围内, 螺旋式箍筋间距不大于 100 mm, 且桩的钢筋符合灌注桩相应的构造要求时：

$$R_a = \varphi(\psi_c f_c A_{ps} + 0.9 f'_y A'_s) \quad\quad (6-32)$$

（2）其他情况：

$$R_a = \psi_c f_c A_{ps} \quad\quad (6-33)$$

式中：R_a——单桩竖向承载力特征值。

f_c——混凝土轴心抗压强度设计值，kPa。

A_{ps}——桩身横截面积，m^2。

ψ_c——基桩成桩工艺系数，混凝土预制桩、预应力混凝土空心桩：$\psi_c = 0.85$；干作业非挤土灌注桩：$\psi_c = 0.90$；泥浆护壁和套管护壁非挤土灌注桩、部分挤土灌注桩、挤土灌注桩：$\psi_c = 0.7 \sim 0.8$；软土地区挤土灌注桩：$\psi_c = 0.6$。

f'_y——纵向主筋抗压强度设计值。

A'_s——纵向主筋截面面积。

φ——桩的稳定系数，对低承台桩基，考虑土的侧向约束可取 $\varphi = 1.0$；但穿过很厚软黏土层和可液化土层的端承桩或高承台桩基，其值应小于 1.0，可根据 l_c/d 或 l_c/b 查表 6-15 和表 6-16 求得。

表 6-15 桩身压屈计算长度 l_c

桩 顶 铰 接				桩 顶 固 接			
桩底支于非岩石土中		桩底嵌于岩石内		桩底支于非岩石土中		桩底嵌于岩石内	
$h < \dfrac{4.0}{\alpha}$	$h \geqslant \dfrac{4.0}{\alpha}$	$h < \dfrac{4.0}{\alpha}$	$h \geqslant \dfrac{4.0}{\alpha}$	$h < \dfrac{4.0}{\alpha}$	$h \geqslant \dfrac{4.0}{\alpha}$	$h < \dfrac{4.0}{\alpha}$	$h \geqslant \dfrac{4.0}{\alpha}$
$l_c = 1.0 \times (l_0 + h)$	$l_c = 0.7 \times \left(l_0 + \dfrac{4.0}{\alpha}\right)$	$l_c = 0.7 \times (l_0 + h)$	$l_c = 0.7 \times \left(l_0 + \dfrac{4.0}{\alpha}\right)$	$l_c = 0.7 \times (l_0 + h)$	$l_c = 0.5 \times \left(l_0 + \dfrac{4.0}{\alpha}\right)$	$l_c = 0.5 \times (l_0 + h)$	$l_c = 0.5 \times \left(l_0 + \dfrac{4.0}{\alpha}\right)$

注：①表中 $\alpha = \sqrt[5]{\dfrac{mb_0}{EI}}$ 为桩的水平变形系数；m 为桩侧土水平抗力系数的比例系数，查表 6-5；b_0 为桩身的计算宽度（m），EI 为桩身抗弯刚度；b_0、EI 详见式（6-15）。②l_0 为高承台基桩露出地面的长度，对于低承台桩基，$l_0 = 0$。③h 为桩的入土长度，当桩侧有厚度为 d_1 的液化土层时，桩露出地面长度 l_0 和桩的入土长度 h 分别调整为 $l'_0 = l_0 + \psi_1 d_1$，$h' = h - \psi_1 d_1$，ψ_1 按表 6-17 取值。

表 6 – 16　桩身稳定系数 φ

l_c/d	≤7	8.5	10.5	12	14	15.5	17	19	21	22.5	24
l_c/b	≤8	10	12	14	16	18	20	22	24	26	28
φ	1.00	0.98	0.95	0.92	0.87	0.81	0.75	0.70	0.65	0.60	0.56
l_c/d	26	28	29.5	31	33	34.5	36.5	38	40	41.5	43
l_c/b	30	32	34	36	38	40	42	44	46	48	50
φ	0.52	0.48	0.44	0.40	0.36	0.32	0.29	0.26	0.23	0.21	0.19

注：b 为矩形桩短边尺寸，d 为桩直径。

表 6 – 17　土层液化折减系数 ψ_l

$\lambda_N = \dfrac{N}{N_{cr}}$	自地面算起的液化土层深度 d_L/m	ψ_l
$\lambda_N \leqslant 0.6$	$d_L \leqslant 10$	0
	$10 < d_L \leqslant 20$	1/3
$0.6 < \lambda_N \leqslant 0.8$	$d_L \leqslant 10$	1/3
	$10 < d_L \leqslant 20$	2/3
$0.8 < \lambda_N \leqslant 1.0$	$d_L \leqslant 10$	2/3
	$10 < d_L \leqslant 20$	1.0

注：①N 为饱和土标贯击数实测值；N_{cr} 为液化判别标贯击数临界值；λ_N 为土层液化指数。②对于挤土桩当桩距小于 4d，且桩的排数不少于 5 排、总桩数不少于 25 根时，土层液化系数可取 2/3 ～ 1；桩间土标贯击数达到 N_{cr} 时，取 $\psi_l = 1$。③当承台底非液化土层厚度小于 1 m 时，土层液化折减系数按表中 λ_N 降低一档取值。

6.2.4　桩基的沉降计算基本规定

建筑桩基沉降变形计算值 s 不应大于桩基沉降变形允许值 $[s]$，即 $s \leqslant [s]$。

《建筑地基基础设计规范》（GB 50007—2011）规定，对以下建筑物的桩基应进行沉降验算：地基基础设计等级为甲级的建筑物桩基；体形复杂、荷载不均匀或桩端以下存在软弱土层的设计等级为乙级的建筑物桩基；摩擦型桩基。

1. 桩基沉降变形的特征值及桩基沉降变形的允许值

桩基沉降变形特征值可用沉降量、沉降差、整体倾斜及局部倾斜等指标表示。整体倾斜是指建筑物桩基础倾斜方向两端点的沉降差与其距离之比值。局部倾斜是指墙下条形承台沿纵向某一长度范围内桩基础两点的沉降差与其距离之比值。

计算桩基沉降变形时，桩基变形特征值应按下列规定选用：

（1）由于土层厚度与性质不均匀、荷载差异、体型复杂、相互影响等因素引起的地基沉降变形，对于砌体承重结构应由局部倾斜控制；

（2）对于多层或高层建筑和高耸结构应由整体倾斜值控制；

（3）当其结构为框架、框架－剪力墙、框架－核心筒结构时，尚应控制柱（墙）之间的差异沉降。

建筑桩基的沉降变形允许值，应按表 6 - 18 规定采用。

表 6 - 18　建筑桩基沉降变形允许值

变形特征		允许值
砌体承重结构基础的局部倾斜		0.002
各类建筑相邻柱(墙)基的沉降差		
(1)框架、框架 - 剪力墙、框架 - 核心筒结构		$0.002l_0$
(2)砌体墙填充的边排柱		$0.0007l_0$
(3)当基础不均匀沉降时不产生附加应力的结构		$0.005l_0$
单层排架结构(柱距为 6 m)桩基的沉降量/mm		120
桥式吊车轨面的倾斜(按不调整轨道考虑)		
纵向		0.004
横向		0.003
多层和高层建筑的整体倾斜	$H_g \leqslant 24$	0.004
	$24 < H_g \leqslant 60$	0.003
	$60 < H_g \leqslant 100$	0.0025
	$H_g > 100$	0.002
高耸结构桩基的整体倾斜	$H_g \leqslant 20$	0.008
	$20 < H_g \leqslant 50$	0.006
	$50 < H_g \leqslant 100$	0.005
	$100 < H_g \leqslant 150$	0.004
	$150 < H_g \leqslant 200$	0.003
	$200 < H_g \leqslant 250$	0.002
高耸结构基础的沉降量/mm	$H_g \leqslant 100$	350
	$100 < H_g \leqslant 200$	250
	$200 < H_g \leqslant 250$	150
体型简单的剪力墙结构 高层建筑桩基最大沉降量/mm	—	200

注：l_0 为相邻柱(墙)二测点间距离，H_g 为自室外地面算起的建筑物高度。

2. 桩基最终沉降量 s

对于桩中心距不大于 6 倍桩径的桩基，其最终沉降量计算可采用等效作用分层总和法。等效作用面位于桩端平面，等效作用面积为桩承台投影面积，等效作用附加压力近似取承台底平均附加压力。等效作用面以下的应力分布采用各向同性均质直线变形体理论。

6.2.5 承台设计

承台设计是桩基设计的一个重要组成部分,承台应具有足够的强度和刚度,以便将上部结构的荷载可靠地传给各基桩,并将各单桩连成整体。承台的设计主要包括构造设计和强度设计两部分,强度设计包括抗弯、抗冲切和抗剪切计算。承台构造设计前面已介绍,在此不再重述。

1. 承台受弯计算

承台受弯计算,主要是确定外力作用下(荷载效应基本组合值)引起的弯矩,按《混凝土结构设计规范》(GB 50010—2010)计算其正截面受弯承载力和配筋。

(1)多桩矩形承台计算

截面取在柱边和承台高度变化处(杯口外侧或台阶边缘,图 6 – 12a)

$$M_x = \sum N_i y_i \tag{6 – 33a}$$

$$M_y = \sum N_i x_i \tag{6 – 33b}$$

式中:M_x、M_y——垂直 y 轴和 x 轴方向计算截面处的弯矩设计值,kN·m;

   x_i、y_i——垂直 y 轴和 x 轴方向自桩轴线到相应计算截面的距离,m;

   N_i——不计承台和其上填土自重,在荷载效应基本组合下的第 i 桩竖向反力设计值,kN。

(2)三桩承台

1)等边三桩承台(图 6 – 12b)

$$M = \frac{N_{max}}{3}\left(s - \frac{\sqrt{3}}{4}c\right) \tag{6 – 33c}$$

式中:M——由承台形心至承台边缘距离范围内板带的弯矩设计值,kN·m;

   N_{max}——不计除承台和其上填土自重,在荷载效应基本组合下三桩中最大单桩竖向反力设计值,kN;

   s——桩中心距,m;

   c——方柱边长,m,圆柱时 $c = 0.886\,d$(d 为圆柱直径)。

2)等腰三桩承台(图 6 – 12c)。

$$M_1 = \frac{N_{max}}{3}\left(s - \frac{0.75}{\sqrt{4 - \alpha^2}}c_1\right) \tag{6 – 33d}$$

$$M_2 = \frac{N_{max}}{3}\left(\alpha s - \frac{0.75}{\sqrt{4 - \alpha^2}}c_2\right) \tag{6 – 33e}$$

式中:M_1、M_2——由承台形心到承台两腰和底边的距离范围内板带的弯矩设计值(kN·m);

   s——长向桩中心距(m);

   α——短向桩中心距与长向桩中心距之比,当 α 小于 0.5 时,应按变截面的二桩承台设计;

   c_1、c_2——垂直于、平行于承台底边的柱截面边长,m。

2. 承台受冲切验算

桩基承台厚度应满足柱(墙)对承台的冲切和基桩对承台的冲切承载力要求。

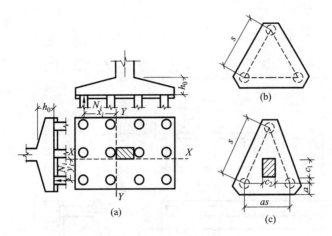

图 6 - 12 承台弯矩计算

(1)轴心竖向力作用下桩基承台受柱的冲切

冲切破坏锥体应采用自柱(墙)边或承台变阶处至相应桩顶边缘连线所构成的锥体,锥体斜面与承台底面之夹角不应小于 $45°$(图 6 - 13)。

1)对于柱下矩形独立承台受柱冲切的承载力(图 6 - 13)

$$F_1 \leqslant 2 \left[\beta_{0x}(b_c + a_{0y}) + \beta_{0y}(h_c + a_{0x}) \right] \beta_{hp} f_t h_0 \qquad (6-34)$$

$$F_1 = F - \sum Q_i \qquad (6-35)$$

式中:F_1——不计承台及其上土重,在荷载效应基本组合下作用于冲切破坏锥体上的冲切力设计值。

$\quad\quad F$——不计承台及其上土重,在荷载效应基本组合作用下柱(墙)底的竖向荷载设计值。

$\quad\quad \sum Q_i$——不计承台及其上土重,在荷载效应基本组合下冲切破坏锥体内各桩或复合基桩的反力设计值之和。

$\quad\quad f_t$——承台混凝土抗拉强度设计值。

$\quad\quad \beta_{hp}$——承台受冲切承载力截面高度影响系数,当 $h \leqslant 800$ mm 时,β_{hp} 取 1.0;$h \geqslant 2000$ mm 时,β_{hp} 取 0.9,其间按线性内插法取值。

$\quad\quad h_0$——承台冲切破坏锥体的有效高度。

$\quad\quad \beta_{0x}$、β_{0y}——由 $\beta_{0x} = \dfrac{0.84}{\lambda_{0x} + 0.2}$ $\beta_{0y} = \dfrac{0.84}{\lambda_{0y} + 0.2}$ 求得,$\lambda_{0x} = a_{0x}/h_0$,$\lambda_{0y} = a_{0y}/h_0$;$\lambda_{0x}$、$\lambda_{0y}$ 均应满足 0.25 ~ 1.0 的要求。

$\quad\quad h_c$、b_c——x、y 方向的柱截面的边长。

$\quad\quad a_{0x}$、a_{0y}——x、y 方向柱边离最近桩边的水平距离。

2)对于柱下矩形独立阶形承台受上阶冲切的承载力(图 6 - 13)

$$F_1 \leqslant 2 \left[\beta_{1x}(b_1 + a_{1y}) + \beta_{1y}(h_1 + a_{1x}) \right] \beta_{hp} f_t h_{10} \qquad (6-36)$$

式中:β_{1x}、β_{1y}——由 $\beta_{1x} = \dfrac{0.84}{\lambda_{1x} + 0.2}$ $\beta_{1y} = \dfrac{0.84}{\lambda_{1y} + 0.2}$ 求得,其中 $\lambda_{1x} = a_{1x}/h_{10}$,$\lambda_{1y} = a_{1y}/h_{10}$;

$\quad\quad \lambda_{1x}$、λ_{1y} 均应满足 0.25 ~ 1.0 的要求;

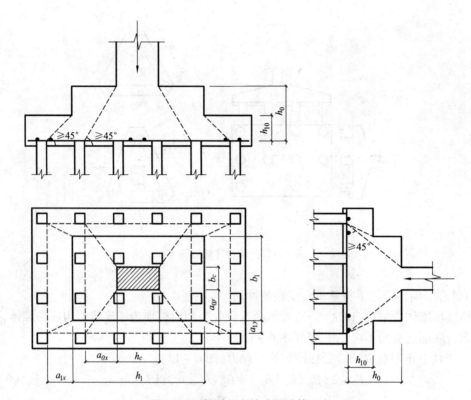

图 6-13 柱对承台的冲切计算示意

h_1、b_1——x、y方向承台上阶的边长；

a_{1x}、a_{1y}——x、y方向承台上阶边离最近桩边的水平距离。

对于圆柱及圆桩，计算时应将其截面换算成方柱及方桩，即取换算柱截面边长 $b_c = 0.8d_c$（d_c 为圆柱直径），换算桩截面边长 $b_p = 0.8d$（d 为圆桩直径）。

对于柱下两桩承台，宜按深受弯构件（$l_0/h < 5.0$，$l_0 = 1.15l_n$，l_n 为两桩净距）计算受弯、受剪承载力，不需要进行受冲切承载力计算。

（2）对位于柱冲切破坏锥体以外的基桩对承台的冲切计算

1）四桩以上（含四桩）承台受角桩冲切的承载力（图 6-14）

$$N_1 \leqslant [\beta_{1x}(c_2 + a_{1y}/2) + \beta_{1y}(c_1 + a_{1x}/2)]\beta_{hp}f_t h_0 \qquad (6-37)$$

$$\beta_{1x} = \frac{0.56}{\lambda_{1x} + 0.2} \qquad \beta_{1y} = \frac{0.56}{\lambda_{1y} + 0.2} \qquad (6-38)$$

式中：N_1——不计承台及其上土重，在荷载效应基本组合作用下角桩（含复合基桩）反力设计值。

β_{1x}，β_{1y}——角桩冲切系数。

a_{1x}、a_{1y}——从承台底角桩顶内边缘引 45°冲切线与承台顶面相交点至角桩内边缘的水平距离；当柱（墙）边或承台变阶处位于该 45°线以内时，则取由柱（墙）边或承台变阶处与桩内边缘连线为冲切锥体的锥线（图 6-14）。

h_0——承台外边缘的有效高度。

212

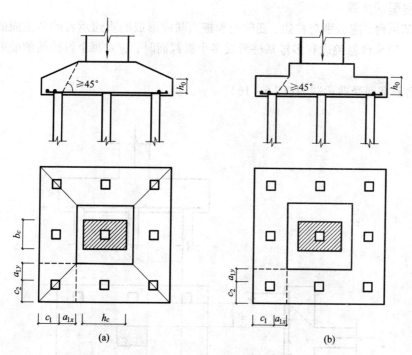

图 6 – 14　四桩以上（含四桩）承台角桩冲切计算示意

（a）锥形承台；（b）阶形承台

λ_{1x}、λ_{1y}——角桩冲跨比，$\lambda_{1x} = a_{1x}/h_0$，$\lambda_{1y} = a_{1y}/h_0$，其值均应满足 0.25 ~ 1.0 的要求。

2）对于三桩三角形承台受角桩冲切的承载

力（图 6 – 15）：

底部角桩：

$$N_1 \leqslant \beta_{11}(2c_1 + a_{11})\beta_{hp}\tan\frac{\theta_1}{2}f_t h_0$$

$$(6 - 39)$$

$$\beta_{11} = \frac{0.56}{\lambda_{11} + 0.2} \qquad (6 - 40)$$

顶部角桩：

$$N_1 \leqslant \beta_{12}(2c_2 + a_{12})\beta_{hp}\tan\frac{\theta_2}{2}f_t h_0$$

$$(6 - 41)$$

$$\beta_{12} = \frac{0.56}{\lambda_{12} + 0.2} \qquad (6 - 42)$$

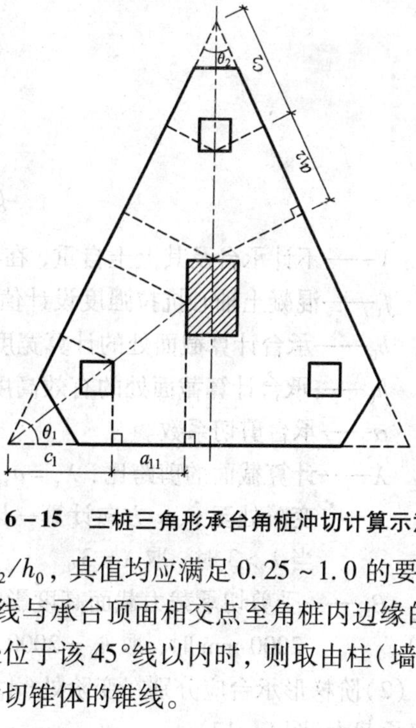

图 6 – 15　三桩三角形承台角桩冲切计算示意

式中：λ_{11}、λ_{12}——角桩冲跨比，$\lambda_{11} = a_{11}/h_0$，$\lambda_{12} = a_{12}/h_0$，其值均应满足 0.25 ~ 1.0 的要求；

a_{11}、a_{12}——从承台底角桩顶内边缘引 45°冲切线与承台顶面相交点至角桩内边缘的水平距离，当柱（墙）边或承台变阶处位于该 45°线以内时，则取由柱（墙）边或承台变阶处与桩内边缘连线为冲切锥体的锥线。

213

3. 承台受剪切计算

柱下桩基承台，应分别对柱边、变阶处和桩边联线形成的贯通承台的斜截面的受剪承载力进行验算。当承台悬挑边有多排基桩形成多个斜截面时，应对每个斜截面的受剪承载力进行验算。

（1）承台斜截面受剪承载力（图6-16）

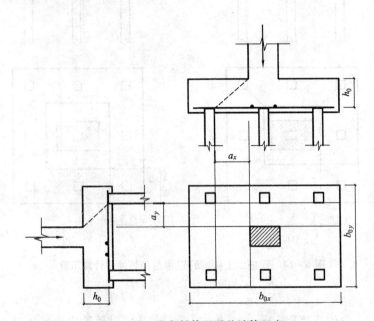

图6-16　承台斜截面受剪计算示意

$$V \leqslant \beta_{hs} \alpha f_t b_0 h_0 \qquad (6-43)$$

$$\alpha = \frac{1.75}{\lambda + 1} \qquad (6-44)$$

$$\beta_{hs} = \left(\frac{800}{h_0}\right)^{1/4} \qquad (6-45)$$

式中：V——不计承台及其上土自重，在荷载效应基本组合下，斜截面的最大剪力设计值。

f_t——混凝土轴心抗拉强度设计值。

b_0——承台计算截面处的计算宽度。

h_0——承台计算截面处的有效高度。

α——承台剪切系数。

λ——计算截面的剪跨比，$\lambda_x = a_x/h_0$，$\lambda_y = a_y/h_0$，此处，a_x，a_y 为柱边（墙边）或承台变阶处至 y、x 方向计算一排桩的桩边的水平距离，当 $\lambda < 0.25$ 时，取 $\lambda = 0.25$；当 $\lambda > 3$ 时，取 $\lambda = 3$。

β_{hs}——受剪切承载力截面高度影响系数。当 $h_0 < 800$ mm 时，取 $h_0 = 800$ mm；当 $h_0 > 2000$ mm 时，取 $h_0 = 2000$ mm；其间按线性内插法取值。

（2）阶梯形承台应分别在变阶处（$A_1 - A_1$，$B_1 - B_1$）及柱边处（$A_2 - A_2$，$B_2 - B_2$）的斜截面受剪承载力（图6-17）。

计算变阶处截面($A_1 - A_1$，$B_1 - B_1$)的斜截面受剪承载力时，其截面有效高度均为h_{10}，截面计算宽度分别为b_{y1}和b_{x1}。

计算柱边截面($A_2 - A_2$，$B_2 - B_2$)的斜截面受剪承载力时，其截面有效高度均为$h_{10} + h_{20}$，截面计算宽度分别为：

对$A_2 - A_2$
$$b_{y0} = \frac{b_{y1} \cdot h_{10} + b_{y2} \cdot h_{20}}{h_{10} + h_{20}}$$
(6 - 46)

对$B_2 - B_2$
$$b_{x0} = \frac{b_{x1} \cdot h_{10} + b_{x2} \cdot h_{20}}{h_{10} + h_{20}}$$
(6 - 47)

(3)锥形承台变阶处及柱边处($A - A$及$B - B$)截面的受剪承载力(图6 - 18)

截面有效高度均为h_0，截面的计算宽度分别为：

对$A - A$
$$b_{y0} = \left[1 - 0.5\frac{h_{20}}{h_0}\left(1 - \frac{b_{y2}}{b_{y1}}\right)\right]b_{y1}$$
(6 - 48)

对$B - B$
$$b_{x0} = \left[1 - 0.5\frac{h_{20}}{h_0}\left(1 - \frac{b_{x2}}{b_{x1}}\right)\right]b_{x1}$$
(6 - 49)

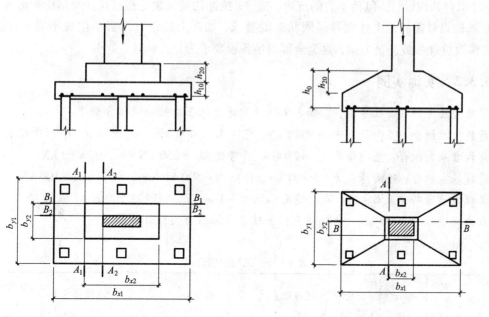

图6 - 17　阶梯形承台斜截面受剪计算示意　　图6 - 18　锥形承台斜截面受剪计算示意

4. 局部受压计算

对于柱下桩基，当承台混凝土强度等级低于柱或桩的混凝土强度等级时，应验算柱下或桩上承台的局部受压承载力。

5. 抗震验算

当进行承台的抗震验算时，应根据现行国家标准《建筑抗震设计规范》GB 50011的规定对承台顶面的地震作用效应和承台的受弯、受冲切、受剪承载力进行抗震调整。

6.3 桩基础设计实训

6.3.1 桩基础设计的步骤

(1)收集设计资料,包括建筑物类型、规模、使用要求、结构体系及荷载情况,建筑场地的岩土工程勘察报告等;

(2)选择桩型,并确定桩的断面形状及尺寸、桩端持力层及桩长等基本参数和承台埋深;

(3)确定单桩承载力,包括竖向抗压、抗拔及水平承载力等;

(4)确定群桩的桩数及布桩,并按布桩及场地条件确定承台类型及尺寸;

(5)桩基承载力及变形验算,包括竖向及水平承载力、沉降或水平位移等,对有软弱下卧层的桩基,尚需验算软弱下卧层的承载力;

(6)桩基中各桩受力验算与桩身结构设计,包括各桩桩顶荷载分析、内力分析以及桩身结构构造设计等;

(7)承台结构设计,包括承台的抗弯、抗剪、抗冲切及抗裂等强度设计及结构构造等。

桩基础设计需满足上述两种极限状态的要求,如在上述设计步骤中出现不满足这些要求,应修改设计参数甚至方案,直至全部满足各项要求为止。

6.3.2 实训实例

项目背景资料:某教学楼,已知由上部结构传至柱下端的荷载组合如下:

荷载标准组合:竖向荷载 $F_k = 3040$ kN,弯矩 $M_k = 400$ kN·m,水平力 $H_k = 80$ kN;

荷载准永久组合:竖向荷载 $F_Q = 2800$ kN,弯矩 $M_Q = 250$ kN·m,$H_Q = 80$ kN;

荷载基本组合:竖向荷载 $F = 3800$ kN,弯矩 $M = 500$ kN·m,水平力 $H = 100$ kN。

工程地质资料见表6-19,地下稳定水位为-4 m。试桩(直径500 mm,桩长15.5 m)极限承载力标准值为1000 kN。试按柱下桩基础进行桩基有关设计计算。

表6-19 工程地质资料

序号	地层名称	深度 /m	重度 γ /(kN·m^{-3})	孔隙比 e	液性指数 I_L	黏聚力 c/kPa	内摩擦角 φ /(°)	压缩模量 E_s /(N·mm^{-2})	承载力 f_{ak} /kPa
1	杂填土	0~1	16						
2	粉土	1~4	18	0.9		10	12	4.6	120
3	淤泥质土	4~16	17	1.10	0.55	5	8	4.4	110
4	黏土	16~26	19	0.65	0.27	15	20	10.0	280

【解】

(1)选择桩型、桩材及桩长

由试桩初步选择直径500 的钻孔灌注桩,水下混凝土用 C25,钢筋采用 HPB300,查表

得 $f_c = 11.9 \text{ N/mm}^2$，$f_t = 1.27 \text{ N/mm}^2$，$f_y = f'_y = 270 \text{ N/mm}^2$。

初选第四层土层(黏土层)为持力层，桩端进入持力层不得小于 1 m，$L = (16 + 1 - 1.5)$ $= 15.5 \text{ m}$(图 6 – 19)。

(2)确定单桩竖向承载力特征值 R

1)根据桩身材料确定

初选 $\rho = 0.45\%$，$\varphi_c = 0.8$，$\varphi = 1.0$，计算得：

$$R_a = \varphi(A_{ps}f_c\varphi_c + 0.9f'_y A'_s)$$

$$= 1.0\left(\frac{\pi}{4}500^2 \times 11.9 \times 0.8 + 0.9 \times 270 \times 0.0045 \times \frac{\pi}{4}500^2\right) \times 10^{-3}$$

$$= 2083.9(\text{kN})$$

2)按土对桩的支撑力确定

查表 6 – 11，$q_{s2k} = 42 \text{ kPa}$，$q_{s3k} = 25 \text{ kPa}$

$q_{s4k} = 60 \text{ kPa}$；查表 6 – 12，$q_{pk} = 1100 \text{ kN}$，则：

$$Q_{uk} = Q_{sk} + Q_{pk} = q_{pk}A_p + u\sum q_{sik}l_i$$

$$= 1100 \times 0.5^2 \times \pi/4 + \pi \times 0.5$$

$$(42 \times 2.5 + 25 \times 12 + 60 \times 1) = 946(\text{kN})$$

$R_a = Q_{uk}/K = 946/2 = 473(\text{kN})$

3)由单桩静载试验确定：

$R_a = Q_{uk}/2 = 1000/2 = 500(\text{kN})$

单桩竖向承载力特征值取上述三项计算值的最小者，则取 $R_a = 473 \text{ kN}$。

(3)确定桩的数量和平面布置

桩数初步确定为 $n = F_k \times 1.2/R_a = 3040 \times 1.2/473$ $= 7.71$，取 $n = 8$ 根，

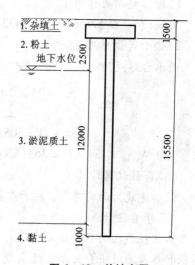

图 6 – 19 单桩布置

桩间距：$s = 3d = 3 \times 0.5 = 1.5 \text{ m}$。8 根桩呈梅花形布置，初选承台底面积为 $4 \times 3.6 \text{ m}^2$，则承台和土自重：$G_k = 4 \times 3.6 \times 1.5 \times 20 = 432 \text{ kN}$。如图 6 – 20 所示。

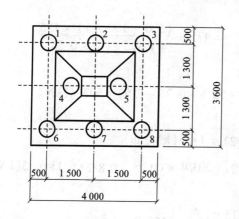

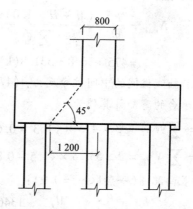

图 6 – 20 桩的布置

承台尺寸确定后，可根据验算考虑承台效应的桩基竖向承载力特征值。

$s_a = A/n = 4 \times 3.6/8 = 1.8$ m，$s_a/d = 1.8/0.5 = 3.6$，$B_c/l = 3.6/15.5 = 0.232$

查表 6-3 得，$\eta_c = 0.13$

承台底地基净面积：$A_c = 4 \times 3.6 - 8 \times 0.5^2 \times \pi/4 = 12.83 (\text{m}^2)$

计算桩基对应的承台底净面积：$A_c/n = 12.83/8 = 1.604 (\text{m}^2)$

基底以下 1.8 m（即 1/2 承台宽）土地基承载力特征值：$f_{ak} = (120 \times 1.8)/1.8 = 120 (\text{kPa})$

不考虑地震的作用，群桩中基桩的竖向承载力特征值为：

$R = R_a + \eta_c f_{ak} A_c = 473 + 0.13 \times 120 \times 1.064 = 494 (\text{kN}) > R_a = 473$ kN

(4) 桩顶作用效应计算

1) 轴心竖向力作用下

$N_k = (F_k + G_k)/n = (3040 + 432)/8 = 434 (\text{kN}) < R = 498$ kN，满足要求。

2) 偏心荷载作用下

设承台厚度为 1 m

$$N_{kmax} = \frac{F_k + G_k}{n} + \frac{M_{xk} y_i}{\sum y_i^2} + \frac{M_{yk} x_i}{\sum x_i^2} = 434 + \frac{(400 + 80 \times 1.0) \times 1.5}{4 \times 1.5^2 + 2 \times 0.75^2}$$

$$= 434 + 71 = 505 (\text{kN})，亦满足要求。$$

由于 $N_{kmim} = 434 - 71 = 363 (\text{kN}) > 0$，桩不受上拔力。

(6) 群桩沉降计算

因本建筑为丙类建筑，桩为摩擦端承桩，不需要验算沉降。

(7) 承台设计

取立柱截面为 0.8 m×0.6 m，承台混凝土强度 C25，采用等厚度承台高度 1 m，底面钢筋保护厚度 0.1 m（承台有效高度 0.9 m），圆桩直径换算为方桩的边长 0.8 d = 0.8×0.5 = 0.4 m。

1) 受弯计算

单桩净反力（不计承台和承台上土重）设计值的平均值为

$$N = F/n = 3800/8 = 475 (\text{kN})$$

边角桩的最大净反力：

$$N_{max} = \frac{F}{n} + \frac{(M + H \times 1.0) x_{max}}{\sum x_i^2} = 475 + \frac{(500 + 100 \times 1) \times 1.5}{4 \times 1.5^2 + 2 \times 0.75^2}$$

$$= 475 + 56.8 = 531.8 (\text{kN})$$

边桩和轴线桩间的中间桩净反力：$(475 + 56.8 \times 0.75 \div 1.5) = 503.4 (\text{kN})$

桩基承台的弯矩计算值为

$$M_x = \sum N_i y_i = 3 \times 475 \times (1.3 - 0.6/2) = 1425 (\text{kN} \cdot \text{m})$$

$$M_y = \sum N_i x_i = 2 \times 531.8 \times (1.5 - 0.8/2) + 503.4 \times (0.75 - 0.8/2) = 1346.15 (\text{kN} \cdot \text{m})$$

承台长向配筋（一般取 $\gamma_s = 0.9$）：

$$A_{sy} = \frac{M_y}{\gamma_s f_y h_0} = \frac{1346.15 \times 10^6}{0.9 \times 270 \times 900} = 6155.2 (\text{mm}^2)$$

按构造要求，钢筋根数为 19~36。

可选配 24Φ20@150 钢筋，则 $A_s = 314 \times 24 = 7536 (\mathrm{mm}^2)$

承台短向配筋：

$$A_{sx} = \frac{1425 \times 10^6}{0.9 \times 270 \times 900} = 6515.8 \ \mathrm{mm}^2 \quad 按构造要求，钢筋根数为 21 \sim 40。$$

可选配 24Φ20@170 钢筋，则 $A_s = 314 \times 24 = 7536 (\mathrm{mm}^2)$

2）受冲切计算

①柱对承台的冲切

冲跨比：$\lambda_{0x} = a_{0x}/h_0 = \dfrac{1.5 - 0.5 \times 0.4 - 0.5 \times 0.8}{0.9} = \dfrac{0.9}{0.9} = 1.0$

$$\lambda_{0y} = a_{0y}/h_0 = \dfrac{1.3 - 0.5 \times 0.4 - 0.5 \times 0.6}{0.9} = \dfrac{0.8}{0.9} = 0.889$$

冲切系数：$\beta_{0x} = 0.84/(\lambda_{0x} + 0.2) = 0.84/(1 + 0.2) = 0.7$

$$\beta_{0y} = 0.84/(\lambda_{0y} + 0.2) = 0.84/(0.889 + 0.2) = 0.77$$

作用在冲切破坏锥体上相应于荷载效应基本组合的冲切力设计值为：

$$F_l = F - \sum N_i = 3800 - 2 \times 475 = 2850 (\mathrm{kN})$$

矩形承台受柱冲切的承载力为：

$$2[\beta_{0x}(b_c + a_{0y}) + \beta_{0y}(h_c + a_{0x})]\beta_{hp}f_t h_0$$
$$= 2[0.7 \times (0.6 + 0.8) + 0.77 \times (0.8 + 0.9)] \times 0.9 \times 1.27 \times 10^3 \times 0.9$$
$$= 4709 (\mathrm{kN}) > F_l = 2850 \ \mathrm{kN}$$

所以柱对承台的冲切承载力满足要求。

②角桩对承台的冲切

冲跨比：$\lambda_{1x} = a_{1x}/h_0 = \dfrac{0.9}{0.9} = \dfrac{0.9}{0.9} = 1.0 = \lambda_{1y}$

冲切系数：$\beta_{1x} = \dfrac{0.56}{\lambda_{1x} + 0.2} = \dfrac{0.56}{1 + 0.2} = 0.467 = \beta_{1y}$

$$[\beta_{1x}(c_2 + a_{1y}/2) + \beta_{1y}(c_1 + a_{1x}/2)]\beta_{hp}f_t h_0$$
$$= [0.467(0.5 + 0.5 \times 0.4 + 0.9/2)] \times 2 \times 0.9 \times 1.27 \times 900$$
$$= 1100 (\mathrm{kN}) > N_{max} = 531.8 \ \mathrm{kN}$$

所以角桩对承台的冲切满足设计要求的。

3）受剪切计算

剪跨比：$\lambda_x = a_x/h_0 = 0.9/0.9 = 1.0 \quad \lambda_y = a_y/h_0 = 0.8/0.9 = 0.889$

截面高度影响系数：$\beta_{hs} = (800/900)^{0.25} = 0.97$

剪切系数：$\beta_x = 1.75/(\lambda_x + 1.0) = 1.75/2 = 0.875$

$$\beta_y = 1.75/(\lambda_y + 1.0) = 1.75/1.889 = 0.926$$

斜截面的最大剪力设计值：$V_y = 475 \times 3 = 1425 (\mathrm{kN})$

$$V_x = 2 \times 531.8 + 503.4 = 1567 (\mathrm{kN})$$

斜截面受剪力承载力设计值为

$$\beta_{hs}\beta_x f_t b_0 h_0 = 0.97 \times 0.875 \times 1,27 \times 3600 \times 900 \times 10^{-3} = 3497 (\mathrm{kN}) > V_x = 1567 \ \mathrm{kN}$$

所以满足要求。

$$\beta_{hs}\beta_x f_t b_0 h_0 = 0.97 \times 0.926 \times 1,27 \times 4000 \times 900 \times 10^{-3} = 4107(\text{kN}) > V_y = 1425 \text{ kN}$$

所以满足要求。

4) 桩基及承台施工图的绘制

桩内纵筋为 6 Φ 10，箍筋为 Φ 6@250 的螺旋箍，每隔 2 m 设一道 Φ 12 的加强箍。

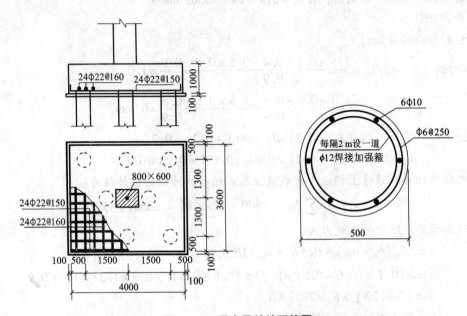

图 6-21　承台及桩的配筋图

本实训项目采用等厚度承台，各种冲切和剪切承载均满足要求，且有较大余地，故承台亦可设计成锥形或梯形，但需经冲切和剪切验算。

模块小结

本模块主要介绍了如下内容：

1. 桩的类型

(1) 按承载性状分为摩擦桩和端承桩。

(2) 按成桩方法分为非挤土桩、部分挤土桩和挤土桩。

(3) 按桩径大小分为小直径桩、中等直径桩和大直径桩。

2. 单桩竖向承载力

单桩竖向承载力特征值为单桩竖向极限承载力标准值除以安全系数。单桩竖向极限承载力的确定有静载荷试验法、静力触探法及经验参数法。

单桩抗拔极限承载力除以安全系数为单桩抗拔承载力特征值。设计等级为甲级和乙级建筑桩基应通过现场单桩上拔静载荷试验确定，丙级建筑桩基抗拔极限承载力可通过经验公式计算。

除按上述方法确定单桩承载力外，还应对桩身材料进行强度或抗裂度验算。

3. 桩基水平承载力

桩的水平承载力特征值,一般采用现场静载试验和理论计算分析两类方法确定。

4. 桩基沉降

桩基沉降可采用等效作用分层总和法。

5. 桩承台设计

承台的设计主要包括构造设计和强度设计两部分,强度设计指抗弯、抗冲切、抗剪切计算。

思考题

1. 桩可以分为哪几种类型?端承桩和摩擦桩的受力情况有什么不同?
2. 何为单桩竖向承载力?确定单桩竖向承载力的方法有哪几种?
3. 承台的构造要求有哪些方面的内容?
4. 桩基础设计主要包括哪些内容?其设计步骤是怎样的?

习　题

1. 某建筑场地上的砖混结构建设项目采用桩基础,室内外高差 0.90 m,底层外墙厚度 490 mm,承台梁埋深 1.50 m,荷载效应标准组合上部结构作用于承台顶面的竖向力为 300 kN/m;施工图单桩设计完成,采用桩径为 450 mm 的灌注桩,由现场静载荷试验确定的单桩竖向地基承载力特征值为 450 kN。试设计该项目外墙下的桩基础。

2. 某建筑场地的天然地层:第一层为杂填土,厚 1.4 m;第二层为淤泥质土,厚 6.5 m, $q_{sk}=10$ kPa;第三层为中粗砂土,$q_{sk}=60$ kPa,$q_{pk}=2500$ kPa。建设项目为框架结构,采用灌注桩基础,室内外高差 0.60 m;室内的中柱截面长边 $h_c=350$ mm、短边 $b_c=350$ mm,荷载效应标准组合柱根作用于承台顶面的竖向力 $F_k=150$ kN,荷载效应基本组合的竖向力 $F=2000$ kN。试对该项目室内中柱下的桩基础进行初步设计(取桩截面直径 $d=400$ mm)。

模块七 基坑开挖与支护工程

建筑施工现场专业技术岗位资格考试和技能实践要求

- 熟悉基坑开挖与支护的基本要求。
- 熟悉常见支护结构的设计要求与施工工艺。
- 掌握基坑监测的方法和基本要求。

教学目标

【知识目标】

- 熟悉基坑支护结构设计基本规定、计算方法。
- 熟悉深基坑开挖与支护的基本知识。
- 掌握基坑监测的基本规定、监测方法与要求。

【能力目标】

- 能识读基坑支护施工图和相关设计文件。
- 能合理、正确编制基坑开挖和支护监测方案。
- 能参与基坑开挖和支护专项施工方案编制。

【素质目标】

- 通过本模块的学习，培养学生理论联系实践的工程素质。
- 通过本模块的学习，培养学生重视基坑开挖和支护工程的意识，培养学生在基坑开挖和支护工程项目中良好的组织、协调和沟通能力，增加基坑工程安全施工的责任感。

随着城市建设的高速发展，高层，超高层建筑日益增多，建筑规模不断扩大，建筑结构及使用功能上的要求如轨道交通换乘、商业、停车等功能的需要，在用地愈发紧张的密集城市中心，结合城市建设和改造开发大型地下空间已成为一种必然。地下空间开发规模越来越大，如上海市地下空间开发面积达(10~30)万 m² 的地下综合体项目近年来多达几十个，基坑开挖面积一般可达(2~6)万 m²，如上海仲盛广场基坑开挖面积为 5 万 m²，天津市 117 大厦基坑面积为 9.6 万 m²，上海虹桥综合交通枢纽工程开挖面积达 35 万 m² 等。基坑的深度也越来越深，一般基坑深度为 16~25 m 以上，如天津津塔挖深 23.5 m，苏州东方之门最大挖深 22 m，而上海世博 500 kV 地下变电站挖深 34 m，上海地铁四号线董家渡修复基坑则深达 41 m。这些深大基坑通常都位于密集城市中心，基坑工程周围密布着各种地下管线、各类建筑物、交通干道、地铁隧道等各种地下构筑物，施工场地紧张、工期紧、地质条件复杂、施工条件复杂、周边设施环境保护要求高。所有这些导致基坑工程的设计和施工的难度越来越大，重大恶性基坑事故不断发生，工程建设的安全生产形势越来越严峻。

7.1　基坑支护工程的认知

基坑支护工程是为了给地下工程敞开开挖创造条件而发展起来的一门工程技术，最简单的有放坡开挖和简易木桩支护等祖先智慧的结晶，也可以是采用土钉、锚喷、地基加固等处理的边坡，但是在城市建设中经常会由于场地的局限性，施工现场没有足够的空间安全放坡，人们不得不设计附加结构体系的开挖支护系统，以保证施工的顺利进行，这就形成了基坑工程中大开挖和支护系统两大工艺体系，前者为土力学中一个经典课题，后者是60年代以来各国岩土工程师和土力学家们面临的一个重要基础工程课题。

7.1.1　基坑工程的特点与主要内容

1. 基坑工程的特点

（1）安全储备小、风险大

基坑工程大多作为一种临时性措施，在土方回填后不再为工程服务，其在设计、施工过程中有些荷载，如地震荷载不加考虑；同时相对于永久性结构而言，在强度、变形、防渗、耐久性等方面的要求较低一些，加上建设方对基坑工程认识上的偏差，为降低工程费用，对设计提出一些不合理的要求，甚至有些施工单位在施工过程中存在侥幸心理，看情况采取支护措施等等都降低了基坑工程的安全储备。

（2）制约因素多

基坑工程作为一种岩土工程，受到工程地质和水文地质条件的影响很大，区域性强。我国幅员辽阔，地质条件变化很大，有软土、砂性土、砾石土、黄土、膨胀土、红土、风化土、岩石等，不同地层中的基坑工程所采用的围护结构体系差异很大，即使是在同一个城市，不同的区域也有差异，因此，围护结构体系的设计、基坑的施工均要根据具体的地质条件因地制宜，不同地区的经验可以参考借鉴，但不可照搬照抄。另外，基坑工程围护结构体系除受地质条件制约以外，还要受到相邻的建筑物、地下构筑物和地下管线等的影响，周边环境的容许变形量、重要性等也会成为基坑工程设计和施工的制约因素，甚至成为基坑工程成败的关键，因此，基坑工程的设计和施工应根据基本的原理和规律灵活应用，不能简单引用。基坑支护开挖所提供的空间是为主体结构的地下室施工所用，因此任何基坑设计，在满足基坑安全及周围环境保护的前提下，要合理地满足施工的易操作性和工期要求。

（3）计算理论不完善

基坑工程作为地下工程，所处的地质条件复杂，影响因素众多，人们对岩土力学性质的了解还不深入，很多设计计算理论，如岩土压力、岩土的本构关系等，还不完善，还是一门发展中的学科。作用在基坑围护结构上的土压力不仅与位移等大小、方向有关，还与时间有关。目前，土压力理论还很不完善，实际设计计算中往往采用经验取值，或者按照朗肯土压力理论或库伦土压力理论计算，然后再根据经验进行修正。在考虑地下水对土压力的影响时，是采用水土压力合算还是分算更符合实际情况，在学术界和工程界认识还不一致，各地制定的技术规程或规范中的规定也不尽相同。至于时间对土压力的影响，即考虑土体的蠕变性，目前在实际应用中较少顾及。实践发现，基坑工程具有明显的时空效应，基坑的深度和平面形状对基坑围护体系的稳定性和变形有较大的影响，土体所具有的流变性对作用于围护结构上的土压力、土坡的稳定性和围护结构变形等有很大的影响。这种规律尽管已被初步的认识和利用，形成了一种新的设计和施工方法，但离完善还是有较大的差距。岩土的本构模型目前已多的数以百计，但真正能获得实际应用的模型寥寥无几，即使是获得了实际应用，但和实际情况还是有较大的差距。基坑工程的设计计算理论的不完善，直接导致了工程中的许多不确定性，因此要和监测、监控相配合，更要有相应的应急措施。

(4)经验性强

基坑工程的设计和施工不仅需要岩土工程方面的知识，也需要结构工程方面的知识。同时，基坑工程中设计和施工是密不可分的，设计计算的工况必须和施工实际的工况一致才能确保设计的可靠性。所有设计人员必须了解施工，施工人员必须了解设计。设计计算理论的完善和施工中的不确定因素会增加基坑工程失效的风险，所以，需要设计施工人员具有丰富的现场实践经验。

2.基坑工程的主要内容

大多数基坑工程是由地面向下开挖的一个地下空间。基坑四周一般为垂直的挡土结构，挡土结构一般是在开挖面基底下有一定插入深度的桩、板、墙结构，常用材料为混凝土、钢筋混凝土、钢材等，可以是钢板桩，柱列式灌注桩、水泥土搅拌桩、地下连续墙等。

高层、超高层建筑物和城市地下空间的开发利用的发展促进了基坑工程的设计和施工的进步。基坑在早期一直是作为一种地下工程施工措施而存在，它是施工单位为了便于地下工程敞开开挖施工而采用的临时性的施工措施。但随着基坑的开挖越来越深，面积越来越大，基坑围护结构的设计和施工越来越复杂，所需要的理论和技术越来越高，远远超越了作为施工辅助措施的范畴，施工单位没有足够的技术力量来解决复杂的基坑稳定、变形和环境保护问题，研究和设计单位的介入解决了基坑工程的理论计算和设计问题，由此逐步形成了一门独立的学科分支，基坑工程。

为了给地下工程的敞开开挖创造条件，基坑围护结构体系必须满足如下几个方面的要求：

(1)合适、干燥、安全的施工空间；

(2)经济合理、技术可行的结构体系；

(3)施工便利、保护环境的施工方案。

7.1.2 支护结构的类型

在基坑工程实践中形成了多种成熟的支护结构类型，每种类型在适用条件、工程经济性和工期等方面各有侧重，且支护结构形式的选用直接关系到工程的安全性、工期和造价，而对于每个基坑而言，其工程规模、周边环境、工程水文地质条件以及业主要求等也各不相同，因此在基坑周边围护结构设计中需根据每个工程特性和每种围护结构的特点，综合考虑各种因素，合理选用周边围护结构类型。

常用的支护结构类型主要有：土钉墙、水泥土重力式围护墙、地下连续墙、灌注桩排桩围护墙、型钢水泥土搅拌墙、钢板桩围护墙、钢筋混凝土板桩围护墙等。

1.土钉墙

土钉墙是用于土体开挖时保持基坑侧壁或边坡稳定的一种挡土结构，主要由密布于原位土体中的细长杆件－土钉、黏附于土体表面的钢筋混凝土面层及土钉之间的被加固土体组成，是具有自稳能力的原位挡土墙。这是土钉墙的基本形式，如图 7 - 1 所示。土钉墙与各种隔水帷幕、微型桩及预应力锚杆(索)等构件结合起来，又可形成复合土钉墙。

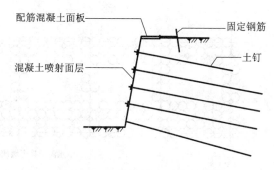

图 7 - 1　土钉墙基本形式剖面图

(1)特点

1)施工设备及工艺简单，对基坑形状适应性强，经济性较好；

2)坑内无支撑体系，可实现敞开式开挖；

3)柔性大，有良好的抗震性和延性，破坏前有变形发展过程；

4)密封性好，完全将土坡表面覆盖，阻止或限制了地下水从边坡表面渗出，防止了水土流失及雨水、地下水对坑壁的侵蚀；

5)土钉墙靠群体作用保持坑壁稳定，当某条土钉失效时，周边土钉会分担其荷载；

6)施工所需场地小，移动灵活，支护结构基本不单独占用场地内的空间；

7)由于孔径小，与桩等施工工艺相比，穿透卵石、漂石及填石层的能力更强；

8)边开挖边支护便于信息化施工，能够根据现场监测数据及开挖暴露的地质条件及时调整土钉参数；

9)需占用坑外地下空间；

10)土钉施工与土方开挖交叉进行，对现场施工组织要求较高。

(2)适用条件

1)开挖深度小于 12 m、周边环境保护要求不高的基坑工程。

2)地下水位以上或经人工降水后的人工填土、黏性土和弱胶结砂土的基坑支护。

3)不适用于以下土层：①含水丰富的粉细砂、中细砂及含水丰富且较为松散的中粗砂、砾砂及卵石层等；②黏聚力很小、过于干燥的砂层及相对密度较小的均匀度较好的砂层；有深厚新近填土、淤泥质土、淤泥等软弱土层的地层及膨胀土地层；③周边环境敏感，对基坑变形要求较为严格的工程，以及不允许支护结构超越红线或邻近地下建构筑物，在可实施范围内土钉长度无法满足要求的工程。

(3)复合土钉墙

复合土钉墙主要有土钉墙＋预应力锚杆(索)、土钉墙＋隔水帷幕和土钉墙＋微型桩三种常用形式。由于复合土钉墙是土钉墙基本形式与其他围护结构的组合，因此土钉墙基本形式的特点和适用条件同样适用于复合土钉墙。

2. 水泥土重力式挡墙

水泥土重力式围护墙是以水泥材料为固化剂，通过搅拌机械采用喷浆施工将固化剂和地基土强行搅拌，形成具有一定厚度的连续搭接的水泥土柱状加固体挡墙。如图 7 - 2 所示。

(1)特点

1)可结合重力式挡墙的水泥土桩形成封闭隔水帷幕，止水性能可靠；

2)使用后遗留的地下障碍物相对比较容易处理；

3)围护结构占用空间较大；

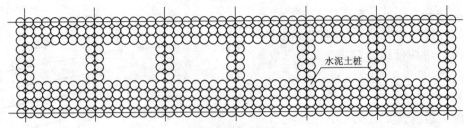

水泥土挡土墙俯视图

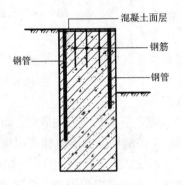

图 7-2　水泥土重力式挡墙

4)围护结构位移控制能力较弱,变形较大;

5)当墙体厚度较大时,采用水泥土搅拌桩或高压喷射注浆对周边环境影响较大。

(2)适用条件

1)适用于软土地层中开挖深度不超过7.0 m、周边环境保护要求不高的基坑工程;

2)周边环境有保护要求时,采用水泥土重力式挡墙围护的基坑不宜超过5.0 m;

3)对基坑周边距离1~2倍开挖深度范围内存在对沉降和变形敏感的建构筑物时,应慎重选用。

3.地下连续墙

地下连续墙可分为现浇地下连续墙和预制地下连续墙两大类,目前在工程中应用的现浇地下连续墙的槽段形式主要有壁板式、T型和Ⅱ型等,并可通过将各种形式槽段组合,形成格形、圆筒形等结构形式。

常规现浇地下连续墙是采用原位连续成槽浇筑形成的钢筋混凝土围护墙。地下连续墙具有挡土和隔水双重作用。如图7-3所示。

(1)特点

1)施工具有低噪音、低震动等优点,工程施工对环境的影响小;

2)刚度大、整体性好,基坑开挖过程中安全性高,支护结构变形较小;

3)墙身具有良好的抗渗能力,坑内降水时对坑外的影响较小;

4)可作为地下室结构的外墙,可配合逆作法施工,以缩短工程的工期、降低工程造价;

5)受到条件限制墙厚无法增加的情况下,可采用加肋的方式形成T形槽段或Ⅱ形槽段增加墙体的抗弯刚度;

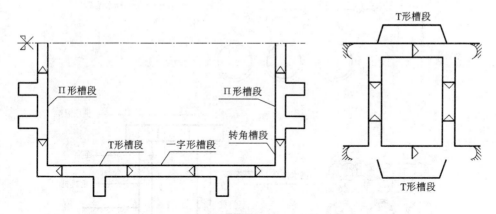

图 7 – 3 常规现浇地下连续墙平面示意图

6）存在弃土和废泥浆处理、粉砂地层易引起槽壁坍塌及渗漏等问题，需采取相关的措施来保证连续墙施工的质量；

7）由于地下连续墙水下浇筑、槽段之间存在接缝的施工工艺特点，地墙墙身以及接缝位置存在防水的薄弱环节，易产生渗漏水现象。用于"两墙合一"需进行专项防水设计；

8）由于两墙合一地下连续墙作为永久使用阶段的地下室外墙，需结合主体结构设计，在地下连续墙内为主体结构留设预埋件。"两墙合一"地下连续墙设计必须在主体建筑结构施工图设计基本完成方可开展。

（2）适用条件

1）深度较大的基坑工程，一般开挖深度大于 10 m 才有较好的经济性；

2）邻近存在保护要求较高的建、构筑物，对基坑本身的变形和防水要求较高的工程；

3）基地内空间有限，地下室外墙与红线距离极近，采用其他围护形式无法满足留设施工操作空间要求的工程；

4）围护结构亦作为主体结构的一部分，且对防水、抗渗有较严格要求的工程；

5）采用逆作法施工，地上和地下同步施工时，一般采用地下连续墙作为围护墙；

6）在超深基坑中，例如 30～50 m 的深基坑工程，采用其他围护体无法满足要求时，常采用地下连续墙作为围护体。

4. 灌注桩排桩围护墙

灌注桩排桩围护墙是采用连续的柱列式排列的灌注桩形成了围护结构。工程中常用的灌注桩排桩的形式有分离式、双排式和咬合式。分离式排桩是工程中灌注桩排桩围护墙最常用，也是较简单的围护结构形式。灌注桩排桩外侧可结合工程的地下水控制要求设置相应的隔水帷幕，如图 7 – 4(a)所示；为增大排桩的整体抗弯刚度和抗侧移能力时，可将桩设置成为前后双排，将前后排桩桩顶的冠梁用横向连梁连接，就形成了双排门架式挡土结构，如图7 – 4(b)所示；有时因场地狭窄等原因，无法同时设置排桩和隔水帷幕时，可用桩与桩之间咬合的形式，形成可起到止水作用的咬合式排桩围护墙。咬合式排桩围护墙的先行桩采用素混凝土桩或钢筋混凝土桩，后行桩采用钢筋混凝土桩，如图 7 – 4(c)所示。

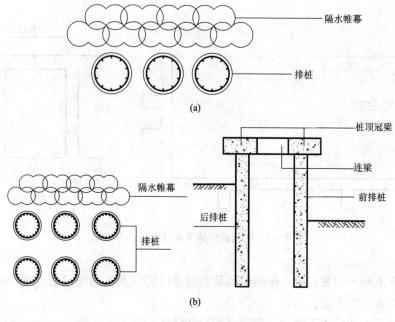

(a)

(b)

先行桩(素混凝土或钢筋混凝土桩)

后行桩(钢筋混凝土)

(c)

图7-4　灌注桩排桩围护墙示意图

(a)分离式排桩平面示意图；(b)双排式排桩示意图；(c)咬合式排桩平面示意图

5.型钢水泥土搅拌墙

型钢水泥土搅拌墙是一种在连续套接的三轴水泥土搅拌桩内插入型钢形成的复合挡土隔水结构。如图7-5所示。

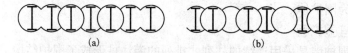

(a)　　　　　　　　　(b)

图7-5　型钢水泥土搅拌墙平面示意图

(a)型钢密插型；(b)型钢插二跳一

(1)特点

1)受力结构与隔水帷幕合一，围护体占用空间小；

2)围护体施工对周围环境影响小；

3)采用套接一孔施工，实现了相邻桩体完全无缝衔接，墙体防渗性能好；

4)三轴水泥土搅拌桩施工过程无需回收处理泥浆,且基坑施工完毕后型钢可回收,环保节能;

5)工艺简单、成桩速度快,围护体施工工期短;

6)在地下室施工完毕后型钢可拔除,实现型钢的重复利用,经济性较好;

7)仅在基坑开挖阶段用作临时围护体,在主体地下室结构平面位置、埋置深度确定后即有条件设计、实施;

8)由于型钢拔除后在搅拌桩中留下的孔隙需采取注浆等措施进行回填,特别是邻近变形敏感的建构筑物时,对回填质量要求较高。

(2)适用条件

1)从黏性土到砂性土,从软弱的淤泥和淤泥质土到较硬、较密实的砂性土,甚至在含有砂卵石的地层中经过适当的处理都能够进行施工;

2)软土地区一般用于开挖深度不大于13.0 m的基坑工程;

3)适用于施工场地狭小,或距离用地红线、建筑物等较近时,采用排桩结合隔水帷幕体系无法满足空间要求的基坑工程;

4)型钢水泥土搅拌墙的刚度相对较小,变形较大,在对周边环境保护要求较高的工程中,例如基坑紧邻运营中的地铁隧道、历史保护建筑、重要地下管线时,应慎重选用;

5)当基坑周边环境对地下水位变化较为敏感,搅拌桩桩身范围内大部分为砂(粉)性土等透水性较强的土层时,应慎重选用。

6.钢板桩围护墙

钢板桩是一种带锁口或钳口的热轧(或冷弯)型钢,钢板桩打入后靠锁口或钳口相互连接咬合,形成连续的钢板桩围护墙,用来挡土和挡水,如图7-6所示。

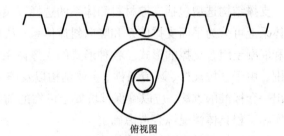

俯视图

图7-6 钢板桩围护墙平面图

(1)特点

1)具有轻型、施工快捷的特点;

2)基坑施工结束后钢板桩可拔除,循环利用,经济性较好;

3)在防水要求不高的工程中,可采用自身防水,在防水要求高的工程中,可另行设置隔水帷幕;

4)钢板桩抗侧刚度相对较小,变形较大;

5)钢板桩打入和拔除对土体扰动较大。钢板桩拔除后需对土体中留下的孔隙进行回填处理。

(2)适用条件

1)由于其刚度小,变形较大,一般适用于开挖深度不大于7 m,周边环境保护要求不高的基坑工程;

2)由于钢板桩打入和拔除对周边环境影响较大,邻近对变形敏感建构筑物的基坑工程不宜采用。

7. 钢筋混凝土板桩围护墙

钢筋混凝土板桩围护墙是由钢筋混凝土板桩构件连续沉桩后形成的基坑围护结构。如图 7-7 所示。

（1）特点

1）具有强度高、刚度大、取材方便、施工简易等优点；

2）其外形可以根据需要设计制作，槽榫结构可以解决接缝防水。

（2）适用条件

1）开挖深度小于 10 m 的中小型基坑工程，作为地下结构的一部分，则更为经济；

2）大面积基坑内的小基坑即"坑中坑"工程，不必坑内拔桩，降低作业难度；

3）较复杂环境下的管道沟槽支护工程，可替代不便拔除的钢板桩；

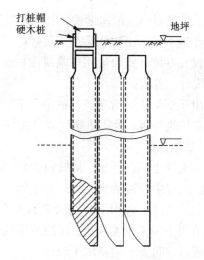

图 7-7 钢筋混凝土板桩围护墙立面图

4）水利工程中的临水基坑工程，内河驳岸、小港码头、港口航道、船坞船闸、河口防汛墙、防浪堤及其他河道海塘治理工程。

8. 内支撑系统

支撑结构选型包括支撑材料和体系的选择以及支撑结构布置等内容。支撑结构选型从结构体系上可分为平面支撑体系和竖向斜撑体系；从材料上可分为钢支撑、钢筋混凝土支撑和钢和混凝土组合支撑的形式。各种形式的支撑体系根据其材料特点具有不同的优缺点和应用范围。由于基坑规模、环境条件、主体结构以及施工方法等的不同，难以对支撑结构选型确定出一套标准的方法，应以确保基坑安全可靠的前提下做到经济合理、施工方便为原则，根据实际工程具体情况综合考虑确定。

钢支撑体系是在基坑内将钢构件用焊接或螺栓拼接起来的结构体系。由于受现场施工条件的限制，钢支撑的节点构造应尽量简单，节点形式也应尽量统一，因此钢支撑体系通常均采用具有受力直接、节点简单的正交布置形式，从降低施工难度角度不宜采用节点复杂的角撑或者桁架式的支撑布置形式。钢支撑架设和拆除速度快，架设完毕后不需等待强度即可直接开挖下层土方，而且支撑材料可重复循环使用的特点，对节省基坑工程造价和加快工期具有显著优势，适用于开挖深度一般、平面形状规则、狭长形的基坑工程中，图 7-8(a) 是典型的围护墙结合内支撑系统示意图。钢支撑几乎成为地铁车站基坑工程首选的支撑体系，如图 7-8(b) 所示。钢筋混凝土支撑具有刚度大、整体性好的特点，而且可采取灵活的平面布置形式适应基坑工程的各项要求。支撑布置形式目前常用的有正交支撑、圆环支撑或对撑、角撑结合边桁架布置形式。如图 7-8(c) 所示。

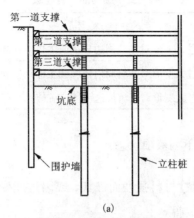

图 7 - 8 内支撑系统

(a)典型围护墙结合内支撑系统示意图；(b)钢支撑体系；(c)钢筋混凝土支撑体系

7.2 基坑支护结构的设计

基坑支护结构的设计标准主要有建设工程行业标准《建筑基坑支护技术规程(JGJ 120—2012)》及有关地方标准(如广州市标准、深圳市标准)。

7.2.1 一般规定

1.设计原则

(1)基坑支护设计应规定其设计使用期限，基坑支护的设计使用期限不应小于一年。

(2)基坑支护应满足下列功能要求：

1)保证基坑周边建(构)筑物、地下管线、道路的安全和正常使用；

2)保证主体地下结构的施工空间。

(3)基坑支护设计时，应综合考虑基坑周边环境和地质条件的复杂程度、基坑深度等因素，按表7-1采用支护结构的安全等级。对同一基坑的不同部位，可采用不同的安全等级。

表 7-1　支护结构的安全等级

安全等级	破坏后果
一级	支护结构失效、土体过大变形对基坑周边环境或主体结构施工安全的影响很严重
二级	支护结构失效、土体过大变形对基坑周边环境或主体结构施工安全的影响严重
三级	支护结构失效、土体过大变形对基坑周边环境或主体结构施工安全的影响不严重

（4）支护结构设计时应采用下列极限状态：

1）承载能力极限状态

①支护结构构件或连接因超过材料强度而破坏，或因过度变形而不适于继续承受荷载，或出现压屈、局部失稳；

②支护结构及土体整体滑动；

③坑底土体隆起而丧失稳定；

④对支挡式结构，坑底土体丧失嵌固能力而使支护结构推移或倾覆；

⑤对锚拉式支挡结构或土钉墙，土体丧失对锚杆或土钉的锚固能力；

⑥重力式水泥土墙整体倾覆或滑移；

⑦重力式水泥土墙、支挡式结构因其持力土层丧失承载能力而破坏；

⑧地下水渗流引起的土体渗透破坏。

2）正常使用极限状态

①造成基坑周边建（构）筑物、地下管线、道路等损坏或影响其正常使用的支护结构位移；

②因地下水位下降、地下水渗流或施工因素而造成基坑周边建（构）筑物、地下管线、道路等损坏或影响其正常使用的土体变形；

③影响主体地下结构正常施工的支护结构位移；

④影响主体地下结构正常施工的地下水渗流。

（5）支护结构、基坑周边建筑物和地面沉降、地下水控制的计算和验算应采用下列设计表达式：

1）承载能力极限状态：支护结构构件或连接因超过材料强度或过度变形的承载能力极限状态设计，应符合下式要求：

$$\gamma_0 S_d \leqslant R_d \qquad (7-1)$$

式中：γ_0——支护结构重要性系数；

　　S_d——作用基本组合的效应（轴力、弯矩等）设计值；

　　R_d——结构构件的抗力设计值。

2）正常使用极限状态

由支护结构的位移、基坑周边建筑物和地面的沉降等控制的正常使用极限状态设计，应符合下式要求：

$$S_d \leqslant C \qquad (7-2)$$

式中：S_d——作用标准组合的效应（位移、沉降等）设计值；

　　C——支护结构的位移、基坑周边建筑物和地面的沉降的限值。

（6）支护结构构件按承载能力极限状态设计时，作用基本组合的综合分项系数不应小于1.25。对安全等级为一级、二级、三级的支护结构，其结构重要性系数分别不应小于1.1、1.0、0.9。各类稳定性安全系数应按本规程各章的规定取值。

（7）土压力及水压力计算、土的各类稳定性验算时，土、水压力的分、合算方法及相应的土的抗剪强度指标类别应符合下列规定：

1）对地下水位以上的各类土，土压力计算、土的滑动稳定性验算时，对黏性土、黏质粉土，土的抗剪强度指标应采用三轴固结不排水抗剪强度指标 c_{cu}、φ_{cu} 或直剪固结快剪强度指标 c_{cq}、φ_{cq}，对砂质粉土、砂土、碎石土，土的抗剪强度指标应采用有效应力强度指标 c'、φ'；

2）对地下水位以下的黏性土、黏质粉土，可采用土压力、水压力合算方法，土压力计算、土的滑动稳定性验算可采用总应力法，此时，对正常固结和超固结土，土的抗剪强度指标应采用三轴固结不排水抗剪强度指标 c_{cu}、φ_{cu} 或直剪固结快剪强度指标 c_{cq}、φ_{cq}，对欠固结土，宜采用有效自重压力下预固结的三轴不固结不排水抗剪强度指标 c_{uu}、φ_{uu}；

3）对地下水位以下的砂质粉土、砂土和碎石土，应采用土压力、水压力分算方法，土压力计算、土的滑动稳定性验算应采用有效应力法，此时，土的抗剪强度指标应采用有效应力强度指标 c'、φ'，对砂质粉土，缺少有效应力强度指标时，也可采用三轴固结不排水抗剪强度指标 c_{cu}、φ_{cu} 或直剪固结快剪强度指标 c_{cq}、φ_{cq} 代替，对砂土和碎石土，有效应力强度指标 φ' 可根据标准贯入试验实测击数和水下休止角等物理力学指标取值；土压力、水压力采用分算方法时，水压力可按静水压力计算，当地下水渗流时，宜按渗流理论计算水压力和土的竖向有效应力，当存在多个含水层时，应分别计算各含水层的水压力；

4）有可靠的地方经验时，土的抗剪强度指标尚可根据室内、原位试验得到的其他物理力学指标，按经验方法确定。

（8）支护结构设计时，对计算参数取值和计算分析结果，应根据工程经验分析判断其合理性。

2. 勘察要求与环境调查

（1）基坑工程的岩土勘察应符合下列规定：

1）勘探点范围应根据基坑开挖深度及场地的岩土工程条件确定；基坑外宜布置勘探点，其范围不宜小于基坑深度的1倍；当需要采用锚杆时，基坑外勘探点的范围不宜小于基坑深度的2倍；当基坑外无法布置勘探点时，应通过调查取得相关勘察资料并结合场地内的勘察资料进行综合分析。

2）勘探点应沿基坑边布置，其间距宜取15～25 m；当场地存在软弱土层、暗沟或岩溶等复杂地质条件时，应加密勘探点并查明其分布和工程特性。

3）基坑周边勘探孔的深度不宜小于基坑深度的2倍；基坑面以下存在软弱土层或承压含水层时，勘探孔深度应穿过软弱土层或承压含水层。

4）应按现行国家标准《岩土工程勘察规范》（GB 50021）的规定进行原位测试和室内试验并提出各层土的物理性质指标和力学参数。

5）当有地下水时，应查明各含水层的埋深、厚度和分布，判断地下水类型、补给和排泄条件；有承压水时，应分层测量其水头高度。

6)应对基坑开挖与支护结构使用期内地下水位的变化幅度进行分析。

7)当基坑需要降水时，宜采用抽水试验测定各含水层的渗透系数与影响半径；勘察报告中应提出各含水层的渗透系数；

8)当建筑地基勘察资料不能满足基坑支护设计与施工要求时，宜进行补充勘察。

(2)基坑支护设计前，应查明下列基坑周边环境条件：

1)既有建筑物的结构类型、层数、位置、基础形式和尺寸、埋深、使用年限、用途等；

2)各种既有地下管线、地下构筑物的类型、位置、尺寸、埋深、使用年限、用途等，对既有供水、污水、雨水等地下输水管线，尚应包括其使用状况及渗漏状况；

3)道路的类型、位置、宽度、道路行驶情况、最大车辆荷载等；

4)确定基坑开挖与支护结构使用期内施工材料、施工设备的荷载；

5)雨季时的场地周围地表水汇流和排泄条件，地表水的渗入对地层土性影响的状况。

3. 支护结构选型

(1)支护结构选型时，应综合考虑下列因素：

1)基坑深度；

2)土的性状及地下水条件；

3)基坑周边环境对基坑变形的承受能力及支护结构一旦失效可能产生的后果；

4)主体地下结构及其基础形式、基坑平面尺寸及形状；

5)支护结构施工工艺的可行性；

6)施工场地条件及施工季节；

7)经济指标、环保性能和施工工期。

(2)支护结构可按表7-2选择其形式。

表7-2　各类支护结构的适用条件

结构类型		适用条件		
		安全等级	基坑深度、环境条件、土类和地下水条件	
支挡式结构	锚拉式结构	一级 二级 三级	适用于较深的基坑	1.排桩适用于可采用降水或截水帷幕的基坑 2.地下连续墙宜同时用作主体地下结构外墙，可同时用于截水 3.锚杆不宜用在软土层和高水位的碎石土、砂土层中 4.当邻近基坑有建筑物地下室、地下构筑物等，锚杆的有效锚固长度不足时，不应采用锚杆 5.当锚杆施工会造成基坑周边建(构)筑物的损害或违反城市地下空间规划等规定时，不应采用锚杆
	支撑式结构		适用于较深的基坑	
	悬臂式结构		适用于较浅的基坑	
	双排桩		当锚拉式、支撑式和悬臂式结构不适用时，可考虑采用双排桩	
	支护结构与主体结构结合的逆作法		适用于基坑周边环境条件很复杂的深基坑	

续表 7-2

结构类型		适用条件	
	安全等级	基坑深度、环境条件、土类和地下水条件	
土钉墙 单一土钉墙	二级 三级	适用于地下水位以上或经降水的非软土基坑，且基坑深度不宜大于 12 m	当基坑潜在滑动面内有建筑物、重要地下管线时，不宜采用土钉墙
预应力锚杆复合土钉墙		适用于地下水位以上或经降水的非软土基坑，且基坑深度不宜大于 15 m	
水泥土桩垂直复合土钉墙		用于非软土基坑时，基坑深度不宜大于 12 m；用于淤泥质土基坑时，基坑深度不宜大于 6 m；不宜用在高水位的碎石土、砂土、粉土层中	
微型桩垂直复合土钉墙		适用于地下水位以上或经降水的基坑，用于非软土基坑时，基坑深度不宜大于 12 m；用于淤泥质土基坑时，基坑深度不宜大于 6 m	
重力式水泥土墙	二级 三级	适用于淤泥质土、淤泥基坑，且基坑深度不宜大于 7 m	
放坡	三级	1. 施工场地应满足放坡条件 2. 可与上述支护结构形式结合	

注：①当基坑不同部位的周边环境条件、土层性状、基坑深度等不同时，可在不同部位分别采用不同的支护形式；②支护结构可采用上、下部以不同结构类型组合的形式。

7.2.2　支护结构上的水平荷载

作用在支护结构上的水平荷载有土压力，在地下水位以下时还有水压力。土压力的计算在模块二和模块四有叙述，水压力的计算可采用静水压力、按流网法计算渗流力求水压力和按直线比例法计算渗流求水压力等方法。

计算地下水位以下的土、水压力时，有"土水分算"和"土水合算"两种方法。一般认为，对于渗透性较强的土，如砂性土和粉土，一般采用水土分算，即分别计算作用在围护结构上的的土压力和水压力，然后相加；对渗透性较弱的土，如黏性土，可以采用土、水合算的方法。

1. 计算作用在支护结构上的水平荷载时，应考虑下列因素：

(1) 基坑内外土的自重(包括地下水)；

(2) 基坑周边既有和在建的建(构)筑物荷载；

(3) 基坑周边施工材料和设备荷载；

(4) 基坑周边道路车辆荷载；

(5) 冻胀、温度变化等产生的作用。

2. 作用在支护结构上的土压力应按下列规定确定：

（1）外侧的主动土压力强度标准值、支护结构内侧的被动土压力强度标准值宜按下列公式计算（图7-9）：

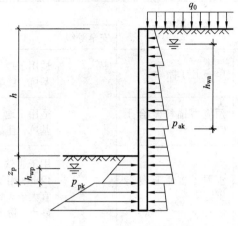

1）对于地下水位以上或水土合算的土层

$$p_{ak} = \sigma_{ak} K_{a,i} - 2c_i \sqrt{K_{a,i}} \qquad (7-3)$$

$$K_{a,i} = \tan^2\left(45° - \frac{\varphi_i}{2}\right) \qquad (7-4)$$

$$p_{pk} = \sigma_{pk} K_{p,i} + 2c_i \sqrt{K_{p,i}} \qquad (7-5)$$

$$K_{p,i} = \tan^2\left(45° + \frac{\varphi_i}{2}\right) \qquad (7-6)$$

图7-9 土压力计算

式中：p_{ak}——支护结构外侧，第 i 层土中计算点的主动土压力强度标准值，kPa，当 $p_{ak} < 0$ 时，应取 $p_{ak} = 0$；

σ_{ak}、σ_{pk}——支护结构外侧、内侧计算点的土中竖向应力标准值，kPa；

$K_{a,i}$、$K_{p,i}$——第 i 层土的主动土压力系数、被动土压力系数；

c_i、φ_i——第 i 层土的黏聚力，kPa、内摩擦角，（°）；

p_{pk}——支护结构内侧，第 i 层土中计算点的被动土压力强度标准值，kPa。

2）对于水土分算的土层

$$p_{ak} = (\sigma_{ak} - u_a)K_{a,i} - 2c_i \sqrt{K_{a,i}} + u_a \qquad (7-7)$$

$$p_{pk} = (\sigma_{pk} - u_p)K_{p,i} + 2c_i \sqrt{K_{p,i}} + u_p \qquad (7-8)$$

式中：u_a、u_p——支护结构外侧、内侧计算点的水压力，kPa；当采用悬挂式截水帷幕时，应考虑地下水沿支护结构向基坑面的渗流对水压力的影响。

（2）在支护结构土压力的影响范围内，存在相邻建筑物地下墙体等稳定界面时，可采用库伦土压力理论计算界面内有限滑动楔体产生的主动土压力，此时，同一土层的土压力可采用沿深度线性分布形式；

（3）需要严格限制支护结构的水平位移时，支护结构外侧的土压力宜取静止土压力；

（4）有可靠经验时，可采用支护结构与土相互作用的方法计算土压力。

3. 对成层土，土压力计算时的各土层计算厚度应符合下列规定：

（1）当土层厚度较均匀、层面坡度较平缓时，宜取邻近勘察孔的各土层厚度，或同一计算剖面内各土层厚度的平均值；

（2）当同一计算剖面内各勘察孔的土层厚度分布不均时，应取最不利勘察孔的各土层厚度；

（3）对复杂地层且距勘探孔较远时，应通过综合分析土层变化趋势后确定土层的计算厚度；

（4）当相邻土层的土性接近，且对土压力的影响可以忽略不计或有利时，可归并为同一计算土层。

4. 静止地下水的水压力可按下列公式计算：

$$u_a = \gamma_w h_{wa} \qquad (7-9)$$

$$u_p = \gamma_w h_{wp} \qquad (7-10)$$

式中：γ_w——地下水的重度，kN/m^3，取 $\gamma_w = 10\ kN/m^3$。

　　　h_{wa}——基坑外侧地下水位至主动土压力强度计算点的垂直距离，m；对承压水，地下水位取测压管水位；当有多个含水层时，应以计算点所在含水层的地下水位为准。

　　　h_{wp}——基坑内侧地下水位至被动土压力强度计算点的垂直距离，m；对承压水，地下水位取测压管水位。

5.土中竖向应力标准值应按下式计算：

$$\sigma_{ak} = \sigma_{ac} + \sum \Delta\sigma_{k,j} \tag{7-11}$$

$$\sigma_{pk} = \sigma_{pc} \tag{7-12}$$

式中：σ_{ac}——支护结构外侧计算点，由土的自重产生的竖向总应力，kPa；

　　　σ_{pc}——支护结构内侧计算点，由土的自重产生的竖向总应力，kPa；

　　　$\Delta\sigma_{k,j}$——支护结构外侧第 j 个附加荷载作用下计算点的土中附加竖向应力标准值，kPa。

7.2.3　悬臂式围护结构设计计算

　　不同的基坑支护结构使用不同的计算方法，如重力式围护结构的分析可采用与挡土墙的内力分析相近的方法。为了模拟分步开挖、换撑和拆撑等施工步骤的影响以及土体弹塑性变形的影响，多支点式内撑围护结构和拉锚式围护结构的内力计算分析，往往采用有限元法进行应力和变形分析，过程相当冗杂。在本节重点介绍悬臂式围护结构的设计计算方法。

　　1.悬臂式围护结构计算简图

　　排桩、地下连续墙等支护结构为了使坑壁稳定不至于垮塌，支挡结构必需插入坑底以下一定深度，利用支挡结构坑底土体的被动土压力产生的抗力来平衡其在坑底以上的主动土压力。这些悬臂式围护结构的设计计算方法都基本类似，上部悬臂挡土，下部嵌入坑底下一定深度作为固定。宏观上看像是一端固定的悬臂梁，实际上二者有本质的区别。悬臂式围护结构在实际受力时不能确定固定端的位置，杆件在两侧高低差土体压力作用下，每个截面均发生水平向位移和转角变形。其次，嵌入坑底以下部分的作用力分布非常复杂(对基坑坑底以上部分支挡结构所受土压力情况比较清楚，即朗肯主动土压力)。

　　现行计算方法采用对构件在整体失稳时的两侧荷载分布作一些假设，然后简化为静定的平衡问题进行设计计算。根据实测结果，悬臂式围护结构上在开挖侧和非开挖侧的底部出现被动土压力，在非开挖侧的大多区域作用主动土压力。均质无黏性土层中悬臂式围护结构的计算简图如图7-10所示，图中 AB 为桩(墙)长，AC

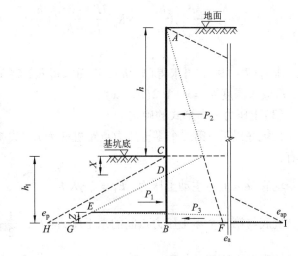

图 7-10　均质无黏性土层悬臂式围护结构桩身计算简图

为坑深 h，设 P_1 为开挖侧底部总被动土压力（CBH 范围），P_2 为非开挖侧总主动土压力（AD 段三角形范围），P_3 为非开挖侧底部总主动土压力（EGI 范围），嵌入深度为 h_1。当为非均质土层时，可参照图 7 – 10 绘制计算简图。

2. 悬臂式围护结构设计计算步骤

（1）确定计算参数和计算简图

首先应根据地质勘探情况，确定各土层的力学指标参数 c、φ 值以及重度。根据地下水位和水量情况及周边环境确定降排水方案，以便确定水压力分布。此外，还要确定施工过程和原地已有地面荷载。根据土层情况确定计算简图，采用图 7 – 10 计算模型，按照主动土压力和被动土压力公式计算不同深度处土压力。

（2）确定嵌入深度

图 7 – 10 中，当不考虑地面荷载和黏聚力 c 时，则有：

$$P_1 = \gamma h_1 K_p \times h_1 / 2 \tag{7 – 13}$$

设 P_2 为坑外朗肯总主动土压力（ABF 范围），则有：

$$P_2 = \gamma (h + h_1) K_a \times (h + h_1) / 2 \tag{7 – 14}$$

设 P_3 为桩底部坑侧总主动土压力（EGI 范围，桩底与 z 处压力之和除 2），则有：

$$P_3 = \left[(\gamma K_p h_1 - \gamma K_a (h_1 + h)) + (\gamma K_p (h + h_1) - \gamma K_a h_1) \right] z / 2 \tag{7 – 15}$$

由图 7 – 10 可知，当 $\sum X = 0$ 时，

$P_1 - P_2 - P_3 = 0$，整理后得到：

$$K_p h_1^2 - K_a (h + h_1)^2 - (h + 2h_1)(K_p - K_a) \times z = 0 \tag{7 – 16}$$

由（7 – 13）式可解得：

$$z = \frac{K_p h_1^2 - K_a (h + h_1)^2}{(K_p - K_a)(h + 2h_1)} \tag{7 – 17}$$

同样由 $\sum M_B = 0$ 得：

$$h_1^3 K_p - (h + h_1)^3 K_a - (h + 2h_1)(K_p - K_a) \cdot z^2 = 0 \tag{7 – 18}$$

将（7 – 13）式代入（7 – 15）式得：

$$\left(\frac{h_1}{h}\right)^4 - \frac{K_p - 3K_a}{(K_p - K_a)^2}\left(\frac{h_1}{h}\right)^3 + K_a \frac{7K_p - 3K_a}{(K_p - K_a)}\left(\frac{h_1}{h}\right)^2 - K_a \frac{5K_p - K_a}{(K_p - K_a)^2}\left(\frac{h_1}{h}\right) + \frac{K_p K_a}{(K_p - K_a)^2} = 0$$

$$\tag{7 – 19}$$

求解（7 – 19）式可求得（h_1 / h），进而求得 h_1，将 h_1 代回（7 – 14）式可求得 z。在实际设计时，取嵌入深度 $h_1 = x + 1.2(h_1 - x)$。

（3）土压力分布形式的确定

设坑底以下，第二个零土压力点距桩底为 t_1，设被动土压力侧最大土压力点距坑底为 z。则有：

坑底及以上总主动土压力：$E_1 = \dfrac{1}{2}\gamma K_a h^2$

坑底与第一个零土压力点间的总土压力：$E_2 = \dfrac{1}{2}\gamma h K_a \cdot x$

坑底以下坑侧总土压力：$E_3 = \dfrac{1}{2}(h_1 - t_1 - x)\left[\gamma(h_1 - z)K_p - \gamma(h + (h_1 - z))K_a\right]$

桩底部外侧总土压力：$E_4 = \dfrac{1}{2}(\gamma K_p(h + h_1) - \gamma h_1 K_a)z$

由 $\sum Fx = 0$，有：

$$E_1 + E_2 - E_3 + E_4 = 0 \qquad (7-20)$$

由式($7-20$)可求得 t_1。这样就可以确定静土压力分布形式，如图 $7-11$。方法如下：

1）由 J 点($\gamma h K_a$)至 D 点(零应力)做射线；

2）由 I 点($\gamma(h + h_1)K_p - \gamma h_1 K_a$)至 K 点(零应力 z)做射线；

3）由 JD 射线与 IK 射线的交点即为 E 点。

（4）内力计算

1）当土层为层状非均质情况

①分别求出各土层主动及被动土压力总力。

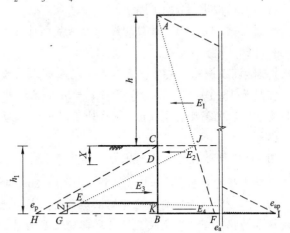

图 7－11 土压力分布计算模型

②计算剪应力为零的位置，即为桩(墙)最大弯矩点(材料力学内容)。

$$\sum_{i=1}^{n} E_{ai} - \sum_{j=1}^{m} E_{pj} = 0 \qquad (7-21)$$

2）当土层为均质的情况(不考虑 C 值)

设 $\xi = K_p / K_a$，桩身最大弯矩的计算公式如下：

$$M_{max} = \frac{1}{6}\gamma h^3 K_a \frac{\xi}{(\sqrt{\xi}-1)^2} \qquad (7-22)$$

悬臂桩只有一个最大弯矩点，如果嵌入深度过大，可能有多个弯矩极大值点。

支护结构若为墙，则可按单位延米进行计算，若是排桩则其内力还应乘以桩的间距。若确定了净土压力分布形式，可由《材料力学》原理计算桩、墙内力，并由最大弯矩进行配筋计算。

3. 规范要求的主动及被动土压力计算模型及方法

在基坑以下土体的黏聚力如果不变，则坑底以下主动土压力相等，黏聚力变化时则发生变化，但不随深度变化。被动土压力与朗肯土压力相同。此时的计算与上述方法类似，这里简要介绍如下：

（1）零土压力点的确定

由 $e_p - e_a = 0$ 得：

$\gamma z_0 K_p + 2c\sqrt{K_p} - \gamma h K_a - q_0 K_a + 2c\sqrt{K_a} = 0$，即

$$z_0 = \frac{1}{\gamma K_p}[\gamma h K_a + q_0 K_a - 2c(\sqrt{K_p} + \sqrt{K_a})] \text{(此值比简单土压力确定的值小)} \qquad (7-23)$$

（2）桩墙嵌入深度的确定

其中 E_1 及 E_2 由前述方法计算，

$$E_3 = \frac{1}{2} \left[(\gamma h_1 K_p - \gamma h K_a + 2c(\sqrt{K_p} + \sqrt{K_a})] (h_1 - z_0) \right] \qquad (7-24)$$

桩墙嵌入深度的确定可以利用水平向合力平衡条件,以桩顶及桩底端为转点的转动平衡条件,建立 h_1 的一元二次及一元三次方程,进行求解或试算求得 h_1,取三者的平均值,再根据工程具体情况进行优化调整。

h_1 确定后,桩墙内力计算思路及方法与前述相同。

4.计算实例

【技能训练例题 7-1】 某二级建筑基坑土层为砂土,水位以上重度为 $18\ \text{kN/m}^3$,水位以下重度为 $18.5\ \text{kN/m}^3$,$c = 0\ \text{kPa}$,$\varphi = 28°$,基坑外地下水位距地表 $2.0\ \text{m}$,基坑采用悬臂式排桩支护,基坑深度为 $4.0\ \text{m}$,坑底地下水位埋深为 $1.0\ \text{m}$,试确定桩的嵌入深度 h_d。

【解】

(1)确定排桩后的主动土压力及其作用点:

主动土压力系数:$K_a = \tan^2(45° - \varphi/2) = \tan^2(45° - 28°/2) = 0.36$,$\sqrt{K_a} = 0.6$

为计算方便,将基坑排桩外侧土层分为三层:地下水位以上为第一层,地下水位以下至基坑底部为第二层,基坑底至排桩底部的土层为第三层。

第一层土的主动土压力 E_{a1} 及作用点距地表的距离 h_{a10} 计算如下:

第一层底面主动土压力强度:$\sigma_{a1} = \gamma z_{a1} K_a = 18 \times 2 \times 0.36 = 12.96\ (\text{kPa})$

第一层主动土压力(三角形面积):$E_{a1} = \frac{1}{2}\sigma_{a1} z_{a1} l = \frac{1}{2} \times 12.96 \times 2 \times 1 = 12.96\ (\text{kN})$

作用点距离(三角形形心):$h_{a10} = \frac{2}{3} z_{a1} = \frac{2}{3} \times 2 = 1.33\ (\text{m})$

同理,计算得第二层土的主动土压力 E_{a2} 及作用点距地表的距离 h_{a20} 为(梯形分布):

$$E_{a2} = 52.04\ (\text{kN})$$

$$h_{a20} = 3.17\ (\text{m})(梯形分布的荷载作用点需分解成一个矩形$$
$$和一个三角形,用加权平均法计算得到)$$

采用试算法,初步假定排桩嵌入基坑底部以下的深度为 $h_d = 3.0$。则第三层土的主动土压力 E_{a3} 及作用点距地表的距离 h_{a30} 为(梯形分布):

$$E_{a3} = 162.24\ (\text{kN})$$

$$h_{a30} = 5.64\ (\text{m})$$

(2)确定排桩前的被动土压力及其作用点:

被动土压力系数:$K_p = \tan^2(45° + \varphi/2) = \tan^2(45° + 28°/2) = 2.77$,$\sqrt{K_p} = 1.66$

为计算方便,将基坑排桩内侧土层分为两层:地下水位以上为第一层,地下水位以下至排桩底部的土层为第二层;

第一层土的被动土压力 E_{p1} 及作用点距地表的距离 h_{p10} 为(梯形分布):

$$E_{p1} = \frac{1}{2}\sigma_{p1} h_1 l = \frac{1}{2} \times 18 \times 1 \times 2.77 \times 1 \times 1 = 24.93\ (\text{kN})$$

$$h_{p10} = \frac{2}{3} h_1 = 0.67\ \text{m}$$

同理,计算得第二层土的被动土压力 E_{p2} 及作用点距地表的距离 h_{p20} 为(梯形分布):

$$E_{p2} = 166.81 \text{ kN}$$
$$h_{p20} = 2.13 \text{ m}$$

（3）主动土压力及被动土压力对排桩底部取矩，列力矩平衡方程（代入下式计算，其中 γ_0 为安全系数）：

$$\sum M = \sum h_p E_{pj} - 1.2\gamma_0 \sum h_a E_{ai} = -389.9 \text{ kN} \cdot \text{m} < 0，基坑将失稳。$$

重新假定 h_d，计算 $\sum M$ 直到大于等于零，计算如下：

当 $h_d = 5.0$ m，$\sum M = -456.57$

当 $h_d = 7.0$ m，$\sum M = -210.70$

当 $h_d = 8.0$ m，$\sum M = 75.68 > 0$，满足要求。

（4）取基坑嵌入深度为 8.0 m。

总结：本算例为了计算方便，假定土质均匀且为无黏性土，在题中并未采取降低地下水的措施，得到的结果偏大，实际工作中采取降水措施后，嵌入深度会大大减小。

7.2.4 支护结构稳定验算

基坑可能的破坏模式在一定程度上揭示了基坑失稳形态和破坏机理，是基坑稳定性分析的基础。基坑的失稳形态归纳为两类：①因基坑土体强度不足、地下水渗流作用而造成基坑失稳，包括基坑内外侧土体整体滑动失稳、基坑底土隆起、地层因承压水作用发生管涌等；②因支护结构（包括桩、墙、支承系统等）的强度、刚度或稳定性不足引起支护系统破坏而造成基坑倒塌、破坏。

稳定性验算是指分析基坑周围土体或土体与围护体系一起保持稳定性的能力。其中整体稳定性验算的目的就是要防止基坑支护结构与周围土体整体滑动失稳破坏。

目前工程实践中常用的整体稳定性分析方法是瑞典圆弧滑动条分法。

1. 条分法的基本概念

在介绍条分法之前首先解释一下整体圆弧滑动法的基本概念。1915 年瑞典 Petterson 用圆弧滑动法分析土坡的稳定性，以后此法在各国得到广泛应用，称为瑞典圆弧法。

如图 7-12 所示均匀简单土坡，若可能的圆弧滑动面为，其圆心为 O，半径为 R。认为边坡失去平衡就是滑动土体绕圆心发生转动。将滑动土体当成一个刚体，滑动土体的重量为 W，它是促使土坡滑动的力。沿着滑动面上分布的抗剪强度是抵抗土坡滑动的力，$\tau_f = c + N\tan\varphi$，其中 N 为垂直于滑动面的正压力。

沿滑动面上土的抗剪强度对圆心 O 构成一个抗滑力矩，$M_f = \tau_f \cdot AD \cdot R$。由滑动土体的重量 W 对圆心 O 构成的滑动力矩 $M_s = W \cdot x$。则土坡滑动的稳定安全系数可表达为：

$$F_s = \frac{M_s}{M_r} = \frac{\tau_f \cdot AD \cdot R}{W \cdot x} \tag{7-25}$$

由于滑动面上的正应力 N 是不断变化的，在上式中图的抗剪强度 τ_f 沿滑动面上的分布是不均匀的，因此直接按式（7-25）计算土坡的稳定系数有一定的误差。整体圆弧滑动法原则上只适用于 $\varphi = 0$ 的情况。

为了将圆弧滑动法应用于 $\varphi \neq 0$ 的情况，通常采用条分法。条分法是将滑动面上的土体竖直分成若干土条进行边坡稳定分析的一种方法。不论坡面表面是否平整、坡内土质是否均匀都可以使用这种方法。所以可以说条分法是一种实用的计算方法。条分法假定土体是刚塑性体，根据滑动面上的破坏条件以及土条的力和力矩平衡方程求解。

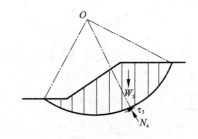

图 7 - 12　条分法示意图

2. 瑞典条分法

瑞典条分法是条分法中最简单最古老的一种。该法假定滑动面是一个圆弧面，并认为条块间的作用力对边坡的整体稳定性影响不大，可以忽略，或者说，假定每一土条两侧条间力合力方向均和该土条底面相平行，而且大小相等、方向相反且作用在同一直线上，因此在考虑力和力矩平衡条件时可相互抵消。然而，这种假定在两个土条之间并不满足对安全系数的计算结果，这样所造成的误差有时可高达 60% 以上。

图 7 - 13 表示以匀质土坡及其中任一土条 i 上的作用力。土条宽度 b_i，W_i 为其本身的自重，N_i

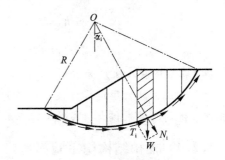

图 7 - 13　瑞典条分法

及 T_i 分别为作用于土条底部的总法向反力和切向阻力，土条底部的坡脚为 $\alpha_i > 0$，滑弧的长度为 l_i，R 为圆动面圆弧的半径。

假设整个圆滑动面上的平均安全系数为 F_s，按照安全系数的定义，土条底部的切向阻力 τ_i 为：

$$\tau_i = \tau \cdot l_i = \frac{\tau_f}{F_s} \cdot l_i = \frac{C_i l_i + N_i \tan\varphi_i}{F_s} \tag{7 - 26}$$

由于不考虑条间的作用力，根据土条底部法向力的平衡条件，可得：

$$N_i = W_i \cos\theta_i \tag{7 - 27}$$

按整体力矩平衡条件，各土条外力对圆心的力之和应当为零，即：

$$\sum W_i R \sin\theta_i = \sum \tau_i R \tag{7 - 28}$$

将式（7 - 26）和式（7 - 27）代入式（7 - 28），并进行简化得：

$$F_s = \frac{\sum (c_i l_i + W_i \cos\theta_i \tan\varphi_i)}{\sum W_i \sin\theta_i} \tag{7 - 29}$$

7.3　基坑开挖与支护工程监测

7.3.1　基本规定

1. 基坑开挖应符合的规定［根据《建筑基坑支护技术规程》（JGJ 120—2012）］：

（1）基本规定

1）当支护结构构件强度达到开挖阶段的设计强度时，方可下挖基坑；对采用预应力锚杆的支护结构，应在施加预加力后，方可下挖基坑；对土钉墙，应在土钉、喷射混凝土面层的养护时间大于 2 d 后，方可下挖基坑。

2）应按支护结构设计规定的施工顺序和开挖深度分层开挖。

3）开挖的锚杆、土钉施工作业面与锚杆、土钉的高差不宜大于 500 mm。

4）开挖时，挖土机械不得碰撞或损害锚杆、腰梁、土钉墙墙面、内支撑及其连接件等构件，不得损害已施工的基础桩。

5）当基坑采用降水时，应在降水后开挖地下水位以下的土方。

6）当开挖揭露的实际土层性状或地下水情况与设计依据的勘察资料明显不符，或出现异常现象、不明物体时，应停止开挖，在采取相应处理措施后方可继续开挖。

7）挖至坑底时，应避免扰动基底持力土层的原状结构。

（2）软土基坑开挖尚应符合下列规定：

1）应按分层、分段、对称、均衡、适时的原则开挖；

2）当主体结构采用桩基础且基础桩已施工完成时，应根据开挖面下软土的性状，限制每层开挖厚度；

3）对采用内支撑的支护结构，宜采用开槽方法浇筑混凝土支撑或安装钢支撑，开挖到支撑作业面后，应及时进行支撑的施工；

4）对重力式水泥土墙，沿水泥土墙方向应分区段开挖，每一开挖区段的长度不宜大于 40 m。

（3）当基坑开挖面上方的锚杆、土钉、支撑未达到设计要求时，严禁向下超挖土方。

（4）采用锚杆或支撑的支护结构，在未达到设计规定的拆除条件时，严禁拆除锚杆或支撑。

（5）基坑周边施工材料、设施或车辆荷载严禁超过设计要求的地面荷载限值。

（6）基坑开挖和支护结构使用期内，应按下列要求对基坑进行维护：

1）雨期施工时，应在坑顶、坑底采取有效的截排水措施，排水沟、集水井应采取防渗措施；

2）基坑周边地面宜作硬化或防渗处理；

3）基坑周边的施工用水应有排放系统，不得渗入土体内；

4）当坑体渗水、积水或有渗流时，应及时进行疏导、排泄、截断水源；

5）开挖至坑底后，应及时进行混凝土垫层和主体地下结构施工；

6）主体地下结构施工时，结构外墙与基坑侧壁之间应及时回填。

（7）支护结构或基坑周边环境出现规定的报警情况或其他险情时，应立即停止开挖，并应根据危险产生的原因和可能进一步发展的破坏形式，采取控制或加固措施。危险消除后，方可继续开挖。必要时，应对危险部位采取基坑回填、地面卸土、临时支撑等应急措施。当危险由地下水管道渗漏、坑体渗水造成时，尚应及时采取截断渗漏水水源、疏排渗水等措施。

2. 基坑工程监测应符合的规定［根据《建筑基坑工程监测技术规范》（GB 50497—2009）］

（1）开挖深度超过 5 m、或开挖深度未超过 5 m 但现场地质情况和周围环境较复杂的基坑工程均应实施基坑工程监测。

（2）建筑基坑工程设计阶段应由设计方根据工程现场及基坑设计的具体情况，提出基坑工程监测的技术要求，主要包括监测项目、测点位置、监测频率和监测报警值等。

（3）基坑工程施工前，应由建设方委托具备相应资质的第三方对基坑工程实施现场监测。监测单位应编制监测方案。监测方案应经建设、设计、监理等单位认可，必要时还需与市政道路、地下管线、人防等有关部门协商一致后方可实施。

（4）监测单位编写监测方案前，应了解委托方和相关单位对监测工作的要求，并进行现场踏勘，搜集、分析和利用已有资料，在基坑工程施工前制定合理的监测方案。

（5）监测方案应包括工程概况、监测依据、监测目的、监测项目、测点布置、监测方法及精度、监测人员及主要仪器设备、监测频率、监测报警值、异常情况下的监测措施、监测数据的记录制度和处理方法、工序管理及信息反馈制度等。

（6）监测单位应严格实施监测方案，及时分析、处理监测数据，并将监测结果和评价及时向委托方及相关单位作信息反馈。当监测数据达到监测报警值时必须立即通报委托方及相关单位。

（7）监测工作的程序，应按下列步骤进行：

1）接受委托；

2）现场踏勘，收集资料；

3）制定监测方案，并报委托方及相关单位认可；

4）展开前期准备工作，设置监测点、校验设备、仪器；

5）设备、仪器、元件和监测点验收；

6）现场监测。

7.3.2　监测项目

根据《建筑基坑支护技术规程》（JGJ120—2012），基坑支护设计应根据支护结构类型和地下水控制方法，按表7－3选择基坑监测项目，并应根据支护结构构件、基坑周边环境的重要性及地质条件的复杂性确定监测点部位及数量。选用的监测项目及其监测部位应能够反映支护结构的安全状态和基坑周边环境受影响的程度。

表7－3　基坑监测项目选择

监测项目	支护结构的安全等级		
	一级	二级	三级
支护结构顶部水平位移	应测	应测	应测
基坑周边建（构）筑物、地下管线、道路沉降	应测	应测	应测
坑边地面沉降	应测	应测	宜测
支护结构深部水平位移	应测	应测	选测
锚杆拉力	应测	应测	选测
支撑轴力	应测	宜测	选测
挡土构件内力	应测	宜测	选测
支撑立柱沉降	应测	宜测	选测
支护结构沉降	应测	宜测	选测
地下水位	应测	应测	选测
土压力	宜测	选测	选测
孔隙水压力	宜测	选测	选测

注：表内各监测项目中，仅选择实际基坑支护形式所含有的内容。

244

7.3.3 监测方法

基坑工程监测方法的选择应根据基坑等级、精度要求、设计要求、场地条件、地区经验和方法适用性等因素综合确定，监测方法应合理易行。

一般来说，基坑工程应首先确定监测项目。对于不同的监测项目，其监测方法和要求也不尽一致，下面主要介绍水平位移观测和竖向位移观测的方法。

1. 水平位移观测

（1）监测基准点的设置

水平位移监测基准点应埋设在基坑开挖深度 3 倍范围以外不受施工影响的稳定区域，或利用已有稳定的施工控制点，不应埋设在低洼积水、湿陷、冻胀、胀缩等影响范围内；基准点的埋设应按有关测量规范、规程执行，宜设置有强制对中的观测墩；采用精密的光学对中装置，对中误差不宜大于 0.5 mm。

（2）观测方法

测定待定方向上的水平位移时可采用视准线法、小角度法、投点法等；测定监测点任意方向的水平位移时可视监测点的分布情况，采用前方交会法、自由设站法、极坐标法等；当基准点距基坑较远时，可采用 GPS 测量法或三角、三边、边角测量与基准线法相结合的综合测量法。

（3）观测精度要求

基坑围护墙（坡）顶水平位移监测精度应根据围护墙（坡）顶水平位移报警值按表 7 – 4 确定。

表 7 – 4 基坑围护墙（坡）顶水平位移监测精度要求　　　/mm

设计控制值/mm	≤30	30 ~ 60	>60
监测点坐标中误差	≤1.5	≤3.0	≤6.0

注：监测点坐标中误差，系指监测点相对测站点（如工作基点等）的坐标中误差，为点位中误差的 $\frac{1}{\sqrt{2}}$。地下管线的水平位移监测精度宜不低于 1.5 mm。

2. 竖向位移观测

（1）监测基准点的设置

水准基准点宜均匀埋设，数量不应少于 3 点，埋设位置和方法要求与观测方法与水平位移观测相同。各监测点与水准基准点或工作基点应组成闭合环路或附合水准路线。

（2）观测方法

可采用几何水准或液体静力水准等方法。

（3）观测精度要求

基坑围护墙（坡）顶、墙后地表与立柱的竖向位移监测精度应根据竖向位移报警值按表 7 –5确定。

表 7 – 5　基坑围护墙(坡)顶、墙后地表及立柱的竖向位移监测精度　　　/mm

竖向位移报警值	≤20(35)	20 ~ 40(35 ~ 60)	≥40(60)
监测点测站高差中误差	≤0.3	≤0.5	≤1.5

注：①监测点测站高差中误差系指相应精度与视距的几何水准测量单程一测站的高差中误差；②括号内数值对应于墙后地表及立柱的竖向位移报警值。

地下管线的竖向位移监测精度宜不低于 0.5 mm。

坑底隆起(回弹)监测精度不宜低于 1 mm。

7.3.4　实训项目：某工程基坑支护与监测方案设计

1. 工程概况

本工程位于某市东北角，经三路北段东风渠以北，经三路路东。小区内拟建三栋小高层住宅(地下室一层)，基础整体开挖作为地下车库，具体开挖尺寸为东西向长约 147 m，南北向宽约 100 m，基坑深度为 5 m。基坑东侧约 10 m 处为经贸委家属楼六层住宅基础，南侧约 5 m 为小区道路围墙，东南角处有二层办公用房距基坑约 6 m，西侧 10 m 左右为经三路非机动车道，北侧为在建高层住宅。基坑采用 $d = 550$ mm 的双排深层搅拌桩止水带，桩长 14 m，桩体相互咬合 150 mm。边坡支护采用四层土钉外喷砼(砼厚度为 80 或 100 mm)。小区内地下水常年水位 –2.7 m，基坑降水采用轻型井点降水和深井降水相结合。建筑地基处理采用 CFG 桩。

2. 监测项目

根据《建筑基坑支护技术规程》(JGJ 120—2012)有关规定，本工程基坑安全等级应确定为"三级"，监测项目包括：

(1)经贸委家属院住宅与周边围墙沉降(东侧监测等级适当提高)；

(2)经三路路面沉降；

(3)地下水水位。

施工过程中根据现场情况，可适当加设支护结构水平位移测点。

3. 仪器及方法

(1)住宅、围墙和路面的沉降采用 DSZ2 级水准仪加 DS1 级测微器观测；

(2)地下水水位用经过检定的钢尺施测，观测精度不低于 0.01 m。

4. 变形限值

根据实际监测数据对基坑工程做出险情预报是一个极其严肃的技术问题，必须根据本工程的具体情况，综合考虑各种实际因素，在实测数据的基础上及时做出判断。

报警标准有两种指标，其一是最大容许值(累计变形)，其二是变化速率，这两种指标中有一种达到限值都需要及时做出判断，形成决策。现根据郑州地区的工程经验列出以下报警限值标准。

(1)邻域内建筑物沉降

累计沉降达 25 mm(建筑物宽度 B 的 1‰)，连续 3 日沉降速率达到 1 mm/d，或肉眼发现建筑物裂缝急剧扩展；

(2)邻域内地面(路面)沉降

累计沉降达 25 mm(开挖深度 H 的 5‰)，连续 3 日沉降速率达到 2 mm/d，或肉眼发现地面裂缝有显著扩展；

(3)邻域内管道变形

累计沉降达 25 mm(管道支架间距 L 的 5‰)，连续 3 日沉降速率达到 1 mm/d，或实际发现管道漏水、漏气；

(4)巡视发现各种严重的变形现象，如严重的基坑渗漏、管涌等。

5.沉降观测

沉降监测分为控制观测和标志点监测两大部分。控制观测内容包括水准基点设置和水准基点间的高程闭合观测；标志点监测包括标志点设置、监测环境整理、日常监测、数据分析以及结果整理等工作。

(1)施测精度及方法

根据《建筑基坑支护技术规程》(JGJ 120—2012)有关规定，建筑变形测量的等级划分及其精度要求符合表 7-6 的规定。

表 7-6　建筑变形测量的等级及其精度要求

变形测量等级	沉降观测	位移观测	适用范围
	观测点测站高差中误差/mm	观测点坐标中误差/mm	
特级	≤0.05	≤0.3	特高精度要求的特种精密工程和重要科研项目变形观测
一级	≤0.15	≤1.0	高精度要求的大型建筑物和科研项目变形观测
二级	≤0.50	≤3.0	中等精度要求的建筑物和科研项目变形观测；重要建筑物主体倾斜观测、场地滑坡观测
三级	≤1.50	≤10.0	低精度要求的建筑物变形观测；一般建筑物主体倾斜观测、场地滑坡观测

根据本工程的具体情况，确定本项沉降监测执行三级精度标准。本项沉降监测采用 DSZ2 级水准仪(直读精度 0.05 mm，每千米水准测量中误差为 0.5 mm)，配合钢尺，按测微水准测量方法施测。

(2)观测技术要求

1)应在标尺分划线呈像清晰和稳定的条件下进行观测。不得在日出后或日落前约半小时、太阳中天前后、风力大于四级、气温突变时以及标尺分划线的呈像跳动而难以照准时进行观测。晴天观测时，应用测伞为仪器遮蔽阳光。

2)作业中应经常对水准仪及水准标尺的水准器和 i 角进行检查。当发现观测成果出现异常情况并认为与仪器有关时，应及时进行检验与校正。

3)由往测转向返测时，两标尺应互换位置，并应重新整治仪器。转动仪器的倾斜螺旋和测微鼓时，其最后旋转方向，均应为旋进。

4)对各周期观测过程中发现的点位变动迹象、周围建筑物及路面裂缝等情况，应做好记录，并画出草图。

（3）精度控制指标

三级沉降监测应由表7-7控制其观测成果精度。

表7-7　观测成果精度　　　　　　　　　　　　　　　　　/mm

等级	基辅分划（黑红面）读数之差	基辅分划（黑红面）所测高差之差	往返较差及附合或环线闭合差	单程双测站所测高差较差	检测已测测段高差之差
三级	1.0	1.5	$\leq 1.0\sqrt{n}$	$\leq 0.7\sqrt{n}$	$\leq 1.5\sqrt{n}$

由于环境变形监测严格要求等精度监测，施测过程中要求使用同一对钢尺，每次按钢尺左侧标尺读数，按右侧读数校核；每次按照固定的路线用同一台仪器，由固定的观测人员在相同位置设站完成监测。

（4）水准基点和监测点

根据本工程实际情况，共设置水准基点3个，水准基点选择建筑基础深度3倍以外的稳定场地上。沉降监测点共14个。

（5）监测周期

根据有关规定："对于基础施工相邻地基沉降观测，在基坑开挖中每天观测一次；混凝土底板浇完10 d以后，可每2~3 d观测一次，直至地下室顶板完工；此后可每周观测一次至回填土完工。"

实际施测中，可根据现场条件和基坑外部环境变化情况适时调整监测次数，一旦出现异常情况立即向监理通报，协商处理对策。

日常监测于次日10:00前向甲方提供书面成果。当发现异常情况时，可立即口头通知业主（监理单位），并于12 h内提供书面监测结果。

6. 成果提交

沉降测量结果要求按曲线形式表达，其水平坐标为时间（日历天），纵向坐标为累计沉降测量结果。

在全部测量工作结束后，应向甲方提交下列有关资料：

（1）垂直位移量成果表；

（2）观测点位置图；

（3）位移速率、时间、位移量曲线图；

（4）变形分析报告等。

模块小结

在现代高层建筑和地下空间开发的体系中，基坑开挖与支护工程占据了非常重要的角色。而基坑工程又是一项实践性非常强的学科，其理论研究远远落后于工程实践。

模块第一节介绍了几种常见的基坑支护形式，这些形式是在某一地区特定工程条件下实现的，具有区域性的特点，同时，它们又具有一定的代表性，支护效果和经济性值得推广。

模块第二节解读了现行基坑支护设计的基本规定。不同的基坑支护形式，应采用不同的设计方法，在此只介绍了悬臂式围护结构的设计计算方法，并辅以实例进行演示。

模块第三节就基坑工程的监测进行了介绍。基坑工程的实现必须保证施工安全且不破坏周边已有建筑(构筑)物和设施。在工程实践中有很多基坑支护失效的案例，它们带来的人员伤亡和经济损失很难估量，所以在工程实践中必须建立风险预估与报警系统。这一系统中最重要的措施就是加强监测，通过采集监测数据来了解基坑支护的效果，以达到预期效果。

基坑工程是一门综合性很强的学科，设计、施工较复杂，涉及内容很多，本书由于篇幅原因未能一一展开介绍。国内对基坑工程的研究也越来越多，普遍认为刘国彬、王卫东主编的《基坑工程手册》比较详细，编写中重点参阅了其中部分内容。

思考题

1. 简述基坑支护结构的类型及主要原理。
2. 基坑支护结构上的荷载主要有哪些？
3. 悬臂式围护结构的嵌入深度如何确定？

习　题

某一基坑深 7 m，地表均匀大面积荷载强度 $q_0 = 10$ kPa，土层重度为 20 kN/m³，均匀。$c = 15$ kPa，$\varphi = 150$，拟用排桩进行支护，桩径 1.0 m，桩间距为 2.5 m，计算桩的嵌入深度。

技能训练题

某工程基坑支护与监测方案设计

(1)工程概况

拟建某市中心位于街道交叉口东北角，建筑面积 44497 m²，地上 8 层，地下 1 层，框架剪力墙结构。该工程基础埋深 6.25 m，实际基坑开挖深度为 6 m，根据场地的土层条件及该市类似基坑工程的经验，为保证基坑的稳定性及尽量节省投资，经方案比选，拟采用排桩支护结构对该基坑进行支护。

(2)工程地质及水文地质概况

据勘察单位提供的岩土工程勘察报告，该场地土层由上至下分别为：

第 1 层，杂填土：以建筑垃圾为主，含砖块、灰渣等。厚度：3.50 m。

第 2 层，粉质黏土：褐黄色，可塑，局部硬塑或软塑，含黏土团块、夹粉土薄层，局部相变为粉土，稍有光泽，无摇震反应。为中等压缩性土。厚度：3.00 m。

第 3 层，粉土：褐黄色，稍湿—湿，密实，局部中密，含云母碎屑，偶见砾石，夹粉质黏土薄层，无光泽，摇震反应无—中等。为中等压缩性土。厚度：2.70 m。

第 4 层，粉质黏土：褐黄色，可塑，局部软塑，含木炭、姜石等，夹粉土薄层，稍有光泽，无摇震反应。为中等压缩性土。厚度:2.90。

第5层,粉质黏土:灰色—灰褐色,可塑,局部软塑或流塑,含有机质、木炭、青砖瓦片等,夹粉土薄层,稍有光泽,无摇震反应。为中等压缩性,局部为高压缩性。厚度6.50 m。

以上各层为第四纪新近沉积土,以下土层为一般沉积土。

第6层,粉质黏土:褐黄色,硬塑—可塑,局部软塑,含姜石、氧化锰等,夹粉土薄层,局部相变为粉土,稍有光泽,无摇震反应。为中等压缩性土。厚度:5.70 m。

第7层,粗砂:褐黄色,稍密—中密,湿,分选性中等,矿物成分以石英、长石为主。最大揭露厚度为1.50 m。

第8层,卵石:杂色,稍密—中密,未风化—微风化,分选性差。卵石含量65%,充填物以粉质黏土为主,局部以砾石充填,混砂颗粒。厚度:12.10~12.10 m。

各层土的物理力学性质指标见表7-8。

表7-8　土的物理力学性质指标

层号	土的名称	$w/\%$	$\gamma/(kN \cdot m^{-3})$	f_k/kPa
1	杂填土	—	18	90
2	粉质黏土	23.0	19	100
3	粉土	20.7	19	120
4	粉质黏土	23.2	19	100
5	粉质黏土	24.9	19	110
6	粉质黏土	20.1	20	180
7	粗砂	21.7	20	210
8	卵石	22.3	23	400

该场地稳定水位埋深为11.0~12.50 m,为上层滞水。

(3)基坑支护方案与监测方案设计

根据以上工程条件,试设计此基坑支护方案和制定监测方案。

模块八　地基处理

建筑施工现场专业技术岗位资格考试和技能实践要求

- 熟悉建筑工程地基的常用处理方法。

教学目标

【知识目标】

- 熟悉建筑工程中常用的地基处理方法。
- 熟悉软土地基、膨胀土地基、红黏土地基及湿陷性黄土等特殊地基处理。

【能力目标】

- 能根据地基处理方案和现行规范的要求进行一般的地基处理。

【素质目标】

- 培养重视地基处理的意识，增加安全施工的责任感。

城市化和工业化进程的快速发展，使得建筑工程向各种复杂地基条件的区域发展，工程实践中不良地基土的工程特性引起了工程师的重视，如何采用科学合理的地基处理方法，使得充分发挥原地基土承载力，就地取材，施工工艺简单，施工速度快，费用低的情况下，却能够通过提高地基土的承载力或改变其变形性质或渗透性质，而得到良好的地基加固效益，值得探讨和推广应用。

8.1　常见地基处理方法认知

当建筑物直接建造在未经人工加固的天然地基土层上时，这种地基称为天然地基。如果天然地基不能满足地基基础设计要求，则必须事先经过人工加固处理后再建造建筑物基础，这种地基加固称之为地基处理。

1. 地基处理的目的

地基处理的目的就是通过采取各种措施加固地基，从而提高地基承载力、稳定性，减少地基的不均匀沉降、液化和渗漏等不良地质问题。这些措施主要包括以下几个方面：

（1）改善压缩特性

采取措施提高地基的密实性或压缩模量，从而减少地基土的沉降。

（2）改善剪切特性

地基土的抗剪强度决定了地基土剪切破坏的特性以及在土压力作用下的稳定性，因此在工程实践中需要采取一系列措施以达到增加地基土的抗剪强度。

（3）改善动力特性

在外力或者地震作用下，饱和松散的细沙或者粉土会沿着外力方向发生运动，产生液化。因此需要采取一定的加固措施以达到防止地基土液化，改善地基土动力特性，提高地基抗震性能。

(4)改善地基土透水性

因为不同的地基具有不同透水性，如果地基土的透水性过大，将会造成地基严重破坏。因此必须采取一定的措施改善地基土的透水特性。

2.地基处理方法的分类

地基处理常见的分类方法主要是按照地基处理的加固机理进行分类，如表8-1所示。

表8-1 地基处理方法分类

序号	分类	处理方法	原理及作用	适应范围
1	换土垫层法	砂石垫层，素土垫层，灰土垫层	挖除浅层软弱土或不良土，分层碾压或夯实土，按回填的材料可分为砂(石)垫层、碎石垫层、粉煤灰垫层、矿渣垫层、土(灰土、二灰)垫层等；它可提高持力层的承载力，减小沉降量，消除或部分消除土的湿陷性和胀缩性，防止土的冻胀作用及改善土的抗液化性	常用于基坑面积宽大开挖土方量较大的回填土方工程，适用于处理浅层非饱和软弱地基、湿陷性黄土地基、膨胀土地基、季节性冻土地基、素填土和杂填土地基
2	排水固结法	堆载预压、砂井堆载预压、真空预压、井点降水预压	在地基中设置竖向排水板和横向排水体，加速地基排水，增加地基的压实度，提高带稳定性，使沉降提早完成	适应于处理饱和软弱土层，对于透水性低的泥灰土应慎重使用
3	振密及挤密法	灰土挤密、砂桩、石灰桩挤密	通过振动和挤密，使土体孔隙比减小，压实度增加，强度提高，以及在振动过程中回填砂石等形成复合地基	适应于处理松散砂土、杂填土、素填土、粉土以及抗剪强度小于20 kPa的黏土和黄土
4	碾压及夯实	机械碾压、振动压实、强夯	通过机械碾压、振动或夯击，对土体表层进行压实，迫使土体动力固结而密实，提高地基土的强度	适应于处理碎石土、砂土、低饱和度粉土和黏土、素填土、杂填土
5	化学加固	高压喷射注浆法、深层搅拌法	通过机械搅拌注入或压入水泥浆或其他化学浆液，使土体发生化学反应将土颗粒胶结在一起	适应于处理碎石土、砂土、黏性土、人工填土
6	加筋法	加筋土、土锚、土钉、锚定板、土工合成材料、树根桩	在人工填土内铺设土工合成材料、钢带、钢条、尼龙绳或玻璃纤维作为拉筋，或在软弱土层上设置树根桩或碎石桩等，使这种人工复合土体可承受抗拉、抗压、抗剪和抗弯作用，用以提高地基承载力，减小沉降和增加地基稳定性	加筋土适用于人工填土的路堤和挡墙结构；土锚、土钉、锚定板适用于土坡稳定；树根桩，适用于各类土，可用于稳定土坡支挡结构，或用于对经试验证明施工有效时方可采用

3. 地基处理方法的原则

地基处理方法很多，各种处理方法有它的适用范围、局限性和优缺点，没有一种方法是万能的。工程地质条件千变万化，各个工程间地基条件差别很大，具体工程对地基的要求也不同，而且机具、材料等条件也会因工作部门不同、地区不同有较大差别。

因此，对每一具体工程都要进行具体分析，应从地基条件、处理要求（包括经处理后地基应达到的各项指标、处理的范围、工程进度等）、工程费用以及材料、机具来源等各方面进行综合考虑，以确定合适的地基处理方法。在确定地基处理方法时，可根据工程的具体情况，对几种地基处理方法进行技术、经济以及施工进度等方面的比较。合理的地基处理方法原则上一定要是技术上可靠的、经济上合理的，又能满足施工进度的要求。通过比较分析可以采用一种地基处理方法，也可采用两种或两种以上的地基处理方法组成的综合处理方案。在确定地基处理方法时，还要注意环境保护、节约能源，避免因为处理地基对地表水和地下水产生污染，振动噪音对周围环境产生不良影响等。

8.1.1 换土垫层法

1. 基本概念

换土垫层法是将基础底面下一定深度范围内不满足地基性能要求的土层（或局部岩石），全部或部分挖出，换填上符合地基性能要求的材料，然后分层夯实作为基础的持力层，亦称开挖置换法、换填法。换土垫层法的作用主要表现在如下几个方面：提高地基承载力、减少地基沉降量、加速软弱土层的排水固结和防止冻胀和消除地基的湿陷性和胀缩性等方面。

换填垫层适用于浅层软弱土层或不均匀土层的地基处理。换填垫层根据换填材料不同可分为土、石垫层和土工合成材料加筋垫层。应根据建筑体型、结构特点、荷载性质、场地土质条件、施工机械设备及填料性质和来源等进行综合分析，进行换填垫层的设计和选择施工方法。

2. 设计要点

换土垫层法的设计应满足建筑物对地基强度和变形的要求，而且应符合经济合理的原则。换填垫层地基的承载力应通过现场静载荷试验确定。垫层可选下列材料：砂石、粉质黏土、灰土、粉煤灰、矿渣、其他工业废渣及土工合成材料，对垫层材料的基本要求可参考《建筑地基处理技术规范(JGJ 79—2012)》。

（1）垫层厚度的确定

垫层的厚度必须满足如下要求：当上部荷载通过垫层按一定的扩散角传至下卧软弱土层时，该下卧软弱土层顶面所受的自重应力与附加应力之和不大于同一标高处软弱土层的地基承载力设计值(如图 8−1)，即满足：

$$p_z + p_{cz} \leqslant f_{az} \qquad (8-1)$$

式中：p_z——垫层底面处土的附加应力，kPa；

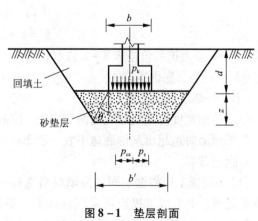

图 8−1 垫层剖面

p_{cz}——垫层底面处土的自重应力，kPa；

f_{az}——垫层底面处下卧土层经修正后地基承载力特征值，kPa。

垫层底面处的附加应力，对于条形基础和矩形基础分别按式(8-2)和式(8-3)计算。

条形基础：

$$p_z = \frac{b(p_k - p_c)}{b + 2z\tan\theta} \tag{8-2}$$

矩形基础：

$$p_z = \frac{lb(p_k - p_c)}{(l + 2z\tan\theta)(b + 2z\tan\theta)} \tag{8-3}$$

式中：b——矩形基础或条形基础底面的宽度，m；

l——矩形基础或条形基础底面的长度，m，条形基础一般取 1 m；

p_k——相应于荷载效应标准组合时，基础底面处的平均压力值，kPa；

p_c——基础底面处土的自重应力，kPa；

z——基础底面下垫层的厚度，m；

θ——垫层的应力扩散角，按表8-2选取。

表8-2　垫层应力扩散角

z/b	中砂、粗砂 砺砂、角砾石屑、卵石、碎石、矿渣	粉质黏土、粉煤灰	灰土
0.25	20	6	28
≥0.5	30	23	

注：①当$z/b<0.25$时，取$\theta=0$；②当$0.25<z/b<0.5$时，θ可以由线形内插法求得。

换填垫层的厚度不宜小于0.5 m，也不宜大于3 m。

（2）垫层的宽度确定

关于垫层宽度的计算，目前还缺乏可行的理论方法，在实践中常常按照当地某些经验数据（考虑砂垫层两侧土的性质）或按经验方法确定。常用的经验方法是扩散角法。此时矩形基础的垫层底面的长度l'及宽度b'为：

$$\left. \begin{array}{l} l' = l + 2z\tan\theta \\ b' = b + 2z\tan\theta \end{array} \right\} \tag{8-4}$$

式中：θ——应力扩散角按表8-2选取；

b'——垫层底面宽度；

l'——垫层底面长度。

垫层顶面宽度可从垫层底面两侧向上，按基坑开挖期间保持边坡稳定的当地经验放坡确定。垫层顶面每边超出基础底边不宜小于300 mm。

3. 施工要点

（1）垫层施工应根据不同的换填材料选择施工机械。粉质黏土、灰土宜采用平碾、振动碾或羊足碾，中小型工程也可采用蛙式夯、柴油夯。砂石等宜用振动碾。粉煤灰宜采用平碾、振动碾、平板振动器、蛙式夯。矿渣宜采用平板振动器或平碾，也可采用振动碾。

（2）垫层的施工方法、分层铺填厚度、每层压实遍数等宜通过试验确定。除接触下卧软土层的垫层底部应根据施工机械设备及下卧层土质条件确定厚度外，一般情况下，垫层的分层铺填厚度可取 200～300 mm。为保证分层压实质量，应控制机械碾压速度。

（3）粉质黏土和灰土垫层土料的施工含水量宜控制在最优含水量 $w_{op} \pm 2\%$ 的范围内，粉煤灰垫层的施工含水量宜控制在最优含水量 $w_{op} \pm 4\%$ 的范围内。最优含水量可通过击实试验确定，也可按当地经验取用。

（4）当垫层底部存在古井、古墓、洞穴、旧基础、暗塘等软硬不均的部位时，应根据建筑对不均匀沉降的要求予以处理，并经检验合格后，方可铺填垫层。

（5）基坑开挖时应避免坑底土层受扰动，可保留约 200 mm 厚的土层暂不挖去，待铺填垫层前再挖至设计标高。严禁扰动垫层下的软弱土层，防止其被践踏、受冻或受水浸泡。在碎石或卵石垫层底部宜设置 150～300 mm 厚的砂垫层或铺一层土工织物，以防止软弱土层表面的局部破坏，同时必须防止基坑边坡坍土混入垫层。

（6）换填垫层施工应注意基坑排水，除采用水撼法施工砂垫层外，不得在浸水条件下施工，必要时应采用降低地下水位的措施。

（7）垫层底面宜设在同一标高上，如深度不同，基坑底土面应挖成阶梯或斜坡搭接，并按先深后浅的顺序进行垫层施工，搭接处应夯压密实。粉质黏土及灰土垫层分段施工时，不得在柱基、墙角及承重窗间墙下接缝。上下两层的缝距不得小于 500 mm。接缝处应夯压密实。灰土应拌合均匀并应当日铺填夯压。灰土夯压密实后 3 d 内不得受水浸泡。粉煤灰垫层铺填后宜当天压实，每层验收后应及时铺填上层或封层，防止干燥后松散起尘污染，同时应禁止车辆碾压通行。

垫层竣工验收合格后，应及时进行基础施工与基坑回填。

8.1.2 预压排水固结法

预压排水固结法，指直接在天然地基或在设置有袋状砂井、塑料排水带等竖向排水体的地基上，利用建筑物本身重量分级逐渐加载或在建筑物建造前在场地先行加载预压，使土体中孔隙水排出，提前完成土体固结沉降，逐步增加地基强度的一种软土地基加固方法。

预压法由加压系统和排水系统两部分组成。加压系统通过预先对地基施加荷载，使地基中的孔隙水产生压力差，从饱和地基中自然排出，进而使土体固结；排水系统则通过改变地基原有的排水边界条件，增加孔隙水排出的途径，缩短排水距离，使地基在预压期间尽快地完成设计要求的沉降量，并及时提高地基土强度。

预压法适用于处理各类淤泥质土、淤泥及冲填土等饱和黏性土地基。预压荷载是其中的关键问题，因为施加预压荷载后才能引起地基土的排水固结。

1. 加固机理

土在某一荷载作用下，孔隙水逐渐排出，土体随之压缩，土体的密实度和强度随时间逐步增长，这一过程称之为土的固结过程，亦即孔隙水压力消散、有效应力增长的过程。为了加速土层固结，最佳方法是增加土层的排水途径，缩短排水距离，在被加固的地基中设置砂井、塑料排水板等竖向排水体如图 8-2 所示。

2. 堆载预压法

堆载预压法是在工程建设之前用大于或等于设计荷载的填土荷载，促使地基提前固结沉降，以提高地基的强度。当强度指标达到设计要求数值后，去掉荷载，修筑建筑物或构筑物。经过堆压预处理后地基，地基一般不会再产生大的固结沉降。堆载物一般用填土或砂石等散粒材料。施工填筑时采用分层分级施加荷载，从而控制加荷速率、避免地基发生破坏，达到地基强度慢慢提高的效果。该法施工简单，不需要特殊的施工机械和材料，但软土的排水固结时间较长，因此工期一般较长。

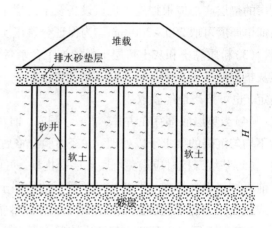

图 8-2 砂井排水示意图

堆载预压处理地基的设计应包括下列内容：

（1）选择塑料排水带或砂井，确定其断面尺寸、间距、排列方式和深度。

排水竖井分普通砂井、袋装砂井和塑料排水带。普通砂井直径可取 300 ~ 500 mm，袋装砂井直径可取 70 ~ 120 mm。塑料排水带的当量换算直径可按下式计算：

$$D_p = \frac{2(b+\delta)}{\pi} \qquad (8-5)$$

式中：D_p——塑料排水板换算直径，mm；

b——塑料排水带宽度，mm；

δ——塑料排水带的厚度，mm。

排水竖井的平面布置可采用等边三角形和正方形两种形式排列。砂井的有效排水直径 d_e 与砂井的间距 s 存在如下关系：

等边三角形布置时：

$$d_e = \sqrt{\frac{2\sqrt{3}}{\pi}}s = 1.05s \qquad (8-6)$$

正方形布置时：

$$d_e = \sqrt{\frac{A}{\pi}}s = 1.13s \qquad (8-7)$$

排水竖井的间距可根据地基土的固结特性和预定时间内所要求达到的固结度确定。设计时，竖井的间距可按井径比 n 选用（$n = d_e/d_w$，d_w 为竖井直径，对塑料排水带可取 $d_w = d_p$），塑料排水带或袋装砂井的间距可按 $n = 15 ~ 22$ 选用，普通砂井的间距可按 $n = 6 ~ 8$ 选用。

排水竖井的深度应符合如下规定：根据建筑物对地基的稳定性、变形要求和工期确定；对以地基抗滑稳定性控制的工程，竖井深度至少应超过最危险滑动面 2.0 m；对以变形控制的建筑，竖井深度应根据在限定的预压时间内需完成的变形量确定，竖井宜穿透受压土层。

（2）确定预压区范围、预压荷载大小、荷载分级、加载速率和预压时间。

预压荷载大小应根据设计要求确定。对于沉降有严格限制的建筑，应采用超载预压法处理，超载量大小应根据预压时间内要求完成的变形量通过计算确定，并宜使预压荷载下受压土层各点的有效竖向应力大于建筑物荷载引起的相应点的附加应力。

预压荷载顶面的范围应等于或大于建筑物基础外缘所包围的范围。加载速率应根据地基土的强度确定。当天然地基土的强度满足预压荷载下地基的稳定性要求时，可一次性加载，否则应分级逐渐加载，待前期预压荷载下地基土的强度增长满足下一级荷载下地基的稳定性要求时方可加载。

（3）计算地基土的固结度、强度增长、抗滑稳定性和变形，具体计算方法参见《建筑地基处理技术规范》（JGJ 79—2012）。

3. 真空预压法

真空预压指在软土地基中打设竖向排水体后，在地面铺设排水用砂垫层和抽气管线，然后在砂垫层上铺设不透气的封闭膜使其与大气隔绝，再用真空泵抽气，使排水系统维持较高的真空度，利用大气压力作为预压荷载，增加地基的有效应力，以利于土体排水固结。

真空预压适用于均质黏性土及含薄粉砂夹层黏性土等，尤其适用于新吹填土地基的加固。对于在加固范围内有足够补给水源的透水层，而又没有采取隔断措施时，不宜采用该法。

真空预压处理地基必须设置排水竖井。设计内容包括：竖井断面尺寸、间距、排列方式和深度的选择；预压区面积和分块大小；真空预压工艺；要求达到的真空度和土层的固结度；真空预压和建筑物荷载下地基的变形计算；真空预压后地基土的强度增长计算等。

4. 电渗预压法

电渗预压是在土中插入金属电极并通以直流电，由于直流电场作用，土中的水分从阳极流向阴极，将水在阴极排除且无补充水源的情况下，引起土层的压缩固结。电渗预压是在总应力不变的情况下，通过减小孔隙水压力来增加土的有效应力作为固结压力的，所以不需要用堆载作为预压荷载，也不会使土体发生破坏。如图8-3所示。

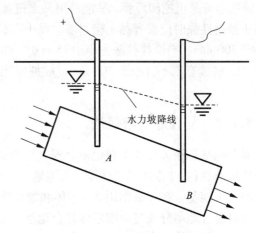

图8-3 电渗预压示意图

5. 施工要点

（1）堆载预压

1）塑料排水带的性能指标必须符合设计要求。塑料排水带在现场应妥加保护，防止阳光照射、破损或污染，破损或污染的塑料排水带不得在工程中使用。

2）砂井的灌砂量，应按井孔的体积和砂在中密状态时的干密度计算，其实际灌砂量不得小于计算值的95%。

3）灌入砂袋中的砂宜用干砂，并应灌制密实。

4）塑料排水带和袋装砂井施工时，宜配置能检测其深度的设备。

5）塑料排水带需接长时，应采用滤膜内芯带平搭接的连接方法，搭接长度宜大于200 mm。

6）塑料排水带施工所用套管应保证插入地基中的带子不扭曲。袋装砂井施工所用套管内径略大于砂井直径。

7）塑料排水带和袋装砂井施工时，平面井距偏差不应大于井径，垂直度偏差不应大于1.5%，深度不得小于设计要求。

8）塑料排水带和袋装井砂袋埋入砂垫层中的长度应满足堆载预压工程在加载过程中的地基强度和稳定控制要求。在加载过程中应进行竖向变形、水平位移及孔隙水压力等项目的监测。根据监测资料控制加载速率，应满足如下要求：对竖井地基，最大竖向变形量不应超过 15 mm/d，对天然地基，最大竖向变形量不应超过 10 mm/d；边缘处水平位移不应超过5 mm/d；根据上述观察资料综合分析、判断地基的强度和稳定性。

（2）真空预压

1）真空预压的抽气设备宜采用射流真空泵，空抽时必须达到 95 kPa 以上的真空吸力，真空泵的设置应根据预压面积大小和形状、真空泵效率和工程经验确定，但每块预压区至少应设置两台真空泵。

2）真空管路设置应符合如下规定：真空管路的连接应严格密封，在真空管路中应设置止回阀和截门；水平向分布滤水管可采用条状、梳齿状及羽毛状等形式，滤水管布置宜形成回路；滤水管应设在砂垫层中，其上覆盖厚度 100～200 mm 的砂层；滤水管可采用钢管或塑料管，外包尼龙纱或土工织物等滤水材料。

3）密封膜应符合如下要求：密封膜应采用抗老化性能好、韧性好、抗穿刺性能强的不透气材料；密封膜热合时宜采用双热合缝的平搭接，搭接宽度应大于 15 mm；密封膜宜铺设三层，膜周边可采用挖沟埋膜，平铺并用黏土覆盖压边、围埝沟内及膜上覆水等方法进行密封；地基土渗透性强时应设置黏土密封墙。黏土密封墙宜采用双排水泥土搅拌桩。搅拌桩直径不宜小于 700 mm。当搅拌桩深度小于 15 m 时，搭接宽度不宜小于 200 mm，当搅拌桩深度大于15 m 时，搭接宽度不宜小于 300 mm。成桩搅拌应均匀，黏土密封墙的渗透系数应满足设计要求。

8.1.3　复合地基增强法

复合地基是指天然地基在地基处理过程中部分土体得到增强，或被置换，或在天然地基中设置加筋材料，加固区是由基体（天然地基土体或被改良的天然地基土体）和增强体两部分组成的人工地基。在荷载作用下，基体和增强体共同承担荷载的作用。根据复合地基荷载传递机理将复合地基分成竖向增强体复合地基和水平向增强复合地基两类。

水平向增强体复合地基就是在地基中水平向铺设各种加筋材料，如土工织物、金属材料、土工格栅、竹筋等形成的复合地基。加筋材料的作用是约束地基土侧向位移，增强土的抗剪能力，防止地基土侧向挤出。

竖向增强体复合地基中的竖向增强体习惯上称之为桩，因此又称为桩体复合地基。竖向增强体复合地基根据竖向增强体的性质和成桩后的刚度分为三类：柔性桩复合地基、半刚性桩复合地基和刚性桩复合地基。

1. 复合地基作用机理

复合地基在施工阶段的作用机理主要表现为挤密效应和排水固结效应，工作阶段的作用机理主要表现为桩体效应、垫层效应和加筋效应。

（1）挤密效应：竖向增强体复合地基在施工过程中将桩位处的土部分或全部的挤压到桩侧，使桩间土体挤压密实。

（2）排水固结效应：增强体透水性强，是良好的排水通道，能有效地缩短排水距离，加速桩间饱和软黏土的排水固结。

（3）桩体效应：复合地基中桩体刚度大，强度高，承担的荷载大，能将荷载传到地基深处，从而使复合地基承载力提高，地基沉降量减小。

（4）垫层效应：复合地基的复合土层宏观上可视为一个深厚的复合垫层，具有应力扩散效应。

（5）加筋效应：水平向增强体复合地基，在荷载的作用下，发生竖向压缩变形，同时产生侧向位移。复合地基中的加筋材料，将阻碍地基土侧向位移，防止地基土侧向挤出，提高复合地基中水平向的应力水平，改善应力条件，增强土的抗剪能力。

（6）协作效应：增强体与周围土体协调变形、共同工作、相得益彰。如竖向增强体复合地基，桩体强度高，刚度大，约束土体侧向变形，改善土体的应力状态，使土体在较高应力状态下不致发生剪切破坏。同时，土体也约束桩体的侧向变形，保持桩体的形状，提高桩的强度和稳定性。

2. 复合地基破坏模式

复合地基有多种破坏模式，它与复合地基的类型，增强体的材料性质，增强体的布置形式、长度，地基土的性质等因素有关。复合地基的破坏模式是建立复合地基承载力和沉降计算理论的依据。

竖向增强体复合地基的破坏模式如图8-4所示。

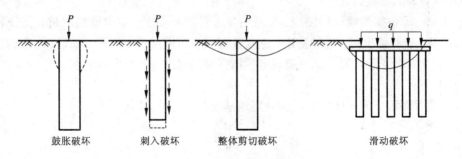

图8-4 竖向增强体复合地基破坏模式

水平向增强体复合地基的破坏模式如图8-5所示。

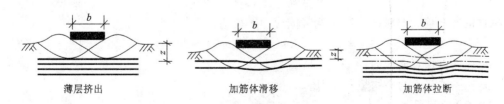

图8-5 水平向增强体复合地基的破坏模式

3. 复合地基设计要点

以竖向增强体复合地基设计要点为例说明，复合地基的设计参数主要有处理范围、处理深度、桩体直径、间距、布置方式、增强体材料、面积置换率、配合比和桩土应力比等，其中面积置换率和桩土应力比是复合地基承载力确定和沉降计算的两个基本参数。

（1）处理范围

地基处理范围应根据建筑物的重要性、平面布置、地基土质条件和增强体的类型确定。一般应大于基础底面积，满足应力扩散的要求。对于刚性桩和部分半刚性桩，由于基础荷载主要由桩体承担，并通过桩体传到地基深处，桩可只布置在基础底面。

（2）处理深度

复合地基处理深度可根据工程要求和工程地质条件通过计算确定。

（3）桩体直径

桩体直径可根据地基土的性质，处理深度，桩的类别、作用，当地经验和选用的施工机械确定。当地基处理深度大时，桩直径应大些；以承载为主的桩和挤密桩直径应大些；兼有排水固结的桩直径宜小些。

（4）桩间距

桩距应根据复合地基承载力、建筑物控制沉降量、土的性质、施工工艺等确定，一般取桩径的 3～5 倍。从施工考虑，尽量选择较大的桩距，以免新打桩对已打桩产生不良影响。对于不可挤密土和挤土成桩工艺宜采用较大的桩间距。

（5）布置方式

常采用等边三角形、等腰三角形、正方形和矩形布置方式。

（6）增强体材料和配合比

增强体材料应根据当地材料供应，处理方案、目的和要求，本着就地取材，充分利用工业废料的原则，选择强度高、性能稳定、透水性好或具有胶结性的材料，如砂石、粉煤灰、矿渣、石灰、灰土、水泥等。配合比一般应根据增强体的强度要求，由试验确定。

（7）面积置换率

桩体的横截面积与该桩体所分担的处理地基面积的比值，即：

$$m = \frac{d^2}{d_e^2} \tag{8-8}$$

式中：d——桩身平均直径，m；

  d_e——一根桩分担的处理地基面积的等效圆直径，m；等边三角形布桩 $d_e = 1.05\ s$，正方形布桩 $d_e = 1.13s$，矩形布桩 $d_e = 1.13\sqrt{s_1 s_2}$。

（8）桩土应力比

桩顶的竖向应力与桩间土的平均竖向应力的比值，即：

$$n = \sigma_p / \sigma_s \tag{8-9}$$

式中：σ_p——桩顶竖向应力；

  σ_s——桩间土的平均竖向应力。

（9）复合地基承载力

复合地基的承载力应通过现场复合地基载荷试验确定，初步设计时可按下式估算：

$$f_{spk} = [1 + m(n-1)]\alpha f_{ak} \tag{8-10}$$

式中：f_{spk}——复合地基承载力特征值，kPa；

  f_{ak}——天然地基承载力特征值，kPa；

α——桩间土承载力提高系数,应按静载荷试验确定;

m——复合地基置换率;

n——复合地基桩土应力比,在无实测资料时,可取 $1.5 \sim 2.5$,原土强度低取大值,原土强度高取小值。

(10)复合地基沉降

复合地基变形计算应符合国家《建筑地基基础设计规范》(GB 50007)的有关规定。

4.施工要点

以沉管砂石桩复合地基的施工要点为例说明,其他型式复合地基施工要点参见《建筑地基处理技术规范》(JGJ 79—2012)。

(1)砂石桩施工可采用振动沉管、锤击沉管或冲击成孔等成桩法。当用于消除粉细砂及粉土液化时,宜用振动沉管成桩法。

(2)施工前应进行成桩工艺和成桩挤密试验。当成桩质量不能满足设计要求时,应在调整设计与施工有关参数后,重新进行试验或改变设计。

(3)振动沉管成桩法施工应根据沉管和挤密情况,控制填砂石量、提升高度和速度、挤压次数和时间、电机的工作电流等。

(4)施工中应选用能顺利出料和有效挤压桩孔内砂石料的桩尖结构。当采用活瓣桩靴时,对砂土和粉土地基宜选用尖锥型;一次性桩尖可采用混凝土锥形桩尖。

(5)锤击沉管成桩法施工可采用单管法或双管法。锤击法挤密应根据锤击的能量,控制分段的填砂石量和成桩的长度。

(6)砂石桩桩孔内材料填料量应通过现场试验确定,估算时可按设计桩孔体积乘以充盈系数确定,充盈系数可取 $1.2 \sim 1.4$。如施工中地面有下沉或隆起现象,则填料数量应根据现场具体情况予以增减。

(7)砂石桩的施工顺序:对砂土地基宜从外围或两侧向中间进行,在既有建(构)筑物邻近施工时,应背离建(构)筑物方向进行。

(8)施工时桩位水平偏差不应大于 0.3 倍套管外径;套管垂直度偏差不应大于 1%。

(9)砂石桩施工后,应将基底标高下的松散层挖除或夯压密实,随后铺设并压实砂石垫层。

8.1.4 机械压实法

当建筑物建筑在填土上,为了提高地基土的强度,减小其压缩性和渗透性,增加土的密实度,经常要采用夯打、振动或碾压等方法使地基土得到压实,从而保证地基和土工建筑物的稳定。碾压法用于地下水位以上填土的压实;振动压实法用于振实非黏性土或黏粒含量少、透水性较好的松散填土地基;(重锤)夯实法主要适用于稍湿的杂填土、黏性土、砂性土、湿陷性黄土和碎石土、砂土、粗粒土与低饱和度细粒土的分层填土等地基。

1.土的压实原理

压实就是指地基土体在压实能量作用下,土颗粒克服粒间阻力,产生位移,土颗粒重新排列,使土中的孔隙减小,密实度增加。工程实践表明,一定的压实能量,只有在适当的含水量范围内土体才能被压实到最密实状态(最大干密度),这种适当的含水量称为最优含水量,可用击实试验测定其数值。

土工击实试验是研究土压实性能的基本方法，试验仪器采用击实仪，通过锤击使土样密实，测定土样在一定击实功作用下达到最大密度时的最优含水率和最大干密度，目前国内常用的击实方法有轻型击实和重型击实两种。对于一般的黏性土，击实试验的基本方法是：取一定量的代表性风干土样，将风干土样碾碎后过 5 mm 的筛(轻型击实试验)或过 20 mm 的筛(重型击实试验)，将筛下的土样搅匀，并测定土样的风干含水率；根据土的塑限预估最优含水率，加水湿润制备不少于 5 个含水率的试样，含水率一次相差为 2%，且其中有两个含水率大于塑限，两个含水率小于塑限，一个含水率接近塑限；用同样的击实能逐一对制备试样进行击实，然后测定各试样的含水量 w 和干密度 ρ_d，绘制 $\rho_d - w$ 关系曲线，如图 8-6 所示，曲线的极值为土样的最大干密度 $\rho_{d, max}$，相应的含水量为最优含水量 w_{op}。

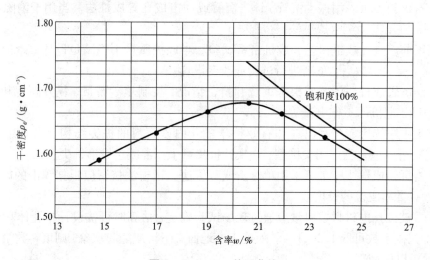

图 8-6　$\rho_d - w$ 关系曲线

当填料为碎石或卵石时，其最大干密度可取 2.2 t/m³。当无试验资料时，最大干密度可按下式计算：

$$\rho_{dmax} = \eta \frac{\rho_w d_s}{1 + 0.01 w_{op} d_s} \qquad (8-11)$$

式中：ρ_{dmax}——分层压实填土的最大干密度，g/cm³；

　　　　η——经验系数，粉质黏土取 0.96，粉土取 0.97；

　　　　ρ_w——水的密度，g/cm³；

　　　　d_s——土粒相对密度(比重)；

　　　　w_{op}——填料的最优含水量。

2. 压实地基设计要点

工程实践中，应根据建筑体型、结构与荷载特点、场地土层条件、变形要求及填料等综合分析后选择施工方法并进行压实地基的设计。当利用压实填土作为建筑工程的地基持力层时，应根据结构类型、填料性能和现场条件等，对拟压实的填土提出质量要求。未经检验查明以及不符合质量要求的压实填土，均不得作为建筑工程的地基持力层。

压实填土的填料可选用符合地基处理规范相关规定的粉质黏土，灰土，粉煤灰，级配良好的砂土或碎石土，土工合成材料，质地坚硬、性能稳定、无腐蚀性和放射性危害的工业废料等。

碾压法和振动压实法施工时应根据压实机械的压实能量、地基土的性质、压实系数和施工含水量等来控制，选择适当的碾压分层厚度和碾压遍数。碾压分层厚度、碾压遍数、碾压范围和有效加固深度等施工参数宜由现场试验确定。重锤夯实法常用锤重为 1.5 ~ 3.2 t，落距为 2.5 ~ 4.5 m，夯打遍数一般取 6 ~ 10 遍。宜通过试夯确定施工方案，试夯的层数不宜小于两层。当最后两遍的平均夯沉量对于黏性土和湿陷性黄土等一般不大于 1.0 ~ 2.0 cm，对于砂性土等一般不大于 0.5 ~ 1.0 cm。

压实填土地基承载力特征值，应根据现场原位测试（静载荷试验、动力触探、静力触探等）结果确定。压实填土的质量以压实系数控制（工地现场地基土试样的干密度与由击实试验得到的试样最大干密度比值），并应根据结构类型和压实填土所在部位按表 8 – 3 确定。

表 8 – 3　压实填土的质量控制

结构类型	填土部位	压实系数 λ_c	控制含水量/%
砌体承重结构和框架结构	在地基主要受力层范围内	≥0.97	$w_{op} \pm 2$
	在地基主要受力层范围以下	≥0.95	
排架结构	在地基主要受力层范围内	≥0.96	
	在地基主要受力层范围以下	≥0.94	

3. 压实地基施工要点

（1）铺填料前，应清除或处理场地内填土层底面以下的耕土或软弱土层等，分层填料的厚度、分层压实的遍数，宜根据所选用的压实设备，并通过试验确定。采用重锤夯实分层填土地基时，每层的虚铺厚度宜通过试夯确定。当使用重锤夯实地基时，夯实前应检查坑（槽）中土的含水量，并根据试夯结果决定是否需要增湿。当含水量较低，宜加水至最优含水量，需待水全部渗入土中一昼夜后方可夯击。若含水量过大，可采取铺撒干土、碎砖、生石灰等、换土或其他有效措施处理。分层填土时，应取用含水量相当于最优含水量的土料。每层土铺填后应及时夯实。

（2）在雨季、冬季进行压实填土施工时，应采取防雨、防冻措施，防止填料（粉质黏土、粉土）受雨水淋湿或冻结，并应采取措施防止出现"橡皮土"。压实填土的施工缝各层应错开搭接，在施工缝的搭接处，应适当增加压实遍数。先振基槽两边，再振中间。压实标准以振动机原地振实不再继续下沉为合格。边角及转弯区域应采取其他措施压实，以达到设计标准。

（3）性质不同的填料，应水平分层、分段填筑，分层压实。同一水平层应采用同一填料，不得混合填筑。填方分几个作业段施工时，接头部位如不能交替填筑，则先填筑区段，应按 1∶1 坡度分层留台级；如能交替填筑，则应分层相互交替搭接，搭接长度不小于 2 m。

（4）压实施工场地附近有需要保护的建筑物时，应合理安排施工时间，减少噪声与振动对环境的影响。必要时可采取挖减震沟等减震隔振措施或进行振动监测。施工过程中严禁扰动垫层下卧层的淤泥或淤泥质土层，防止受冻或受水浸泡。施工结束后应根据采用的施工工艺，待土层休止期后再进行基础施工。

8.1.5　强夯法

夯实地基是指采用强夯法或强夯置换法处理的地基。强夯法又名动力固结法或动力压实法。这种方法是反复将夯锤提到一定高度使其自由落下(落距一般为 10 ~ 40 m),给地基以冲击和振动能量,从而提高地基的承载力,降低土的压缩性、改善砂土的抗液化条件、消除湿陷性黄土的湿陷性等。强夯法适用于处理碎石土、砂土、低饱和度的粉土与黏性土、湿陷性黄土、素填土和杂填土等地基。

强夯置换法是采用在夯坑内回填块石、碎石等粗颗粒材料,用夯锤夯击形成连续的强夯置换墩。强夯置换法是 20 世纪 80 年代后期开发的方法,适用于高饱和度的粉土与软塑 ~ 流塑的黏性土等地基上对变形控制要求不严的工程。强夯置换法具有加固效果显著、施工期短、施工费用低等特点。强夯置换法一般处理效果良好,个别工程因设计、施工不当,加固后会出现下沉较大或墩体与墩间土下沉不等的情况。因此,《建筑地基处理技术规范》(JGJ79—2012)特别强调,采用强夯置换法前必须通过现场试验确定其适用性和处理效果,否则不得采用。

1. 强夯法加固机理

(1)动力密实

采用强夯加固多孔隙、粗颗粒、非饱和土是基于动力密实的机理,即用冲击型动力荷载,使土体中的孔隙减小,土体变得密实,从而提高地基土强度。在采用强夯法加固多孔隙、粗颗粒、非饱和土的过程中,高能量的夯击对土的作用不同于机械碾压、振动压实和重锤夯实,巨大的夯击能量产生的冲击波和动应力在土中传播,使颗粒破碎或使颗粒产生瞬间的相对运动,从而孔隙中气泡迅速排出或压缩,孔隙体积减少,形成较密实的结构。

(2)动力固结

用强夯法处理细颗粒饱和土时,则是借助于动力固结的理论,即巨大的冲击能量在土中产生很大的应力波,破坏了土体原有的结构,使土体局部发生液化并产生许多裂隙,增加了排水通道,使孔隙水顺利逸出,待超孔隙水压力消散后,土体固结。由于软土的触变性,强度得到提高。

2. 强夯法设计要点

(1)强夯法的有效加固深度应根据现场试夯或当地经验确定。夯点的夯击次数,应按现场试夯得到的夯击次数和夯沉量关系曲线确定。夯击遍数应根据地基土的性质确定,可采用点夯 2 ~ 4 遍,对于渗透性较差的细颗粒土,必要时夯击遍数可适当增加。最后再以低能量满夯 1 ~ 2 遍,满夯可采用轻锤或低落距锤多次夯击,锤印搭接。两遍夯击之间应有一定的时间间隔,间隔时间取决于土中超静孔隙水压力的消散时间,对于渗透性较差的黏性土地基,间隔时间不应少于 3 ~ 4 周,对于渗透性好的地基可连续夯击。

(2)夯击点位置可根据基底平面形状,采用等边三角形、等腰三角形或正方形布置。第一遍夯击点间距可取夯锤直径的 2.5 ~ 3.5 倍,第二遍夯击点位于第一遍夯击点之间。以后各遍夯击点间距可适当减小。对处理深度较深或单击夯击能较大的工程,第一遍夯击点间距宜适当增大。强夯处理范围应大于建筑物基础范围,每边超出基础外缘的宽度宜为基底下设计处理深度的 1/2 至 2/3,并不宜小于 3 m。

(3)强夯地基承载力特征值应通过现场载荷试验确定,初步设计时也可根据地区经验和土工试验指标按现行国家标准《建筑地基基础设计规范》(GB 50007)有关规定确定。强夯地基变形计算应符合现行国家标准《建筑地基基础设计规范》(GB 50007)有关规定。夯后有效加固深度内土层的压缩模量应通过原位测试或土工试验确定。

3. 强夯法施工要点

强夯夯锤质量可取 10 ~ 60 t, 其底面形式宜采用圆形或多边形, 锤底面积宜按土的性质确定, 锤底静接地压力值可取 25 ~ 80 kPa, 单击夯击能高时取大值, 单击夯击能低时取小值, 对于细颗粒土锤底静接地压力宜取较小值。锤的底面宜对称设置若干个与其顶面贯通的排气孔, 孔径可取 300 ~ 400 mm。

强夯法施工应按下列步骤进行:

(1)清理并平整施工场地;

(2)标出第一遍夯点位置, 并测量场地高程;

(3)起重机就位, 夯锤置于夯点位置;

(4)测量夯前锤顶高程;

(5)将夯锤起吊到预定高度, 开启脱钩装置, 待夯锤脱钩自由下落后, 放下吊钩, 测量锤顶高程, 若发现因坑底倾斜而造成夯锤歪斜时, 应及时将坑底整平;

(6)重复步骤(5), 按设计规定的夯击次数及控制标准, 完成一个夯点的夯击, 当夯坑过深出现提锤困难, 又无明显隆起, 而尚未达到控制标准时, 宜将夯坑回填不超过1/2深度后, 继续夯击;

(7)换夯点, 重复步骤(3)至(6), 完成第一遍全部夯点的夯击;

(8)用推土机将夯坑填平, 并测量场地高程;

(9)在规定的间隔时间后, 按上述步骤逐次完成全部夯击遍数, 最后用低能量满夯, 将场地表层松土夯实, 并测量夯后场地高程。

8.1.6　化学加固法

化学加固法是指利用水泥浆液、黏土浆液或其他化学浆液, 通过灌注压入、高压喷射或机械搅拌, 使浆液与土颗粒胶结起来, 以改善地基土的物理和力学性质的地基处理方法。化学加固法中常用的方法有灌浆法、高压喷射注浆法和水泥土搅拌法, 根据加固目的可分别选用水泥浆液、硅化浆液、碱液等固化剂。

1. 灌浆法

灌浆法是指利用液压、气压或电化学原理, 通过注浆管把浆液均匀地注入地层中, 浆液以填充、渗透和挤密等方式, 替代土颗粒间或岩石裂隙中的水分和空气后占据其位置, 经一定时间硬化后, 浆液将原来松散的土粒或裂隙胶结成一个整体, 形成一个结构新、强度大、防水性能好和化学稳定性良好的"结石体"。

(1)加固目的

1)增加地基的不透水性, 常用于防止流砂、钢板桩渗水、坝基漏水、隧道开挖时涌水以及改善地下工程的开挖条件;

2)截断渗透水流, 增加边坡、堤岸的稳定性, 常用于整治塌方、滑坡、堤岸以及蓄水结构等;

3)提高地基承载力, 减少地基的沉降和不均匀沉降;

4）提高岩土的力学强度和变形模量，固化地基和恢复工程结构的整体性，常用于地基基础的加固和纠偏处理。

（2）灌浆法设计基本要求

灌浆设计前应进行室内浆液配比试验和现场灌浆试验，以确定设计参数和检验施工方法及设备，具体设计应满足下列要求：

1）软弱地基应优先选用水泥浆浆液，也可选用水泥和水玻璃的双液型混合浆液。

2）注浆孔之间间距不应太大，易为 1.0 ~ 2.0 m，并能使被加固的土体在深度范围内能连成整体。

3）注浆量和注浆有效范围应通过现场的注浆试验确定，在黏性土地基中，浆液注入率宜为 15% ~ 20%。

4）注浆压力，在砂土中宜为 0.2 ~ 0.5 MPa，在黏性土中宜为 0.2 ~ 0.3 MPa。

（3）水泥为主剂的注浆施工要点

1）施工场地应预先平整，并沿钻孔位置开挖沟槽和集水坑。注浆施工时，宜采用自动流量和压力记录仪，并应及时对资料进行整理分析。注浆孔的孔径宜为 70 ~ 110 mm，垂直度偏差应小于 1%。

2）采用花管注浆法施工时，可按下列步骤进行：钻机与注浆设备就位；钻孔或采用振动法将花管置入土层；当采用钻孔法时，应从钻杆内注入封闭泥浆，然后插入孔径为 50 mm 的金属共管；待封闭泥浆凝固后，移动花管自下向上或自上向下进行注浆。

3）封闭泥浆 7 d 立方体试块（边长为 70.7 mm）的抗压强度应为 0.3 ~ 0.5 MPa，浆液黏度应为 80 ~ 90 s。浆液宜用 425 号或 525 号（P·O 32.5 或 P·O 42.5）普通硅酸盐水泥。注浆时可掺用粉煤灰代替部分水泥，掺入量可为水泥重量的 20% ~ 50%。根据工程需要，可在浆液拌制时加入速凝剂、减水剂和防析水剂。

4）注浆用水不得采用 pH 值小于 4 的酸性水和工业废水。水泥浆的水灰比可取 0.6 ~ 2.0，常用的水灰比为 1.0。注浆的流量可取 7 ~ 10 L/min，对充填型注浆，流量不宜大于 20 L/min。日平均温度低于 5℃ 或最低温度低于 -3℃ 的条件下注浆时，应在施工现场采取措施，保证浆液不冻结。水温不得超过 30 ~ 35℃，并不得将盛浆桶和注浆管路在注浆体静止状态暴露于阳光下，防止浆液凝固。

5）注浆顺序应按跳孔间隔注浆方式进行，并宜采用先外围后内部的注浆施工方法。当地下水流速较大时，应从水头高的一端开始注浆。对渗透系数相同的土层，首先应注浆封顶，然后由下向上进行注浆，防止浆液上冒。如土层的渗透系数 随深度而增大，则应自下向上注浆。对互层地层，首先应对渗透性或孔隙率大的地层进行注浆。当既有建筑地基进行注浆加固时，应对既有建筑及其邻近建筑、地下管线和地面的沉降、倾斜、位移和裂缝进行监测。并应采用多孔间隔注浆和缩短浆液凝固时间等措施，减少既有建筑基础因注浆而产生的附加沉降。

（4）灌浆效果检验

1）水泥为主剂的注浆加固质量检验应符合下列规定：注浆检验时间应在注浆结束 28 d 后进行。可选用标准贯入、轻型动力触探或静力触探对加固地层均匀性进行检测；应在加固土的全部深度范围内每隔 1 m 取样进行室内试验，测定其压缩性、强度或渗透性；注浆检验点可为注浆孔数的 2% ~ 5%。当检验点合格率小于或等于 80%，或虽大于 80% 但检验点的

266

平均值达不到强度或防渗的设计要求时,应对不合格的注浆区实施重复注浆。

2)硅化注浆加固质量检验应符合下列规定:硅酸钠溶液灌注完毕,应在 7 ~ 10 d 后,对加固的地基土进行检验;必要时,尚应在加固土的全部深度内,每隔 1 m 取土样进行室内试验,测定其压缩性和湿陷性。

3)碱液加固质量检验应复合下列规定:碱液加固施工应作好施工记录,检查碱液浓度及每孔注入量是否符合设计要求;可通过开挖或钻孔取样,对加固土体进行无侧限抗压强度试验和水稳性试验。取样部位应在加固土体中部,试块数不少于 3 个,28 d 龄期的无侧限抗压强度平均值不得低于设计值的90%。将试块浸泡在自来水中,无崩解。当需要查明加固土体的外形和整体性时,可对有代表性加固土体进行开挖,量测其有效加固半径和加固深度。

2. 高压喷射注浆法

高压喷射注浆法,就是利用钻机将带有喷嘴的注浆管钻进至土层预定深度后,以 20 ~ 40 MPa 压力把浆液或水从喷嘴中喷射出来,形成喷射流冲击破坏土层。当能量大、速度快脉动状的射流动压大于土层结构强度时,土颗粒便从土层中剥落下来。一部分细颗粒随浆液或水冒出地面,其余土粒在射流的冲击力、离心力和重力等的作用下,与浆液搅拌混合,并按一定的浆土比例和质量大小,有规律地重新排列。浆液凝固后,便在土层中形成一个固结体。

高压喷射注浆法所形成的固结体形状与喷射流移动方向有关。一般分为旋转喷射(简称旋喷)、定向喷射(简称定喷)和摆动喷射(简称摆喷)三种型式如图 8 - 7 所示。定喷和摆喷两种方法通常用于基坑防渗、改善地基土的水流性质及稳定边坡等工程。高压旋喷施工根据工程需要和土质条件,可分别采用单管法、双管法和三管法。

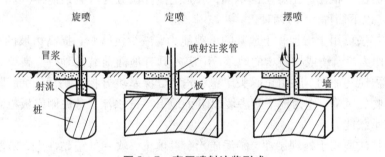

图 8 - 7 高压喷射注浆形式

旋喷地基适用在淤泥、淤泥质土、一般黏性土、粉土、砂土、黄土、素填土等地基中采用高压旋喷注浆形成增强体的地基处理。当土中含有较多的大粒径块石、大量植物根茎或较高的有机质时,以及地下水流速过大和已涌水的工程,应根据现场试验结果确定其适应性。

旋喷地基处理的施工要点如下:

(1)施工前应根据现场环境和地下埋设物的位置等情况,复核高压喷射注浆的设计孔位。

(2)高压旋喷注桩的施工参数应根据土质条件、加固要求通过试验或根据工程经验确定,并在施工中严格加以控制。单管法及双管法的高压水泥浆和三管法高压水的压力宜大于 30 MPa,流量大于 30 L/min,气流压力宜取 0.7 MPa,提升速度可取 0.1 ~ 0.2 m/min。

(3)高压喷射注浆,对于无特殊要求的工程宜采用强度等级为 P.O.32.5 级及以上的普通硅酸盐水泥,根据需要可加入适量的外加剂及掺合料。外加剂和掺合料的用量,应通过试验确定。

（4）水泥浆液的水灰比应按工程要求确定，可取 0.8~1.2，常用 0.9。

（5）高压喷射注浆的施工工序为机具就位、贯入喷射管、喷射注浆、拔管和冲洗等。

（6）喷射孔与高压注浆泵的距离不宜大于 50 m。钻孔的位置与设计位置的偏差不得大于 50 mm。垂直度偏差不大于 1%。实际孔位、孔深和每个钻孔内的地下障碍物、洞穴、涌水、漏水。

旋喷地基质量检验应符合下列要求：

（1）高压旋喷桩可根据工程要求和当地经验采用开挖检查、取芯（常规取芯或软取芯）、标准贯入试验、动力触探载荷试验等方法进行检验。

（2）检验点应布置在下列部位：有代表性的桩位；施工中出现异常情况的部位；地基情况复杂，可能对高压喷射注浆质量产生影响的部位。

（3）检验点的数量为施工孔数的 2%，并不应少于 5 点。质量检验宜在高压喷射注浆结束 28 d 后进行。

（4）旋喷桩地基竣工验收时，承载力检验可采用复合地基载荷试验和单桩载荷试验。载荷试验必须在桩身强度满足试验条件时，并宜在成桩 28 d 后进行。检验数量为桩总数的 0.5%~1%，且每项单体工程不应少于 3 点。

3.水泥土搅拌法

水泥土搅拌法是利用水泥或石灰等材料作为固化剂，通过特制的深层搅拌机械，在地基深处就地将固化剂和地基土强制搅拌，使软土硬结成具有整体性、水稳定性和一定强度的桩体的地基处理方法。根据施工方法的不同，水泥土搅拌法分为水泥浆搅拌（以下简称湿法）和粉体喷射搅拌（以下简称干法）两种。

水泥土搅拌法可用于增加软土地基的承载能力，减少沉降量，提高边坡的稳定性，适用于以下情况：作为建筑物或构筑物的地基、厂房内具有地面荷载的地坪、高填方路堤下基层等；进行大面积地基加固、以防止码头岸壁的滑动、深基坑开挖时坍塌、坑底隆起和减少软土中地下构筑物的沉降；作为地下防渗墙以阻止地下渗透水流，对桩侧或板桩背后的软土加固以增加侧向承载能力。

水泥土搅拌法适用于处理淤泥、淤泥质土、素填土、软－可塑黏性土、松散－中密粉细砂、稍密－中密粉土、松散－稍密中粗砂和砾砂、黄土等土层。不适用于含大孤石或障碍物较多且不易清除的杂填土，硬塑及坚硬的黏性土、密实的砂类土以及地下水渗流影响成桩质量的土层。当地基土的天然含水量小于 30%（黄土含水量小于 25%）、大于 70% 时不应采用干法。寒冷地区冬季施工时，应考虑负温对处理效果的影响。

（1）水泥土搅拌法加固机理主要有以下三种作用：

1）水泥的水解和水化反应

普通硅酸盐水泥主要是由氧化钙、二氧化硅、三氧化二铝、三氧化二铁及三氧化硫等组成，由这些不同的氧化物分别组成了不同的水泥矿物：硅酸三钙、硅酸二钙、铝酸三钙、铁铝酸四钙、硫酸钙等。用水泥加固软土时，水泥颗粒表面的矿物很快与软土中的水发生水解和水化反应，生成氢氧化钙、含水硅酸钙、含水铝酸钙及含水铁酸钙等化合物。

2）土颗粒与水泥水化物的作用

当水泥的各种水化物生成后，有的自身继续硬化，形成水泥石骨架；有的则与其周围具有一定活性的黏土颗粒发生反应。

3）碳酸化作用

水泥水化物中游离的氢氧化钙能吸收水中和空气中的二氧化碳，发生碳酸化反应，生成不溶于水的碳酸钙，这种反应也能使水泥土增加强度，但增长的速度较慢，幅度也较小。

（2）水泥土搅拌法地基处理的基本规定如下：

1）水泥土搅拌法可采用单头、双头、多头搅拌或连续成槽搅拌形成水泥土加固体。湿法搅拌可插入型钢形成排桩（墙）。设计前应进行拟处理土的室内配比试验。

2）针对现场拟处理的软弱层软土的性质，选择合适的固化剂、外掺剂及其掺量，为设计提供不同龄期、不同配比的强度参数。

3）固化剂宜选用强度等级不低于 32.5 级的普通硅酸盐水泥（型钢水泥土搅拌墙不低于 P·O 42.5 级）。

4）水泥掺量应根据设计要求的水泥土强度经试验确定：块状加固时水泥掺量不应小于被加固天然土质量的 7%，作为复合地基增强体时不应小于 12%，型钢水泥土搅拌墙（桩）不应小于 20%。

5）湿法的水泥浆水灰比可选用 0.45~0.55，应根据工程需要和土质条件选用具有早强、缓凝、减水以及节约水泥等作用的外掺剂，干法可掺加二级粉煤灰等材料。

（3）水泥土搅拌法地基处理的施工要点如下：

1）水泥土搅拌法施工现场事先应予以平整，必须清除地上和地下的障碍物。遇有明浜、池塘及洼地时应抽水和清淤，回填土料应压实，不得回填生活垃圾。

2）水泥土搅拌桩施工前应根据设计进行工艺性试桩，数量不得少于 3 根，多头搅拌不得少于 3 组。应对工艺试桩的质量进行必要的检验。

3）搅拌头翼片的枚数、宽度、与搅拌轴的垂直夹角、搅拌头的回转数、提升速度应相互匹配，钻头每转一圈的提升（或下沉）量以 1.0~1.5 cm 为宜。竖向承载搅拌桩施工时，停浆（灰）面应高于桩顶设计标高 300~500 mm。在开挖基坑时，应将桩顶以上 500 mm 土层及搅拌桩顶端施工质量较差的桩段用人工挖除。

4）施工中应保持搅拌桩机底盘的水平和导向架的竖直，搅拌桩的垂直偏差不得超过 1%；桩位的偏差不得大于 50 mm；成桩直径和桩长不得小于设计值。

5）水泥土搅拌法施工主要步骤应为：搅拌机械就位、调平；预搅下沉至设计加固深度；边喷浆（粉）、边搅拌提升直至预定的停浆（灰）面；重复搅拌下沉至设计加固深度；根据设计要求，喷浆（粉）或仅搅拌提升直至预定的停浆（灰）面；关闭搅拌机械。

8.1.7　挤密地基

挤密地基是指利用沉管、冲击、夯扩、振冲、振动沉管等方法在土中挤压、振动成孔，使桩孔周围土体得到挤密、振密，并向桩孔内分层填料形成的地基。适用于处理湿陷性黄土、砂土、粉土、素填土和杂填土等地基。

当以消除地基土的湿陷性为主要目的时，宜选用土桩挤密法。当以提高地基土的承载力或增强其水稳性为主要目的时，宜选用灰土桩（或其他具有一定胶凝强度桩如二灰桩、水泥土桩等）挤密法。当以消除地基土液化为主要目的时，宜选用振冲或振动挤密法。

（1）土桩、灰土桩挤密地基

1）设计要点

挤密地基的处理面积，应大于基础或建筑物底层平面的面积。挤密地基的厚度宜为 3 ~ 15 m，应根据建筑场地的土质情况、工程要求和成孔及夯实设备等综合因素确定。桩孔直径宜为 300 ~ 600 mm，并可根据所选用的成孔设备或成孔方法确定。桩孔宜按等边三角形布置，桩孔之间的中心距离，可为桩孔直径的 2.0 ~ 2.5 倍。桩孔的数量可按下式估算：

$$n = \frac{A}{A_e} \tag{8-12}$$

式中：n——桩孔的数量；

A——拟处理地基的面积，m^2；

A_e——1 根土或灰土挤密桩所承担的处理地基面积，m^2，即：$A_e = \frac{\pi d_e^2}{4}$。

桩孔内的填料，应根据地基处理的目的和工程要求，采用素土、灰土、二灰（粉煤灰与石灰）或水泥土等。对于灰土，消石灰与土的体积配合比宜为 2∶8 或 3∶7；对于水泥土，水泥与土的体积配合比宜为 1∶9 或 2∶8。孔内填料均应分层回填夯实，填料的平均压实系数值不应小于 0.97，其中压实系数最小值不应低于 0.94。桩顶标高以上应设置 300 ~ 600 mm 厚的灰土或水泥土垫层，其压实系数不应小于 0.95。

土桩、灰土桩挤密地基承载力特征值，应通过单桩静载荷试验或复合地基载荷试验确定。土桩、灰土桩挤密地基的变形计算，应符合现行国家标准《建筑地基基础设计规范》（GB 50007）的有关规定，其中复合土层的压缩模量，可采用载荷试验的变形模量代替。

2）施工要点

成孔应按设计要求、成孔设备、现场土质和周围环境等情况，选用沉管（振动、锤击）、冲击或钻孔夯扩等方法。桩顶设计标高以上的预留覆盖土层厚度宜符合下列要求：沉管（锤击、振动）成孔，宜不小于 1.0 m；冲击成孔，钻孔夯扩法，宜不小于 1.5 m。成孔时，地基土宜接近最优（或塑限）含水量，当土的含水量低于 12% 时，宜对拟处理范围内的土层进行增湿。

成孔和孔内回填夯实应符合下列要求：成孔和孔内回填夯实的施工顺序，当整片处理时，宜从里（或中间）向外间隔 1 ~ 2 孔进行，对大型工程，可采取分段施工；当局部处理时，宜从外向里间隔 1 ~ 2 孔进行；向孔内填料前，孔底应夯实，并应抽样检查桩孔的直径、深度和垂直度；桩孔的垂直度偏差不宜大于 1.5%；桩孔中心点的偏差不宜超过桩距设计值的 5%；经检验合格后，应按设计要求，向孔内分层填入筛好的素土、灰土或其他填料，并应分层夯实至设计标高。

铺设灰土垫层前，应按设计要求将桩顶标高以上的预留松动土层挖除或夯（压）密实。施工过程中，应有专人监理成孔及回填夯实的质量，并应做好施工记录。如发现地基土质与勘察资料不符，应立即停止施工，待查明情况或采取有效措施处理后，方可继续施工。雨季或冬季施工，应采取防雨或防冻措施，防止填料受雨水淋湿或冻结。成桩后，应及时抽样检验挤密地基的质量。对一般工程，主要应检查施工记录、检测全部处理深度内桩体和桩间土的干密度，并将其分别换算为平均压实系数和平均挤密系数。

桩孔夯填质量检验应随机抽样检测，抽检的数量不应少于桩总数的 1%；且总计不得少于9根桩。土桩、灰土桩挤密地基的载荷试验检验数量不应少于桩总数的0.5%，且每项单体工程不应少于3点。

（2）振冲桩挤密地基

1）设计要点

地基处理范围应根据建筑物的重要性和场地条件确定，当用于多层建筑和高层建筑时，宜在基础外缘扩大1～3排桩。当要求消除地基液化时，在基础外缘扩大宽度不应小于基底下可液化土层厚度的1/2，并不应小于5 m。桩位布置，对大面积满堂处理，宜用等边三角形布置；对单独基础或条形基础，宜用正方形、矩形或等腰三角形布置。桩的间距应通过现场试验确定，并应符合下列规定：

（a）振冲桩的间距应根据上部结构荷载大小和场地土层情况，并结合所采用的振冲器功率大小综合考虑。30 kW振冲器布桩间距可采用1.3～2.0 m；55 kW振冲器布桩间距可采用1.4～2.5 m；75 kW振冲器布桩间距可采用1.5～3.0 m。荷载大或对黏性土宜采用较小的间距，荷载小或对砂土宜采用较大的间距。

（b）振动沉管桩的间距，对粉土和砂土地基，不宜大于桩直径的4.5倍；对黏性土地基不宜大于桩直径的3倍。

桩长不宜小于4 m。当相对硬层埋深不大时，应按相对硬层埋深确定；当相对硬层埋深较大时，按建筑物地基变形允许值确定；在可液化地基中，桩长应按要求的抗震处理深度确定。

在桩顶和基础之间宜铺设一层300～500 mm厚的碎（砂）石垫层。振冲法桩体材料可用含泥量不大于5%的碎石、卵石、矿渣或其他性能稳定的硬质材料，不宜使用风化易碎的石料。常用的填料粒径为：30 kW振冲器20～80 mm；55 kW振冲器30～100 mm；75 kW振冲器40～150 mm。振动沉管法桩体材料可用碎石、卵石、角砾、圆砾、砾砂、粗砂、中砂或石屑等硬质材料，含泥量不得大于5%，最大粒径不宜大于50 mm。

振冲桩的直径一般为0.8～1.2 m；振动沉管桩的直径一般为0.3～0.8 m。可按每根桩所用填料量计算。振冲挤密地基承载力特征值应通过现场载荷试验确定。振冲挤密地基的变形计算应符合现行国家标准《建筑地基基础设计规范》（GB 50007）有关规定。

2）施工要点

振冲施工可根据设计荷载的大小、原土强度的高低、设计桩长等条件选用不同功率的振冲器。施工前应在现场进行试验，以确定水压、振密电流和留振时间等各种施工参数。升降振冲器的机械可用起重机、自行井架式施工平车或其他合适的设备。施工设备应配有电流、电压和留振时间自动信号仪表。

振冲施工可按下列步骤进行：清理平整施工场地，布置桩位；施工机具就位，使振冲器对准桩位；启动供水泵和振冲器，水压可用200～600 kPa，水量可用200～400 L/min，将振冲器徐徐沉入土中，造孔速度宜为0.5～2.0 m/min，直至达到设计深度，记录振冲器经各深度的水压、电流和留振时间；造孔后边提升振冲器边冲水直至孔口，再放至孔底，重复两三次扩大孔径并使孔内泥浆变稀，开始填料制桩；大功率振冲器投料可不提出孔口，小功率振冲器下料困难时，可将振冲器提出孔口填料，每次填料厚度不宜大于50 cm；将振冲器沉入填料中进行振密制桩，当电流达到规定的密实电流值和规定的留振时间后，将振冲器提升30～50 cm；重复以上步骤，自下而上逐段制作桩体直至孔口，记录各段深度的填料量、最终电流值和留振时间，并均应符合设计规定；关闭振冲器和水泵。

施工现场应事先开设泥水排放系统，或组织好运浆车辆将泥浆运至预先安排的存放地点，应尽可能设置沉淀池重复使用上部清水。桩体施工完毕后应将顶部预留的松散桩体挖除，如无预留应将松散桩头压实，随后铺设并压实垫层。

8.2 特殊土地基处理

由于我国地域辽阔，南北纬度相差50余度，各地的地理环境、地形高差、气温、雨量、地质成因和地质历史千差万别，再加上组成土的物质成分和次生变化等多种复杂因素，因此形成了多种具有特殊性质的土。主要包括：软土、膨胀土、红黏土和湿陷性黄土等，这些土构成的地基就是特殊土地基。

这些天然形成的特殊土的地理环境分布有一定的规律性和区域性，因此，这些土也称为区域特殊土，以其作为建筑地基时，应注意其特殊特性，采取必要的措施，防止发生工程事故。

8.2.1 软土地基处理

1. 软土的类型和分布

软土一般是指在静水和缓慢流水环境中沉积，以黏粒为主并伴有微生物作用的近代沉积物，如淤泥、淤泥质土以及其他高压缩性饱和黏性土、粉土等。软土按沉积环境有下列类型：

(1)滨海沉积——滨海相、泻湖相、溺谷相及三角洲相

滨海沉积软土在表层广泛分布一层由近代各种营力作用生成的厚为0~3.0 m、黄褐色黏性土的硬壳。下部淤泥多呈深灰色或灰绿色，间夹薄层粉砂。常含有贝壳及海生物残骸。

(2)湖泊沉积——湖相、三角洲相

湖泊沉积软土是近代淡水盆地和咸水盆地的沉积。其物质来源与周围岩性基本一致，在稳定的湖水期逐渐沉积而成。沉积物中夹有粉砂颗粒，呈现明显的层理。淤泥结构松软，呈暗灰、灰绿或暗黑色，表层硬层不规律，厚为0~4 m，时而有泥炭透镜体。淤泥厚度一般为10 m左右。最厚者可达25 m。

(3)河滩沉积——河漫滩相、牛轭湖相

河滩沉积软土主要包括河漫滩相和牛轭湖相。成层情况较为复杂，其成分不均一，走向和厚度变化大，平面分布不规则。一般是软土常呈带状或透镜状，间与砂或泥炭互层；其厚度不大，一般小于10 m。

(4)沼泽沉积——沼泽相

沼泽沉积软土分布在地下水、地表水排泄不畅的低洼地带，且蒸发量不足以干化淹水地面的情况下，形成的一种沉积物，多伴以泥炭为主，且常出露于地表。下部分布有淤泥层或底部与泥炭互层。

软土在我国沿海地区广泛分布，内陆平原和山区亦有。我国东海、黄海、渤海、南海等沿海地区，例如滨海相沉积的天津塘沽，浙江温州、宁波等地，以及溺谷相沉积的闽江口平原，河滩相沉积的长江中下游、珠江下游、淮河平原、松辽平原等地区。内陆(山区)软土主要位于湖相沉积的洞庭湖、洪泽湖、太湖、鄱阳湖四周和古云梦泽地区边缘地带，以及昆明

的滇池地区、贵州六盘水地区的洪积扇和煤系地层分布区的山间洼地等地带。

2. 软土的工程特性

软土的主要特征是：天然含水量大于液限，天然孔隙比大于或等于1，压缩性高（$a_{1-2} > 0.5$ MPa^{-1}或$a_{1-3} > 1$ MPa^{-1}），强度低，渗透系数小。因此，软土一般具有下列工程特性：

（1）触变性：软土具有触变特征，当原状土受到振动以后，破坏了结构连接，降低了土的强度或很快地使土变成稀释状态。触变性的大小，常用灵敏度S_t来表示。软土的S_t一般在1～3之间，个别可达8～9。为此当软土地基受振动荷载后，易产生侧向滑动、沉降及基底面两侧挤出等现象。

（2）流变性：软土除排水固结引起变形外，在剪应力作用下，土体还会发生缓慢长期的剪切变形。这对建筑物地基的沉降有较大的影响，对斜坡、堤岸、码头及地基稳定性不利。

（3）高压缩性：软土是属于高压缩性的土，压缩系数大，这类土的大部分压缩变形发生在垂直压力为100 kPa左右。反应在建筑物的沉降方面为沉降量大。

（4）低强度：由于软土具有上述特性，地基强度很低。其不排水抗剪强度一般均在20 kPa以下。

（5）低透水性：软土透水性能弱，一般垂向渗透系数在$i \times (10^{-6} \sim 10^{-8})$ cm/s之间，对地基排水固结不利，反映在建筑物沉降延续时间长。同时，在加载初期，地基中常出现较高的孔隙水压力，影响地基的强度，同时也反映在建筑物沉降延续的时间很长。

（6）不均匀性：由于沉积环境的变化，黏性土层中常局部夹有厚薄不等的粉土使水平和垂直分布上有所差异，作为建筑物地基则易产生差异沉降。

（7）在较大地震力作用下，易出现震陷。

3. 软土地基的工程措施

在软土地基上修建建筑物时，应考虑上部结构与地基的共同作用，必须对建筑物的外形、荷载情况、结构类型、地质条件等进行综合考虑。常采取的措施如下：

（1）建筑措施

1）室内地坪和地下设施的标高，应根据预估的沉降量适当提高，建筑物各部分之间存在影响的，可以将沉降较大者的标高提高。

2）建筑物之间应留有净空，当建筑物有管道管线穿过时，应预留孔洞，或采用柔性管道接头。

（2）结构措施

1）选用轻型结构，减轻结构自重。

2）设置地下室或半地下室，采用覆土少、自重轻的基础形式。

3）调整各部分的荷载分布、基础宽度或埋深。

4）增强墙体刚度和强度。

（3）地基处理

针对软土地基承载力、稳定性及不均匀沉降等方面的突出问题，工程实践中常采取以下地基处理技术：

1）浅层处理方法：垫层法（包括换土垫层、换土加筋垫层、加筋碎石垫层等）、抛石挤淤法等，换土垫层一般不适用于垫层下地基持力层土的压缩模量低于2.5 MPa的地基。

2）针对饱和软黏土（如沼泽土、淤泥及淤泥质土、水力冲填土等）、有机质黏土的地基处理可采用排水固结法处理。

3）针对松散砂土、粉土、黏性土、素填土、杂填土以及对变形控制要求不十分严格的饱和软黏土地基的加固或置换，可采用碎石桩或砂桩处理。

4）也可采用加固土桩处理，包括水泥搅拌桩、粉喷桩和高压旋喷桩处理。

5）针对软弱黏性土、粉土、砂土和已自重固结的素填土地基可以采用水泥粉煤灰碎石桩（CFG桩）处理。

6）对暗浜、暗塘、墓穴、古河道的处理：当范围不大时，一般采用基础加深或换垫处理；当宽度不大时，一般采用基础梁跨越处理；当范围较大时，一般采用短桩处理，短桩的类型有砂桩、碎石桩、灰土桩，旋喷桩和预制桩。

7）对厚层软土的处理：采用堆载预压法或砂井、袋装砂井、塑料排水板与堆载预压相结合的方法；对荷载大、沉降限制严格的建筑物，宜采用桩基，以达到有效的减小沉降量和差异沉降的目的。

8.2.2　膨胀土地基处理

膨胀土是指含有大量的强亲水性黏土矿物成分，具有显著的吸水膨胀和失水收缩、且胀缩变形往复可逆的高塑性黏土。它一般强度较高，压缩性低，易被误认为工程性能较好的土，但由于具有膨胀和收缩特性，在膨胀土地区进行工程建筑，如果不采取必要的设计和施工措施，会导致建筑物的开裂和损坏，并往往造成坡地建筑场地崩塌、滑坡、地裂等严重的不稳定因素。

我国是世界上膨胀土分布广、面积大的国家之一，据现有资料在广西、云南、湖北、河南、安徽、四川、河北、山东、陕西、浙江、江苏、贵州、湖南和广东等地均有不同范围的分布。按其成因大体有残积－坡积、湖积、冲积－洪积和冰水沉积等四个类型，其中以残、坡积型和湖积型者胀缩性最强。

1. 膨胀土的工程特性

膨胀土的工程地质特征主要有以下几个方面：

（1）黏粒含量高，多达35%～85%。其中粒径<0.002 mm的胶粒含量一般也在30%～40%范围。液限一般为40%～50%。塑性指数多在22～35之间。

（2）天然含水量接近或略小于塑限，常年不同季节变化幅度为3%～6%。故一般呈坚硬或硬塑状态。

（3）天然孔隙比小，变化范围常在0.50～0.80之间。同时，其天然孔隙比随土体湿度的增减而变化，即土体增湿膨胀，孔隙比变大；土体失水收缩，孔隙比变小。

（4）自由膨胀量一般超过40%（红黏土除外）。而且，各地膨胀土的膨胀率、膨胀力和收缩率等指标的试验结果也存在较大差异。

（5）膨胀土的强度和压缩性

膨胀土在天然条件下一般处于硬塑或坚硬状态，强度较高，压缩性较低。但这种土层往往由于干缩，裂隙发育，呈现不规则网状与条带状结构，破坏了土体的整体性，降低承载力，并可能使土体丧失稳定性。这一点，特别对浅基础、重荷载的情况，不能单纯从"平衡膨胀力"的角度或利用小块试样的强度考虑膨胀土地基的整体强度问题。

同时，当膨胀土的含水量剧烈增大（例如：由于地表浸水或地下水位上升）或土的原状结构被扰动时，土体强度会骤然降低，压缩性增高。

2. 膨胀土地基上建筑物的变形特征

膨胀土地基受季节性气候影响产生胀缩变形，使建筑物上下反复升降，造成开裂破坏。一般情况下建筑物变形有下列特征：

(1)建筑物建成后三五年才出现裂缝，甚至一二十年才开裂，也有少数未竣工就开裂。房屋开裂往往是地区性成群出现，特别是气候强烈变化之后。开裂以低层民用建筑较为严重。裂缝随季节性气候变化而变化，旱时张开，雨时闭合。

(2)在相似地质条件下，同一地区的建筑物，其变形幅度是随基底压力和基础埋深的增加而减小。同一建筑物外墙的升降幅度一般大于内墙，且以角端最为敏感。

(3)建筑物裂缝具有其特殊性，如：

1)角端斜向裂缝：常表现为山墙上的对称或不对称的倒八字形裂缝，伴随有一定的水平位移或转动；

2)纵墙的水平裂缝：一般在窗台下与勒脚下出现较多，同时伴有墙体外倾、外鼓、基础外转和内外墙脱开，以及内横墙出现倒八字裂缝或竖向裂缝；

3)竖向裂缝：一般出现在墙的中部，上宽下窄；

4)独立砖柱的水平断裂，并伴随水平位移和转动；

5)地坪隆起，多出现纵长裂缝，有时出现网格状裂缝；

6)当地裂通过房屋时，在地裂处墙上产生竖向或斜向裂缝。

另外，膨胀土边坡很不稳定，易产生浅层滑坡，引起房屋和构筑物开裂破坏，设计施工时应先治坡后治基，防止滑坡发生。

3. 膨胀土胀缩变形影响因素

膨胀土的胀缩变形由土的内在因素决定，同时受到外部因素的制约，主要有如下因素影响：

(1)矿物成分

膨胀土主要由蒙脱石、伊利石等强亲水性矿物组成。蒙脱石矿物亲水性强，具有既易吸水又易失水的强烈活动性；伊利石亲水性比蒙脱石低，但也有较高的活动性。蒙脱石矿物吸附外来的阳离子的类型对土的胀缩性也有影响，如吸附钠离子(钠蒙脱石)就具有特别强烈的胀缩性。

(2)黏粒的含量

由于黏土颗粒细小，比面积大，因而有较大的表面能，对水分子和水中阳离子的吸附能力强。一般来说，土中黏粒含量越多，则土的胀缩性愈强。

(3)土的初始密度和含水量

对于含有一定数量的蒙脱石和伊利石的黏土来说，当其在同样的天然含水量条件下浸水，天然孔隙比愈小，土的膨胀愈大，而收缩愈小。反之，孔隙比愈大，收缩愈大。因此，在一定条件下，土的天然孔隙比(密实状态)是影响胀缩变形的一个重要因素。此外，土中原有的含水量与土体膨胀所需的含水量相差愈大时，则遇水后土的膨胀愈大，而失水后土的收缩愈小。

(4)土的结构强度

结构强度愈大，土体抵制胀缩变形的能力也愈大。当土的结构受到破坏以后，土的胀缩性随之增强。

(5)气候条件

从现有的资料分析,膨胀土分布地区年降雨量的大部分集中在雨季,继之是延续较长的旱季。如建筑场地潜水位较低,则表层膨胀土受大气影响,土中水分处于剧烈的变动之中。房屋建造后,室外上层受季节性气候影响较大,因此,基础的室内外两侧土的胀缩变形有明显差别,有时甚至外缩内胀,致使建筑物受到反复的不均匀变形的影响,从而导致建筑物的开裂。

据野外实测资料表明,季节性气候变化对地基土中水分的影响随深度的增加而递减。因此,确定建筑物所在地区的大气影响深度对防治膨胀土的危害具有实际意义。

(6)地形地貌条件

如在丘陵区和山区,不同地形和高程地段地基上的初始状态及其受水蒸发条件不同,因此,地基土产生胀缩变形的程度也各不相同。凡建在高旷地段膨胀土层上的单层浅基建筑物裂缝最多,而建在低洼处、附近有水田水塘的单层房屋裂缝就少。这是由于高旷地带蒸发条件好,地基土容易干缩,而低洼地带土中水分不易散失,且补给有源,湿度较能保持相对稳定的缘故。

(7)日照、通风影响

膨胀土地基土建筑物开裂情况的许多调查资料表明:房屋向阳面,即南、西、东、尤其南、西两面外裂较多,背阳面即北面开裂很少,甚至没有。

8)局部渗水的影响

对于天然湿度较低的膨胀土,当建筑物内、外有局部水源补给(如水管漏水、雨水和施工用水未及时排除)时,必然会增大地基胀缩变形的差异。另外,在膨胀土地基上建造冷库或高温构筑物如无隔热措施,也会因不均匀胀缩变形而开裂。

4.膨胀土地基的工程措施

在膨胀土地基上修建建筑物或者构筑物,应采取积极预防的措施,这些工程措施可从以下几个方面来着手考虑:

(1)建筑措施

1)为减少大气对膨胀土的胀缩影响,基础最少埋深不小于 1 m。

2)屋面排水宜采用外排水,水落管下端距散水面不应大于 300 mm,并不得设在沉降缝处,排水量较大时应采用雨水明沟或管道排水。

3)膨胀土地区建筑物的室内地面设计应根据使用要求分别对待,对使用要求严格的地面(如特别重要的民用建筑地面、有特殊生产工艺要求及有精密仪表设备的车间地面等)可根据地基土的胀缩性采取相应的设计措施。三级膨胀土地基和使用要求特别严格的地面,可采用地面配筋或地面架空的措施。对使用要求不严格的地面,可采用预制块铺设。大面积地面应做分格变形缝。地面、墙体、地沟、地坑和设备基础之间宜采用变形缝隔开,变形缝均应填嵌柔性防水材料。

4)建筑体型应力求简单,符合下列情况应设置沉降缝:挖方与填方交界处或地基土显著不均匀处;建筑物平面转折部位或高度或荷重有显著差异部位;建筑结构或基础类型不同部位。

5)场址选择时应选具有排水通畅,并有可能采用分级低挡土墙治理、胀缩性较弱的地

276

段，避开地形复杂、地裂、冲沟、浅滑坡发育或可能发育、地下水位变化剧烈的地段。总平面设计时宜使同一建筑物地基土的分级变形差不大于 35 mm，竖向设计宜保持自然地形，避免大挖大填，应考虑场地内排水系统的管道渗水或排泄不畅对建筑物升降变形的影响。在坡地上建筑时要验算坡体的稳定性，考虑坡体的水平移动和坡体内土的含水量变化对建筑物的影响。对不稳定或可能产生滑动的斜坡必须采取可靠的防治滑坡措施，如设置支挡结构，排除地面及地下水、设置护坡等措施。

（2）结构措施

1）用增加基底压力大于膨胀力的做法，以消除膨胀变形。

2）较均匀的弱膨胀土地基，可采用条基。基础埋深较大或条基基底压力较小时，宜采用墩基。

3）承重砌体结构可采用拉结较好的实心砖墙，不得采用空斗墙砌块墙或无砂混凝土砌体，不宜采用砖拱结构、无砂大孔混凝土和无筋中型砌块等对变形敏感的结构。

4）钢和钢筋混凝土排架结构山墙和内隔墙应采用与柱基相同的基础形式，围护墙宜采用填充墙或外包墙，并砌置在基础梁上，基础梁下宜预留 100 mm 空隙，并做防水处理。有吊车时，吊车顶面与屋架下弦的净空不应小于 200 mm，吊车梁应设计成简支梁，吊车梁与吊车轨道之间应采用便于调整的连接方式。

5）房屋顶层和基础顶部宜设置圈梁，地基梁承台梁可代替基础圈梁，多层房屋的其他各层可隔层设置，必要时也可层层设置。圈梁应设置在外墙、内纵墙以及对整体刚度起重要作用的内横墙上，并在同一平面内闭合。

6）膨胀土地基上的建筑物预制钢筋混凝土梁支承在砖墙或砖柱上的长度不得小于 240 mm，预制钢筋混凝土板支承在砖墙上的长度不得小于 100 mm。

7）平坦场地上的砖混结构房屋以基础埋深为主要防治措施时，基础埋深应取大气影响急剧层深度或通过变形计算确定，必要时可根据建筑结构类型和使用要求，选取适当的其他处理设施。

（3）地基处理

1）膨胀土地基处理可采用换土、砂石垫层、土性改良等方法，确定处理方法应根据土的胀缩等级、地方材料及施工工艺等进行综合技术经济比较。换土可采用非膨胀性土或灰土，换土厚度可采用变形计算确定。

2）平坦场地上一、二级膨胀土的地基处理，宜采用砂、碎石垫层，垫层厚度不宜小于 300 mm，垫层宽度应大于基底宽度，两侧宜采用与垫层相同的材料回填，并做好防水处理。

3）膨胀土层较厚时，应采用桩基，桩尖支承在非膨胀土层上，或支承在大气影响层以下的稳定土层上。当桩身承受胀切力时，应验算桩身抗拉强度，并采取通长配筋，最小配筋率应按受拉构件配置。桩身胀切力由浸水载荷试验确定，取膨胀值为零的压力即为胀切力。桩承台梁下应留有空隙，其值应大于土层浸水后的最大膨胀量，且不小于 100 mm。承台两侧应采取措施，防止空隙堵塞。

（4）施工措施

1）施工准备与施工现场布置处理

膨胀土地区的建筑施工，应根据设计要求场地条件和施工季节，认真做好施工组织设计，严格执行施工技术及施工工艺规定。基础施工前应完成场区土方、挡土墙、护坡、防洪沟及排水沟等工程，使排水畅通、边坡稳定。施工用水应妥善管理，防止管网漏水。临时水池、洗料场、淋灰池、防洪沟及搅拌控站等至建筑物外墙的距离不应小于 10 m，临时性生活设施至建筑物外墙的距离应大于 15 m，并应做好排水设施，防止施工用水流入基坑。

2）基坑开挖处理

开挖基坑发现地裂、局部上层滞水或土层有较大变化时，应及时处理后方能继续施工。基础施工宜采用分段快速作业法，施工过程中不得使基坑曝晒或泡水，雨季施工应采取防水措施。基坑槽开挖时，应及时采取措施，如坑壁支护、喷浆、锚固等方法，防止坑壁坍塌。基坑挖土接近基底设计标高时，宜在其上部顶留 150~300 mm 土层，待下一工序开始前继续挖除。验槽后应及时浇混凝土垫层或采取封闭坑底措施，封闭方法可选用喷水泥砂浆或土工塑料膜覆盖。基础施工出地面后，基坑槽应及时分层回填完毕，填料可选用非膨胀土、弱膨胀土及掺有石灰或其他材料的膨胀土，每层虚铺厚 300 mm。

施工灌注桩时，在成孔过程中不得向孔内注水，孔底虚土经处理后方可向孔内浇灌混凝土。风化膨胀岩地区采用爆破技术开挖基坑时，应根据地质特点和设计要求，正确计算炸药用量和选择炮孔深度，进行非同步引爆，并应预留 300 mm 厚度的岩层，然后开挖至设计标高。

3）边坡处理

在坡地土方施工时，挖方作业应由坡上方自上而下开挖，填方作业应由下至上分层夯压，填坡面完成后应立即封闭。开挖土方时，应保护坡脚，弃土至开挖线的距离应根据开挖深度确定，不应小于 5 m。

8.2.3 红黏土地基处理

1.红黏土的定义与分布规律

红黏土是指在亚热带湿热气候条件下，碳酸盐类岩石及其间所夹的其他岩石，经红土化作用形成的棕红或褐黄等色的高塑性黏土称为原生红黏土。其液限一般大于或等于 50%，上硬下软，具明显的收缩性，裂隙发育。经再搬运、沉积后仍保留红黏土基本特征，液限大于 45% 的黏土称为次生红黏土。

红黏土及次生红黏土广泛分布于我国的云贵高原、四川东部、广西、粤北及鄂西、湘西等地区的低山、丘陵地带顶部和山间盆地、洼地、缓坡及坡脚地段。黔、桂、滇等地古溶蚀地面上堆积的红黏土层，由于基岩起伏变化及风化深度的不同，造成其厚度变化极不均匀，常见为 5~8 m，最薄为 0.5 m，最厚为 20 m。在水平方向常见咫尺之隔，厚度相差达 10 m 之巨。上层中常有石芽、溶洞或土洞分布其间，给地基勘察、设计工作造成困难。

2.红黏土的工程特性

(1)红黏土物理力学性质的基本特点

红黏土具有两大特点：一是土的天然含水量、孔隙比、饱和度以及塑性界限(液限、塑限)很高，但却具有较高的力学强度和较低的压缩性；二是各种指标的变化幅度很大。红黏土中小于 0.005 mm 的黏粒含量为 60%~80%，其中小于 0.002 mm 的胶粒占 40%~70%，使红黏土具有高分散性。

红黏土的矿物成分主要为高岭石、伊利石和绿泥石。黏土矿物具有稳定的结晶格架、细粒组成稳固的团粒结构，土体近于两相体且土中水又多为结合水。

（2）红黏土的裂隙性与胀缩性

1）红黏土的裂隙性：在坚硬和硬塑状态的红黏土层由于胀缩作用形成大量裂隙。裂隙的发生和发展速度极快，在干旱气候条件下，新挖坡面数日内便可被收缩裂隙切割得支离破碎，使地面水易侵入，土的抗剪强度降低，常造成边坡变形和失稳。

2）红黏土的胀缩性：有些地区的红黏土具有一定的胀缩性，如贵州的贵阳、遵义、铜仁；广西的桂林、柳州、来宾、贵县等。这些地区由于红黏土地基的胀缩变形，致使一些单层（少数为2~3层）民用建筑物和少数热工建筑物出现开裂破坏，有些地区红黏土的胀缩性很轻微，可不作膨胀土对待。红黏土的胀缩性能表现为以缩为主。

（3）红黏土中的地下水特征

红黏土的透水性微弱，其中的地下水多为裂隙性潜水和上层滞水，它的补给来源主要是大气降水，基岩岩溶裂隙水和地表水体，水量一般均很小。在地势低洼地段的土层裂隙中或软塑、流塑状态土中可见土中水，水量不大，且不具统一水位。红黏土层中的地下水水质属重碳酸钙型水，对混凝土一般不具腐蚀性。

（4）红黏土厚度变化与由硬变软的现象

1）厚度变化：这与所处地貌、基岩的岩性与岩溶发育程度有关。石灰岩、白云岩易于岩溶化，岩体表面起伏剧烈，导致上覆红黏土层厚度变化很大，泥灰岩、泥质灰岩的岩溶化较弱，故表面较平整，上覆红黏土层的厚度变化也较小。

2）由硬变软：地层从地表向下由硬变软，相应地，土的强度则逐渐降低，压缩性逐渐增大。工程实践中，红黏土的软硬程度多以含水比来划分的。

3. 红黏土地基的工程措施

（1）设计措施

应充分利用红黏土的上硬下软的工程特性，在工程设计中尽量浅埋基础。同时，也应注意到红黏土的厚度随下卧基岩面起伏而变化，致使红黏土的厚度变化较大，常引起地基不均匀沉降。当相邻基础的荷载和尺寸相近，凡符合下列条件之一者，可不考虑地基不均匀沉降对建筑物的影响。

1）对均匀地基，相邻基础底面以下的土层厚度大于表8-4所列勘探孔深度时。

2）对不均匀地基，相邻基础底面以下呈坚硬、硬塑状态，厚度均大于表8-5中所列 h_1 值或均小于 h_2 值时。

表8-4 红黏土勘探点深度

单独基础		条形基础	
荷载/kN	勘探孔深度/m	每延米荷载/(kN·m^{-1})	勘探孔深度/m
3000	6.5(4.0)	250	5.0(3.0)
2000	5.0(3.5)	200	3.5(0.5)
1000	3.5(2.5)	150	1.5(0)
500	1.0(0)	100	1.0(0)

注：勘探孔深度从基础底面算起，括号内数值系指地基沉降计算深度内存在软塑土层时应增加的勘探深度值。

279

表 8 – 5　红黏土基底下土层厚度限值

荷载/kN	单独基础		每延米荷载 /(kN·m⁻¹)	条形基础	
	土层厚度/m			土层厚度/m	
	h_1	h_2		h_1	h_2
3000	3.5	0.8	250	2.0	0.9
2000	2.5	0.9	200	1.5	1.0
1000	3	1.0	120	1.0	1.2
500	0.6	1.1	100	0.5	2.0

（2）地基处理

1）不均匀沉降处理

红黏土的厚度一般不均匀，常常引起不均匀沉降，因此应做地基处理后方可修建建筑物。宜采用扩大基础的宽度，调整相邻地段的基底压力，调整基础的埋深，使基底下可压缩土层厚度相对均匀。对外露的石芽，用可压缩材料的褥垫处理，对土层厚度、状态分布不均的地段，用低压缩的材料作置换处理。

2）裂隙和胀缩性的处理

红黏土的网状裂隙及土层的胀缩性，对边坡及地基均有不利影响。评价时应决定是否按膨胀土地基考虑。若为膨胀土时，对低层、三级建筑物建议的基础埋深应大于当地大气影响急剧层深度。对炉窑等高温设备基础，应考虑基底土不均匀收缩变形的影响。开挖明渠，应考虑土体干湿循环以及在有石芽出露的地段，由于土的收缩形成通道，导致地表水下渗冲蚀形成地面变形的可能性，并避免把建筑物设置在地裂密集带和深长地裂地段。

3）土洞的处理

由于下卧基岩岩溶现象发育，因而覆于其上的红黏土层中常有土洞存在，土洞对建筑物地基的稳定性极为不利。各种成因的土洞，都有发育速度快，易引起地面塌陷的特点，尤其是在土层较薄的地段，严重危及建筑场地和地基的稳定性。预防土洞塌陷的关键在于"治水"，如杜绝地表水大量集中下渗，稳定和控制地下水动态变化等。对于地面塌陷和顶板较薄的土洞的处理，可清除其软土后用块石、碎石、砂土、黏土自下而上地做反滤层予以处理。对埋藏较深的土洞，可用梁板跨越或用混凝土灌注土洞及其下的岩溶通道。

8.2.4　湿陷性黄土地基处理

1. 湿陷性黄土的定义与分布特征

遍布在我国西北等地区的黄土是一种以粉粒为主的黄色或褐黄色粉状土。在土的自重压力或土的附加压力与自重压力共同作用下，受水浸湿时将产生大量而急剧的附加下沉，这种现象称为湿陷。有些湿陷性黄土受水浸湿后的土的自重压力下就产生湿陷，而另一些黄土受水浸湿后只有在土的自重压力和附加压力共同作用下产生湿陷。前者称为自重湿陷性黄土，后者称为非自重湿陷性黄土，一般将黄土开始湿陷时的相应压力称为湿陷起始压力，可看作黄土受水浸湿后的结构强度。当湿陷性黄土实际所受压力等于或大于土的湿陷起始压力时，土就开始产生湿陷。反之，如小于这一压力，则黄土只产生压缩变形，而不发生湿陷变形。

黄土在我国分布很广，面积约 63 万 km²。其中湿陷性黄土约占 3/4，遍及甘、陕、晋的大部分地区以及豫、宁、冀等部分地区。此外，在山东中部、甘肃河西走廊，西北内陆盆地、东北松辽平原等地有零星分布，面积一般较小。由于各地的地理、地质和气候条件的差别，湿陷性黄土的组成、分布地带、沉积厚度、湿陷特征和物理力学性质也因地而异，其湿陷性由西北向东南逐渐减弱，厚度变薄。湿陷性黄土工程地质分区可查阅详见《湿陷性黄土地区建筑规范》（GB 50025—2004）。

由于黄土形成的地质年代和所处的自然地理环境不同，其组成与结构特征及工程特征也有明显的差异。我国黄土按形成年代的早晚，有老黄土和新黄土之分。黄土形成年代愈久，由于盐分溶滤较充分，固结成岩程度大，大孔结构退化，土质愈趋密实，强度高而压缩性小，湿陷性减弱甚至不具湿陷性。反之，形成年代愈短，其特性相反。

2. 湿陷性黄土的工程特性

湿陷性黄土的工程特性主要表现在如下几个方面：

1）塑性较弱，液限一般为 26% ~34%，塑限常在 16% ~20% 之间，塑性指数多在 8 ~14 之间。

2）含水较少，天然含水量一般在 10% ~25% 之间。高原 Q3 马兰黄土含水量一般在 11% ~20%，甚至有低于 10% 的。河谷阶地 Q4 黄土含水略高，常为 15% ~25%。

3）压实程度很差，孔隙较大，孔隙率高，常为 45% ~55%（孔隙比 0.8 ~1.1），干容重常仅 1.3 ~1.5 g/cm³。

4）透水性较强，由于大孔和垂直节理发育，故透水性比粒度成分相类似的一般黏性土要强得多，常具中等透水性（渗透系数超过 1 m/d）。但具有明显的各向异性，垂直方向比水平方向要强得多，渗透系数可大数倍甚至数十倍。

5）强度较高。尽管孔隙率很高，但压缩性仍属中等，抗剪强度较高。但新近堆积黄土（Q4）土质松软，强度低，压缩性高。

总之，与一般黏性土一样，黄土的强度主要取决于土的类型、孔隙和含水情况等方面。在含水量较少时，随着黏粒含量（也即塑性指数）的增大或均匀分布的碳酸钙含量增多，土的强度增大。对同一成分的黄土，随着含水量的增大，或孔隙的增多，土的强度减低。但是黄土遇水性质发生急剧变化，土的强度急剧降低，土体产生强烈沉陷变形。

3. 湿陷性黄土的工程措施

在湿陷性黄土地基上修建建筑物，建筑地基应满足承载力、湿陷性变形、压缩性变形和稳定性要求。因此针对湿陷性黄土的工程特性，应采取如下措施对湿陷性黄土进行地基处理后方可修建建筑物。

（1）防水措施

防水是为了防止地基土受水侵入而湿陷，根据防水要求不同，有以下三种防水措施：

1）基本防水措施

在建筑物布置时，以及场地排水、屋面排水、地面防水、散水、排水沟、管道敷设、管道材料接口等方面要防止雨水或生产生活水的渗漏。

2）检漏防水措施

在基本防水措施的基础上，对防护范围内的地下管道，增设检漏管沟和检漏井。

3）严格防水措施

在检漏防水措施的基础上，对防水地面、排水沟、检漏管沟和检漏井等设施提高设计标准。

上述防水措施2）、3）应根据各级湿陷性黄土地基上的建筑物类别、使用要求来选择。

（2）结构措施

为了减小地基因湿陷而引起的不均匀沉降或使结构能适应地基的变形，宜采用以下措施：

1）选择适宜的结构体系和基础形式，如不宜采用内框架结构、多层房屋不宜采用承重空心墙。

2）加强上部结构的整体性和空间刚度，如加强构建之间的连接、梁板要有足够的支撑长度、设置钢筋混凝土圈梁等。

3）预留建筑结构适应湿陷性黄土地基沉降的净空。

（3）地基处理

消除地基的全部湿陷量（针对甲类建筑物）或部分湿陷量（针对乙、丙类建筑物），常用的地基处理方法有：

1）垫层法

垫层法是一种浅层处理湿陷性黄土地基的传统方法，在湿陷性黄土地区使用较广泛，具有因地制宜、就地取材和施工简便等特点，处理厚度一般为1～3 m，通过处理基底下部分湿陷性黄土层，可以减小地基的湿陷量。处理厚度超过3 m，挖、填土方量大，施工期长，施工质量不易保证，选用时应通过技术经济比较。

垫层法包括素土垫层和灰土垫层。当仅要求消除基底下1～3 m湿陷性黄土的湿陷量时，宜采用局部（或整片）土垫层进行处理，当同时要求提高垫层土的承载力及增强水稳性时，宜采用整片灰土垫层进行处理。

施工土（或灰土）垫层时，应先将基底下拟处理的湿陷性黄土挖出，并利用基坑内的黄土或就地挖出的其他黏性土作填料，灰土应过筛和拌合均匀，然后根据所选用的夯（或压）实设备，在最优或接近最优含水量下分层回填、分层夯（或压）实至设计标高。灰土垫层中的消石灰与土的体积配合比，宜为2:8或3:7。当无试验资料时，土（或灰土）的最优含水量，宜取该场地天然土的塑限含水量为其填料的最优含水量。

在施工土（或灰土）垫层进程中，应分层取样检验，并应在每层表面以下的2/3厚度处取样检验土（或灰土）的干密度，然后换算为压实系数，取样的数量及位置应符合下列规定：①整片土（或灰土）垫层的面积每100～500 m²，每层3处；②独立基础下的土（或灰土）垫层，每层3处；③条形基础下的土（或灰土）垫层，每10 m每层1处；④取样点位置宜在各层的中间及离边缘150～300 m。

2）夯实法

夯实法有重锤夯实法和强夯法。重锤夯实法可处理地表下厚度1～2 m土层的湿陷性。强夯法可处理3～6 m厚度土层的湿陷性，可局部或整片处理。适用于处理饱和度$S_r < 60\%$的湿陷性黄土地基。

采用强夯法处理湿陷性黄土地基，应先在场地内选择有代表性的地段进行试夯或试验性施工。采用强夯法处理湿陷性黄土地基，土的天然含水量宜低于塑限含水量1%～3%。在拟夯实的土层内，当土的天然含水量低于 10% 时，宜对其增湿至接近最优含水量；当土的天然含水量大于塑限含水量 3% 以上时，宜采用晾干或其他措施适当降低其含水量。

对湿陷性黄土地基进行强夯施工，夯锤的质量、落距、夯点布置、夯击次数和夯击遍数等参数，宜与试夯选定的相同，施工中应有专人监测和记录。

3）挤密法

采用素土或灰土挤密桩，可处理地基下 5~15 m 土层的湿陷性。适用于地下水位以上的地基处理，可局部或整片处理。采用挤密法时，对甲、乙类建筑或在缺乏建筑经验的地区，应于地基处理施工前，在现场选择有代表性的地段进行试验或试验性施工，试验结果应满足设计要求，并应取得必要的参数再进行地基处理施工。

成孔挤密，可选用沉管、冲击、夯扩、爆扩等方法。成孔挤密，应间隔分批进行，当为局部处理时，应由外向里施工。当采用机械挤密时，预留松动层的厚度宜为 0.50~0.70 m，爆扩挤密时宜为 1~2 m，冬季施工可适当增大预留松动层厚度。

孔底在填料前必须夯实。孔内填料宜用素土或灰土，必要时可用强度高的填料如水泥土等。当防（隔）水时，宜填素土；当提高承载力或减小处理宽度时，宜填灰土、水泥土等。填料时，宜分层回填夯实，其压实系数不宜小于 0.97。

4）桩基础

桩基础是起荷载传递作用，而不是消除黄土的湿陷性，故桩底端应支撑在压缩性较低的非湿陷性土层上。计算单桩承载力时，除不计湿陷性土层范围内的桩周正摩擦力外，尚应扣除桩侧的负摩擦力。

5）预浸水法

工程实践表明，采用预浸水法处理湿陷性黄土层厚度大于 10 m 和自重湿陷量的计算值大于 500 m 的自重湿陷性黄土场地，可消除地面下 6 m 以下土层的全部湿陷性，地面下 6 m 以上土层的湿陷性也可大幅度减小。

地基预浸水结束后，在基础施工前应进行补充勘察工作，重新评定地基土的湿陷性，并应采用垫层或其他方法处理上部湿陷性黄土层。

6）单液硅化或碱液加固法

单液硅化加固法是将硅酸钠溶液注入土中。对已有建筑物地基进行加固时，如果是非自重湿陷性黄土地基，宜采用压力灌注；自重湿陷性黄土地基，应让溶液通过灌注孔自行渗入土中。碱液加固法是将碱液通过灌注孔渗入土内，适宜加固非自重湿陷性黄土场地上已有的建筑物地基。此方法一般用于加固地下水位以上的地基。

8.3　实训项目：某工程地基处理方案

在指导教师或现场工程技术人员的指导下，结合本地区实际和本校校企合作资源，选择有代表性建筑工程的地基处理设计方案，组织学生深入该项目现场，参与其地基处理设计方案的实施过程，了解施工现场的工程地质和水文地质资料，了解此项目地基土的特性、处理要点、处理效果，熟悉该处理方法的施工机具、施工条件、施工组织、施工注意事项、施工中常见问题及地基处理的质量检验等地基处理方案实施的全过程。有条件的学校，可针对不同地基处理方法和不同地基土，组织多次地基处理方案实施的实践与实训。

模块小结

本模块重点阐述了建筑工程中的常用地基处理方法，初步介绍了软土地基、膨胀土地基、红黏土地基和湿陷性黄土地基等特殊土地基。通过本模块的学习，应熟悉本地区常用地基处理方法的基本原理、适用范围、设计和施工要点，熟悉本地区特殊土地基的特性和工程处理措施，能按照地基处理方案和现行地基处理规范进行一般建筑工程的地基处理。

思考题

1. 简述地基处理的目的及一般方法。
2. 简述换填法处理原理及适应范围，如何计算垫层的厚度与宽度？
3. 简述排水固结作用机理及适应范围。
4. 简述振冲法及挤密法的加固机理。
5. 高压喷射注浆法与水泥土搅拌法加固各有什么特点？
6. 建筑工程中的软土地基主要工程处理措施有哪些？
7. 建筑工程中的湿陷性黄土地基主要工程处理措施有哪些？
8. 建筑工程中的膨胀土地基主要工程处理措施有哪些？
9. 建筑工程中的红黏土地基主要工程处理措施有哪些？

习　题

某四层砖混结构的住宅建筑，承重墙下为条形基础，宽 1.2 m，埋深 1 m，上部建筑物作用于基础的荷载每米 120 kN，基础的平均重度为 20 kN/m³。地基土表层为粉质黏土，厚 1 m，重度为 17.5 kN/m³；第二层为淤泥质黏土，厚 15 m，重度为 17.8 kN/m³，含水量 $w = 65\%$；第三层为密实的砂砾石。地下水距地表为 1 m。因为地基土较软弱，不能承受建筑物的荷载，试设计砂垫层。

参考文献

[1] 建筑地基基础设计规范(GB 50007—2011).北京：中国建筑工业出版社,2011

[2] 建筑桩基技术规范(JGJ 94—2008).北京：中国建筑工业出版社,2008

[3] 建筑地基处理技术规范(JGJ 79—2012).北京：中国建筑工业出版社,2012

[4] 混凝土结构施工图平面整体表示方法制图规则和构造详图(11G101).北京：中国计划出版社,2011

[7] 建筑基坑支护技术规程(JGJ 120—2012).北京：中国建筑工业出版社,2012

[8] 建筑基坑工程监测技术规范(GB 50497—2009).北京：中国建筑工业出版社,2009

[9] 湿陷性黄土地区建筑规范(GB 50025—2004).北京：中国建筑工业出版社,2004

[10] 建筑变形测量规范(JGJ 8—2007).北京：中国建筑工业出版社,2007

[11] 岩土工程勘察规范(GB 50021—2001).北京：中国建筑工业出版社,2001

[12] 膨胀土地区建筑技术规范(GBJ 112—1987).北京：中国计划出版社,1987

[13] 杨太生.地基与基础.北京：中国建筑工业出版社,2007

[14] 刘学军,张小军.地基与基础工程.北京：中国建材工业出版社,2011

[15] 陈书申,陈晓平.土力学与地基基础.武汉：武汉理工大学出版社,2006

[16] 张强,李传学.地基与基础.北京：高等教育出版社,2009

[17] 程建伟.土力学与地基基础工程.北京：机械工业出版社,2010

[18] 肖明和,王渊辉.地基与基础.北京：北京大学出版社,2009

[19] 胡厚田.土木工程地质.北京：高等教育出版社,2001

[20] 刘国彬,王卫东.基坑工程手册.北京：中国建筑工业出版社,2009

图书在版编目(CIP)数据

地基与基础/蒋建清,张小军主编. —长沙:中南大学出版社,2013.2

ISBN 978 – 7 – 5487 – 0789 – 9

Ⅰ.地… Ⅱ.①蒋…②张… Ⅲ.地基 – 基础(工程) – 高等职业教育 – 教材 Ⅳ.TU47

中国版本图书馆 CIP 数据核字(2013)第 020845 号

地基与基础

蒋建清 张小军 主编

□责任编辑 周兴武
□责任印制 易红卫
□出版发行 中南大学出版社

社址:长沙市麓山南路   邮编:410083
发行科电话:0731-88876770   传真:0731-88710482

□印　　装 长沙德三印刷有限公司

□开　　本 787×1092 1/16 □印张 18.75 □字数 478 千字 □插页
□版　　次 2013 年 8 月第 1 版 □2016 年 11 月第 5 次印刷
□书　　号 **ISBN 978 – 7 – 5487 – 0789 – 9**
□定　　价 **45.00 元**

图书出现印装问题,请与经销商调换